战略性新兴领域“十四五”高等教育系列教材

机械装备虚拟现实设计及实例分析

主　编　王志华　王学文
副主编　谢嘉成　李娟莉
参　编　李　博　沈卫东　刘曙光

机 械 工 业 出 版 社

本书紧扣“智能制造”与“工业 4.0”数字化转型的时代主题，从机械装备虚拟现实设计与仿真的角度出发，基于目前使用广泛、实用性强的 Unity3d 软件，结合编者长期积累的科研成果，并综合考虑前沿性、基础性与实用性，内容由浅入深，章节顺序体现了机械装备虚拟仿真的开发流程，为读者展示了完整的工业产品虚拟开发流程与实用技术。本书共分为 4 篇 12 章，第 1 篇为概述与准备，包括整体概述、建模与模型转换关键技术、场景布置与渲染关键技术 3 章内容；第 2 篇为基本仿真与复杂仿真，包括装备虚拟装配关键技术、装备运动仿真关键技术、基于物理引擎的仿真、多机运动仿真关键技术 4 章内容；第 3 篇为仿真支持，包括 GUI 界面设计关键技术、数据处理关键技术、人机交互关键技术、数据驱动关键技术 4 章内容；第 4 篇为跨平台设计与发布，仅包括第 12 章跨平台设计与发布关键技术。

本书可作为普通高等院校机械类专业本科生和研究生教学用书，也可作为相关专业领域工程技术人员的学习与参考用书。

图书在版编目（CIP）数据

机械装备虚拟现实设计及实例分析 / 王志华，王学文主编. -- 北京 : 机械工业出版社，2024. 10.
（战略性新兴领域“十四五”高等教育系列教材）.
ISBN 978-7-111-76959-0

Ⅰ. TH122

中国国家版本馆 CIP 数据核字第 2024NV3131 号

机械工业出版社（北京市百万庄大街 22 号　邮政编码 100037）
策划编辑：徐鲁融　　　　责任编辑：徐鲁融　安桂芳
责任校对：闫玥红　李　杉　　封面设计：王　旭
责任印制：邓　博
北京盛通数码印刷有限公司印刷
2024 年 12 月第 1 版第 1 次印刷
184mm×260mm · 17 印张 · 421 千字
标准书号：ISBN 978-7-111-76959-0
定价：59.80 元

电话服务	网络服务
客服电话：010-88361066	机　工　官　网：www.cmpbook.com
010-88379833	机　工　官　博：weibo.com/cmp1952
010-68326294	金　　书　　网：www.golden-book.com
封底无防伪标均为盗版	机工教育服务网：www.cmpedu.com

PREFACE 前言

2022 年 10 月，工业和信息化部等五部门联合印发《虚拟现实与行业应用融合发展行动计划（2022—2026 年）》，支持虚拟现实技术在设计、制造、运维、培训等产品全生命周期重点环节的应用推广，加速工业企业数字化、智能化转型。作为新一代信息技术的前沿方向，虚拟现实（Virtual Reality，VR）技术凭借其“3I”特征——沉浸性（Immersion）、交互性（Interaction）和构想性（Imagination），为机械装备研发、设计、生产、管理、制造和服务等环节带来了深刻影响。基于虚拟现实技术，可实现车间/产线布局规划、流程决策/工艺节拍提前模拟/优化、工人操作安全培训、高效清晰实时监控运维等，极大地推动了机械装备制造业的两化融合发展。

本书面向战略性新兴领域“高端装备制造”卓越工程师人才培养需求，以新工科建设为中心，以新一代信息技术虚拟现实与机械工程专业深度融合为特点，以编者在智能煤机领域长期积累的科研成果为基础，基于目前使用广泛且实用性强的 Unity3d 仿真引擎，系统性地分为“概述与准备-基本仿真与复杂仿真-仿真支持-跨平台设计与发布”4 篇 12 章，能够让学生将本书的内容与前期学习的“机械设计”“机械制造”“机电传动”“计算机三维辅助设计”等课程的相关知识紧密结合。通过案例学习，学生可快速掌握机械装备的虚拟现实仿真理论与实用技术，达到理论与实践相结合的目标。

机械装备虚拟现实设计是一项复杂的系统工程，涉及众多环节。因此，根据机械装备虚拟现实设计的实施流程对本书的编写逻辑与思路进行梳理，将全书分为“概述与准备-基本仿真与复杂仿真-仿真支持-跨平台设计与发布”4 篇 12 章，如图 0-1 所示。本书各篇开头设有该篇内容的梗概，以阐明该篇在机械装备虚拟现实设计实施流程中的地位与作用。全书各章均包含配套实例分析，以便学生快速掌握机械装备领域相关产品的虚拟现实设计技术。

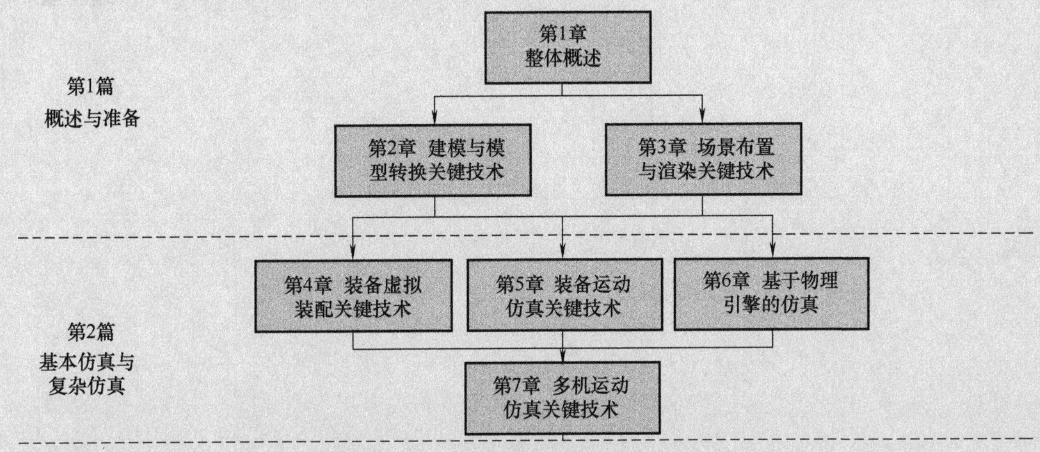

图 0-1　本书的编写逻辑与思路

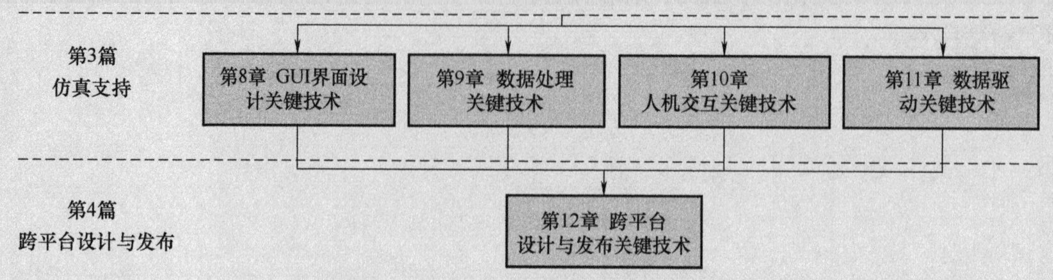

图 0-1 本书的编写逻辑与思路（续）

本书的主要特色：以采煤机和液压支架等典型的煤机装备为案例，全面介绍了 Unity3d 仿真引擎的建模、场景搭建、装配仿真、运动仿真、界面设计、AR 设计和多平台发布等功能，让学生掌握机械装备虚拟现实设计方法；除基本的仿真实用技术外，还设置了数据处理、人机交互、数据驱动等章节，以呼应数字孪生、信息物理系统与工业元宇宙等其他新一代信息技术，引导学生完成由机械装备"虚拟现实设计"到"数字孪生设计"的思维跨越与转变，培养其自主创新意识。

本书由太原理工大学组织编写，王志华和王学文担任主编，谢嘉成和李娟莉担任副主编，李博、沈卫东和刘曙光为参编。王志华和王学文共同拟定了本书大纲，王学文和谢嘉成对全书进行了统稿；王志华编写了第 1 章和第 7 章，王学文编写了第 4 章、第 6 章和第 11 章，谢嘉成编写了第 9 章和第 10 章，李娟莉编写了第 3 章和第 5 章，李博、沈卫东和刘曙光分别编写了第 2 章、第 8 章和第 12 章。

本书中的部分研究成果得到了中央引导地方科技发展资金项目（综采装备数字孪生虚实映射智能监控理论与方法）、山西省科技重大专项计划"揭榜挂帅"项目（智能综采平行仿真"感—决—控"技术与系统）、山西省科技成果转化引导专项项目（面向设计装配与状态监测的煤机装备虚拟现实技术成果转化）、山西省回国留学人员科研资助项目（煤矿综采装备数字孪生智能监控调度决策关键技术与系统）等的资助。

由于编者水平所限，书中难免存在不足之处，敬请读者批评指正。

编　者

CONTENTS

目 录

第3篇 仿真支持

第 4 篇 跨平台设计与发布

1ST PART

第1篇

概述与准备

在第 1 篇中，第 1 章为全书的整体概述部分。首先讲述机械装备虚拟现实设计的背景以及必要性；然后选择虚拟引擎 Unity3d 为开发软件，介绍与其开发相关的基础知识，并着重对全书虚拟仿真案例的研究对象——煤矿综采装备的结构原理与运行工况进行讲解；最后给出机械装备虚拟设计的整体开发流程。

第 2、3 章为前期准备部分。在机械装备虚拟现实设计的流程中，待设计的机械装备通常以虚拟仿真模型的形式存在。数字模型可以将抽象的设计概念转化为具体的、可视的三维形态，允许设计者在不需要实际制造物理样品的情况下验证设计的可行性。

首先，通过三维建模技术构建机械装备的数字模型，其中包括机械装备的所有部件和组件，甚至是内部结构。在这之前，需要进行模型调研与分析，把握待设计机械装备的特性和工作原理，为数字模型的构建和优化提供依据。之后，对在三维建模软件中构建的机械装备数字模型进行修补、参数设置与格式转换，以使其符合导入 Unity3d 软件并进一步进行虚拟现实设计的条件。

真实的工业场景较为复杂，需要将多个单一的机械装备虚拟仿真模型联合起来组成复杂虚拟场景，因此接下来讲解整体场景的配置与布局技术。首先介绍虚拟空间坐标体系，使读者了解虚拟仿真模型是如何在场景中布置的；然后对材质、纹理、光照、阴影、粒子系统等进行讲解，以使虚拟场景具有高仿真度和较好的视觉效果；最后介绍相机视角、场景组织与层级设置，从而实现复杂虚拟场景的高效管理，并且为下一篇——基础仿真与复杂仿真做好准备。

章节知识点
讲解视频

第 1 章 整体概述

知识目标：理解机械装备虚拟现实设计的相关概念、发展历程和应用现状；了解主流开发软件在机械装备虚拟现实设计领域的特点、优势和劣势；了解 Unity3d 软件的特点、基础知识与开发流程。

能力目标：能够描述机械装备虚拟现实设计对工程和制造领域的重要性及价值；能够制定机械装备虚拟现实设计项目在需求分析、功能设计、界面设计等方面的规划方案。

1.1 机械装备虚拟现实设计概述

1.1.1 虚拟现实技术简介

虚拟现实（Virtual Reality，VR）是一项融合了计算机图形学、多媒体技术、计算机仿真技术、传感器技术等的综合技术。通俗来讲，就是通过各种技术在计算机中创建一个虚拟世界，用户可以沉浸其中，使用视觉、听觉、触觉、嗅觉等感觉来感知这个虚拟世界，并能与其中的场景、物品甚至虚拟人物等进行交互。在漫长的发展历程中，虚拟现实技术经历了高峰与低谷，其概念萌芽可以追溯到 20 世纪 50 年代。此后，在 1968 年，美国计算机科学家、计算机图形学之父伊万·萨瑟兰（Ivan Sutherland）发明了第一台头戴式显示器（Head Mounted Display，HMD）——达摩克利斯之剑（The Sword of Damocles）（图 1-1）。20 世纪 80 年代，“虚拟现实”作为一个明确的术语被 VPL Research 公司创始人杰伦·拉尼尔（Jaron

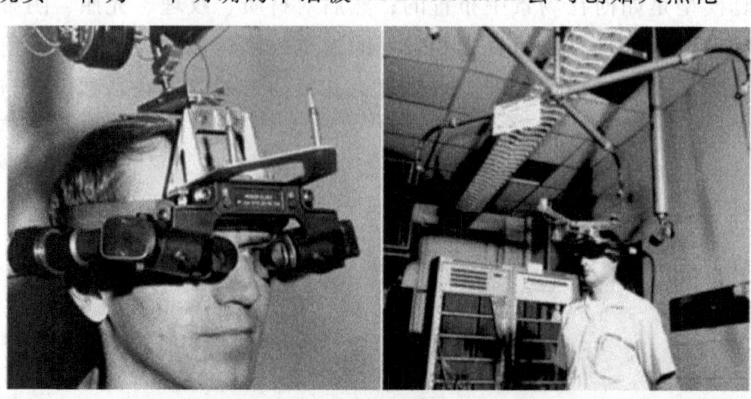

图 1-1 达摩克利斯之剑

Lanier）正式提出并推广开来。21 世纪以来，随着软硬件系统的不断完善，虚拟现实技术得到了快速发展，具有广阔的前景，是一项具有改变人们生活和工作方式的潜力的颠覆性创新技术。

1993 年，美国罗格斯大学教授 Grigore C. Burdea 和法国国家工程院士 Philippe Coiffet 在一次国际会议上归纳了虚拟现实技术的特征，即沉浸性（Immersion）、交互性（Interactivity）和构想性（Imagination），这几项特征也被称为虚拟现实的“3I”特征（图 1-2）。虚拟现实“3I”特征的具体含义如下。

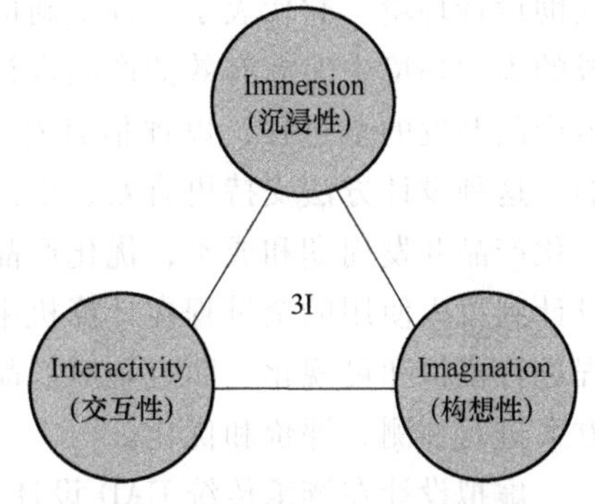

图 1-2　虚拟现实的“3I”特征

（1）沉浸性　沉浸性是指虚拟现实技术能够通过头戴式显示器、立体声音频、触觉反馈等将用户置身于一个仿真的虚拟环境中，使其感觉身临其境，仿佛真正参与其中。该环境中的一切看上去是真的，听上去是真的，动起来是真的，如同在现实世界中的感觉一样，这是 VR 系统的核心。

（2）交互性　交互性是指用户可以与虚拟环境进行实时的、双向的交流和互动，通过手柄、手势识别、语音识别等方式，能够在虚拟环境中进行各种操作，如移动、抓取、旋转等。用户的行为和动作可以即时反馈到虚拟环境中，从而实现与虚拟环境的实时沟通，提升用户的参与度和增加乐趣。

（3）构想性　构想性是指虚拟现实技术能够扩展用户的想象力和创造力，让他们体验到现实世界中无法实现的场景和体验。虚拟现实环境可以是现实世界的仿真，也可以是完全虚构的奇幻世界，用户可以创造、探索和体验各种奇妙的虚拟世界，从而激发其创造力和想象力，拓展其视野和思维。

按照功能、实现方式以及用户参与形式的不同，可以将虚拟现实分成四类，分别为桌面式虚拟现实、沉浸式虚拟现实、增强式虚拟现实和分布式虚拟现实，其各自的定义与特点见表 1-1，用户可以根据实际需求选取适当的形式。

表 1-1　虚拟现实的分类与特点

类别	定义	特点
桌面式虚拟现实	使用普通的计算机和显示器进行虚拟体验	1)用户通过桌面计算机和显示器进入虚拟环境 2)通常使用键盘、鼠标等传统输入设备
沉浸式虚拟现实	使用头戴式显示器和控制器，提供高度沉浸感	1)用户通过头戴式显示器进入虚拟环境，完全沉浸其中 2)可以感知三维空间，有更加真实的体验
增强式虚拟现实	将虚拟元素叠加在真实世界中，提供增强的体验	1)用户通过穿戴式设备将虚拟元素叠加在真实世界中 2)可以增强用户对现实世界的感知和理解
分布式虚拟现实	多个用户通过网络连接共同参与虚拟环境	1)多个用户分布在不同地理位置，通过网络连接进入同一个虚拟环境 2)可以实现远程协作、社交互动等功能

1.1.2 机械装备虚拟设计的基本概念

虚拟设计是基于虚拟现实技术的新一代计算机辅助设计（Computer Aided Design, CAD），它可以被理解为一种综合系统技术，能够提供基于多媒体的、交互式的三维计算机辅助设计环境。它代表了一种全新的设计体系和模式，即在真实产品加工之前，在计算机生成的虚拟环境中实施有效的产品设计方法和手段，建立产品的功能和结构信息模型，实时模拟产品开发的全过程，以评估其对产品性能、制造成本、可制造性、可维护性等方面的影响。这种设计方法支持更有效、更经济的生产组织，能够优化工厂和车间的设计与布局，最小化产品开发周期和成本，优化产品设计质量，并最大化生产率。虚拟设计是将产品从概念设计到投入使用的全过程在计算机中虚拟地实现，其目标不仅是对产品的物质形态和制造过程进行模拟和可视化，而且是对产品的性能行为和功能以及在产品实现的各个阶段中的实施方案进行预测、评价和优化。

虚拟设计在继承传统 CAD 设计方法优点的基础上，还具有如下几点特征：

（1）沉浸性　虚拟设计能够通过引入逼真的视觉、听觉甚至触觉体验营造出一种身临其境的感觉，使用户能沉浸在虚拟环境中感受产品的设计过程，从仿真的旁观者成为虚拟环境的组成部分。

（2）简便性　虚拟设计提供自然的人机交互方式与“所见即所得”的用户体验，用户无须花费过多时间和精力就能够理解和掌握虚拟设计的功能和操作方法，从而能够丰富设计理念，激发设计灵感。

（3）实时性　虚拟设计通常具有实时交互和反馈的能力。无论是用户的操作输入还是虚拟环境的状态变化，都能够立即反映在用户界面上，使用户能够及时地对虚拟环境做出反应和调整。

（4）多信息通道　虚拟设计可以通过多种感官通道向用户传递信息，包括视觉、听觉、触觉等。通过同时利用多个感官通道，虚拟设计能够提供更加丰富和全面的用户体验，增强用户对虚拟环境的感知和理解。

（5）多交互手段　虚拟设计摆脱了传统的鼠标、键盘等输入方式的限制，支持手势、语音、触摸、控制器等多样化的交互方式，用户可以根据自己的喜好和需求选择最适合的方式与虚拟环境进行交互。

虚拟现实设计在机械装备设计的各个阶段都可以发挥作用，具体表现如下：

（1）计划阶段　通过虚拟现实设计技术，可以制定设计目标和指标并进行仿真和模拟，预先验证设计方案的可行性，为后续设计提供指导和依据。

（2）方案设计阶段　通过虚拟现实设计技术，可以创建虚拟模型并进行各种仿真和优化，以找到最佳的设计方案，节省时间和成本。

（3）总体技术设计阶段　通过虚拟现实设计技术，可以建立整个机械装备系统的虚拟模型，并进行性能评估，以确保设计方案的完整性和可靠性。

（4）零件技术设计阶段　通过虚拟现实设计技术，可以进行零件的建模、工艺分析、装配模拟等，减少后期修改和调整的可能性。

（5）设计改进阶段　通过虚拟现实设计技术，可以对虚拟模型进行分析和测试，并进行相应的调整和优化，以不断提升机械装备的性能和可靠性。

总而言之，机械装备虚拟现实设计是利用虚拟现实技术在机械装备设计过程中进行建模、仿真和交互式设计的方法。通过这种方法，设计团队可以在虚拟环境中建立装备的三维模型，并通过仿真技术模拟各种工作场景，实时观察装备的运行情况，进行交互式操作和设计参数调整，快速发现潜在问题并做出改进，从而提高设计效率、降低成本、减少风险。

1.1.3 机械装备虚拟现实设计的应用

1. 国外机械装备虚拟现实设计的应用

机械装备虚拟现实设计技术在国外的发展历程可以追溯到20世纪90年代初期，机械制造行业意识到虚拟现实技术的潜在价值，并在产品设计、装配模拟、工艺规划等方面尝试应用该技术。到了21世纪初，随着虚拟现实技术的成熟和普及，机械装备虚拟现实设计技术迅速发展，应用规模达到了高峰。

（1）法国空客（Airbus）公司　作为飞机研发制造领域技术创新和应用的领导者之一，法国空客公司一直以来都致力于探索虚拟现实技术在产品设计中应用的可能性。自2011年来，空客公司的工程师在实际制造零件之前都会使用Oculus Rift或HTC Vive查看3D数字模型，并进行交互与调整。例如，空客A380机身上所使用的60000个支架的设计时间已从三周缩短到仅三天。

为了更加便捷地对设计完成的飞机模型进行检查与维护，空客公司的真实人体实验分析（Real Human Experiment Analysis，RHEA）实验室（图1-3）创建了一个便携式套件，其中包括一个虚拟现实眼镜、一个触摸板和两个红外摄像头。工程师可以在沉浸式环境中工作，而无须离开办公桌。

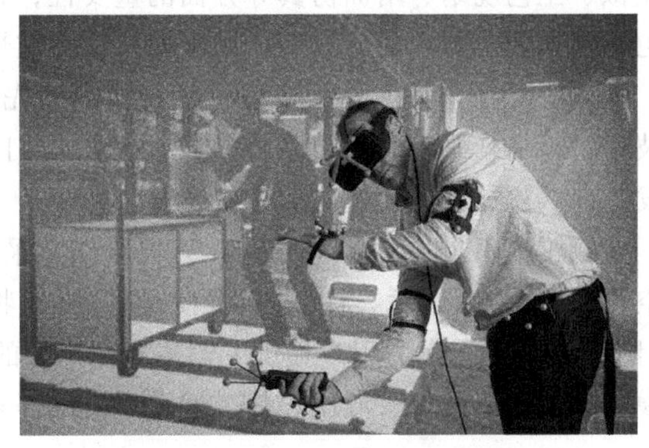

图1-3　空客公司RHEA实验室

空客公司的公务机（ACJ）团队开发了一款名为“ACJ TwoTwenty”的数字客舱配置器，该配置器能够为VIP、企业和包机客户提供基于虚拟现实的全景3D数字化机舱，从而对机舱的材料、布局等进行优化。

由此可见，空客在机械装备虚拟现实设计应用方面涵盖了飞机设计和装配、检查与维护、客舱设计和体验等多个环节。这些应用不仅提高了产品设计、制造的效率和质量，还为客户提供了更好的产品和服务体验。

（2）美国通用汽车（General Motors）公司　美国通用汽车公司是全球汽车界最早利用虚拟现实技术的公司之一。该公司率先引入了洞穴状自动虚拟环境（Cave Automatic Virtual Environment，CAVE），其特点是分辨率高、沉浸感强、交互性好。通用汽车的CAVE为许多车辆的设计做出了贡献，例如，研发团队使用CAVE对14款雪佛兰Impala大型轿车的内饰设计进行了微调，从造型感知的角度来看，这是雪佛兰具有里程碑意义的一款汽车。

2022年，通用汽车人体工程学技术专家Ryan Porto和通用汽车高级项目人体工程学专家Jonathan Botkin在西门子全球用户大会上展示了他们基于西门子Tecnomatix数字制造组件

Process Simulate 的虚拟现实应用（图 1-4）。该应用中集成了动作捕捉、虚拟现实手、虚拟现实视线等功能，让工程师在 3D 可视化环境中完成各种高级装配和操作。

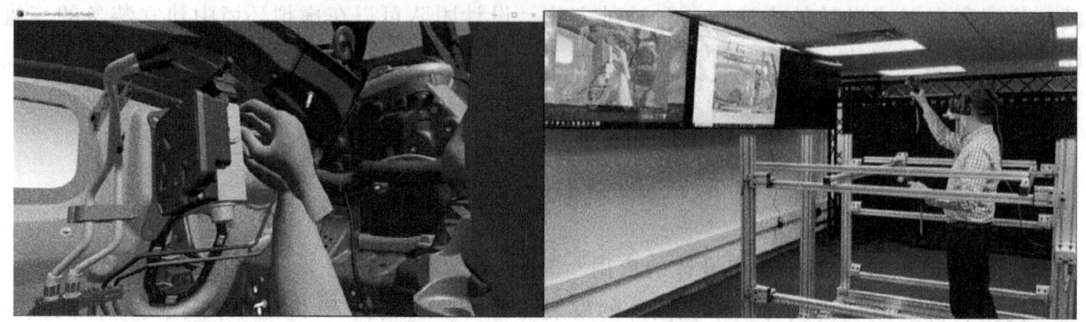

图 1-4 西门子 Process Simulate 的虚拟现实应用

除此之外，虚拟现实还为通用汽车多个团队之间的协作带来了巨大的价值。在悍马 EV 和 Brightdrop Zevo 600 两款车型的研发过程中，员工在家中或办公室通过 Microsoft Teams 或 Zoom 等平台虚拟共享沉浸式环境，他们可以在虚拟环境中审查新车，而无须从头开始创建物理模型。

2. 国内机械装备虚拟现实设计的应用

国内机械装备虚拟现实设计技术虽然起步较晚，但近年来得到了迅速发展。随着“中国制造 2025”等战略的推进，越来越多的企业开始意识到虚拟现实技术在产品设计、装配模拟、工艺规划、培训仿真等方面的重要性，并积极探索应用。同时，一些高校和科研机构也在虚拟现实技术的研发和应用上取得了突破性进展。

（1）徐工集团　作为工程机械行业的领先制造商，徐工集团一直致力于寻找和采用新技术，以缩减研发时间，降低研发成本。他们积极研究虚拟设计解决方案，以加快产品开发，向客户提供高度优化的设备。

徐工集团与加拿大 Maplesoft 公司合作，采用了虚拟调试的技术路线，以改进其新型高空作业平台的开发。徐工集团使用了基于物理的多领域虚拟模型创建工具 MapleSim（图 1-5），该工具为用户提供了创建虚拟模型的拖放式建模环境，允许工程师直接导入 CAD 模型，并模拟机械、液压、热、气动、电气等多领域物理量及其相互之间的作用效果。

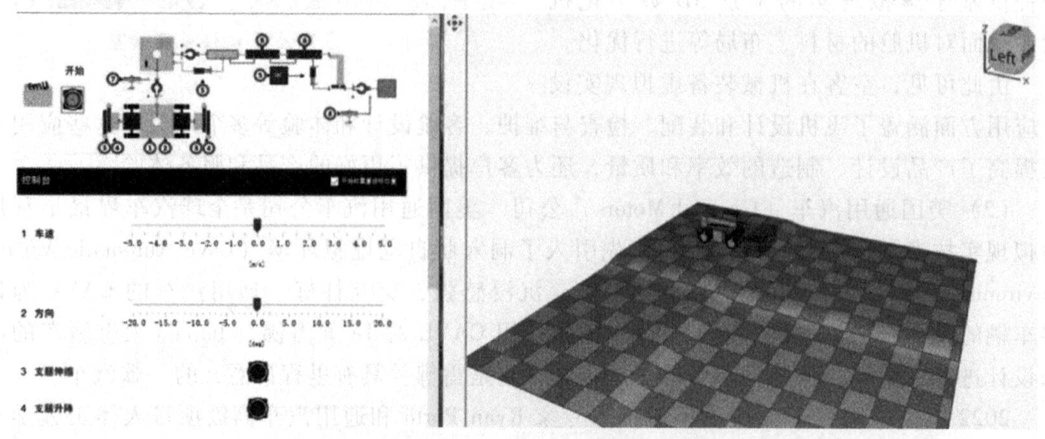

图 1-5 徐工集团基于 MapleSim 的高空作业平台开发

为了进一步完善测试平台，徐工集团还使用了 MapleSim Insight，实现了测试场景的 3D 可视化。MapleSim Insight 是徐工集团基于功能模型单元（Functional Model Unit，FMU）的测试平台对接工具，徐工集团利用其实时反馈的特点，可以快速验证其控制单元的性能，并发现仅靠 2D 图形和数值仿真数据难以发现的潜在问题。

（2）郑州煤矿机械集团股份有限公司　郑州煤矿机械集团股份有限公司（以下简称郑煤机）是国内领先的煤炭综采综掘设备制造商，也是国内最大的液压支架制造商。煤机设备体积较大，其设计一般基于实物，但是实物制造成本高，研发周期长，而且灵活性、互动性有较大的局限性。

基于以上问题，郑煤机运用其多年来各种生产制造经验与技术积累，建立了虚拟仿真技术平台，并生成了一套独有的逻辑来实现仿真过程。郑煤机虚拟仿真技术平台（图 1-6）能够在计算机、手机、移动平板等多种平台上实现不同场景下液压支架的三维模型浏览、漫游、动画播放和部件选配等交互展示，并可以通过 3D 电视、VR 眼镜等硬件设备，达到身临其境的 3D 效果。

图 1-6　郑煤机虚拟仿真技术平台

简而言之，郑煤机在实际投产之前，利用虚拟现实技术虚拟设计、测试、优化产品，可以大大降低试错成本，优化流程。有了虚拟仿真技术平台的加持，工厂可以一边生产，一边优化，让产品更快速地创新和上市。现在，郑煤机智慧工厂液压支架的交付期已经由 28 天缩短为 7 天，生产效率提升了 2 倍以上，生产成本却降低了六成多。

1.2　常用虚拟现实开发工具

《论语·魏灵公》曰：“工欲善其事，必先利其器。”如果想要通过虚拟现实技术进行机械装备的设计，必须借助虚拟现实开发工具。当前，主流的虚拟现实开发主要通过动画渲染软件或游戏引擎来完成。

1.2.1　常用虚拟现实开发工具及特点

Unreal Engine、Unity3d、Blender、Maya、A-Frame 以及 CRYENGINE（图 1-7）是当前最

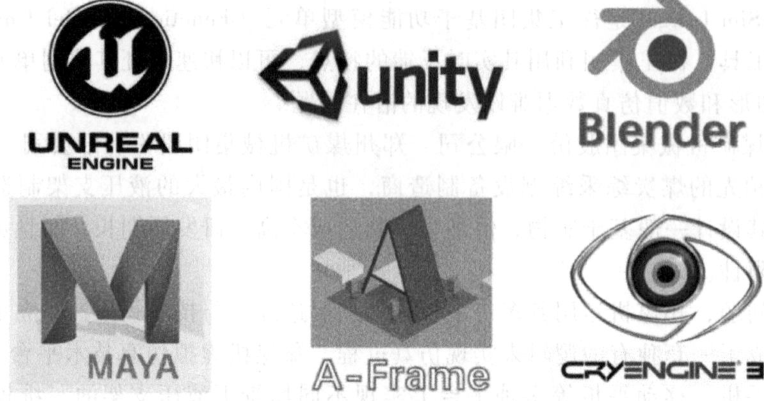

图 1-7　六款主流虚拟现实开发工具

主流的虚拟现实开发工具。它们各自在虚拟现实开发领域发挥着作用，为开发者提供了丰富的选择和灵活的工作流程，共同推动着虚拟现实技术的发展和应用。

1. Unreal Engine

Unreal Engine（虚幻引擎）是由 Epic Games 开发的一款高性能游戏引擎，如图 1-8 所示。自 1998 年首次发布以来，Unreal Engine 已经发展成为业界领先的虚拟现实（VR）和游戏开发工具。最新版本 Unreal Engine 5（UE5）推出了许多创新功能，使其成为设计和开发沉浸式虚拟现实体验的理想选择。

图 1-8　Unreal Engine

Unreal Engine 具备卓越的图形渲染能力，能够通过先进的技术如光线追踪和 Lumen 全动态全局光照实现高度逼真的视觉效果；其蓝图可视化脚本系统使得无代码编程成为可能，方便设计师和艺术家快速进行原型设计；跨平台支持确保开发者可以轻松将项目部署到 PC、主机、移动设备及所有主流 VR 设备上；强大的物理和动画系统，如 Chaos Physics 和 Control

Rig，可提供逼真的物理模拟和角色动画；引擎内置的 VR 模板和性能优化工具，可帮助开发者快速构建和优化 VR 应用；此外，Unreal Engine 拥有庞大的用户社区、丰富的学习资源和市场资源，极大地加速了开发进程并降低了成本。

2. Unity3d

Unity3d 是由 Unity3d Technologies 开发的一款多平台综合性游戏引擎，如图 1-9 所示。自 2005 年发布以来，Unity3d 已经成为最广泛使用的游戏和虚拟现实（VR）开发工具之一。Unity3d 以其易用性、灵活性和广泛的功能集成而闻名，是开发者创建虚拟现实体验的首选工具之一。

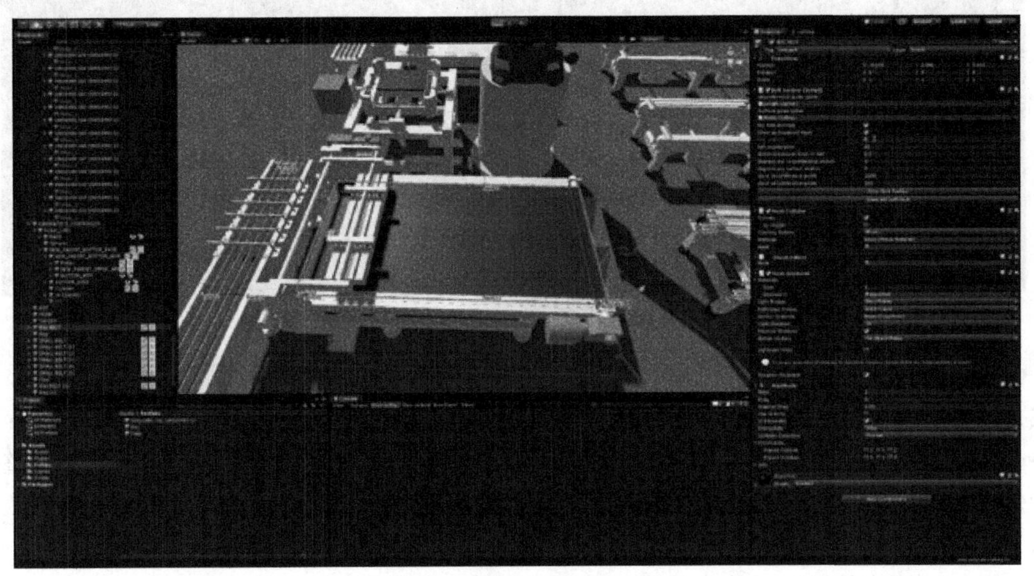

图 1-9 Unity3d 仿真引擎

Unity3d 提供了出色的图形渲染能力，支持实时光照和高效的渲染管线，如 Universal Render Pipeline（URP）和 High Definition Render Pipeline（HDRP），可以实现从移动设备到高端 PC 的优质视觉效果。此外，Unity3d 具有强大的跨平台支持功能，使得开发者可以将项目轻松部署到各种平台，包括 PC、主机、移动设备和所有主流 VR 设备（如 Oculus Quest、HTC Vive、PlayStation VR 等）。Unity3d 还内置了高效的物理引擎（基于 PhysX），以及丰富的动画工具，如 Timeline 和 Cinemachine，能够创建复杂的动画序列和逼真的物理效果。在虚拟现实优化方面，Unity3d 提供了专门的 VR 模板和优化工具，如 Oculus Integration 和 XR Interaction Toolkit，可帮助开发者快速创建和优化 VR 应用。这些工具预设了常见的 VR 交互和导航方式，简化了开发流程，并通过性能分析工具确保在各种硬件上都能流畅运行。

3. Blender

Blender 是一款开源且免费的 3D 创作套件（图 1-10），由 Blender Foundation 开发和维护。自 1994 年首次发布以来，Blender 已经发展成为功能强大的多用途 3D 建模、动画、雕刻和渲染工具。

Blender 的 3D 建模工具集极其强大，支持多边形建模、曲面建模和雕刻等多种建模方

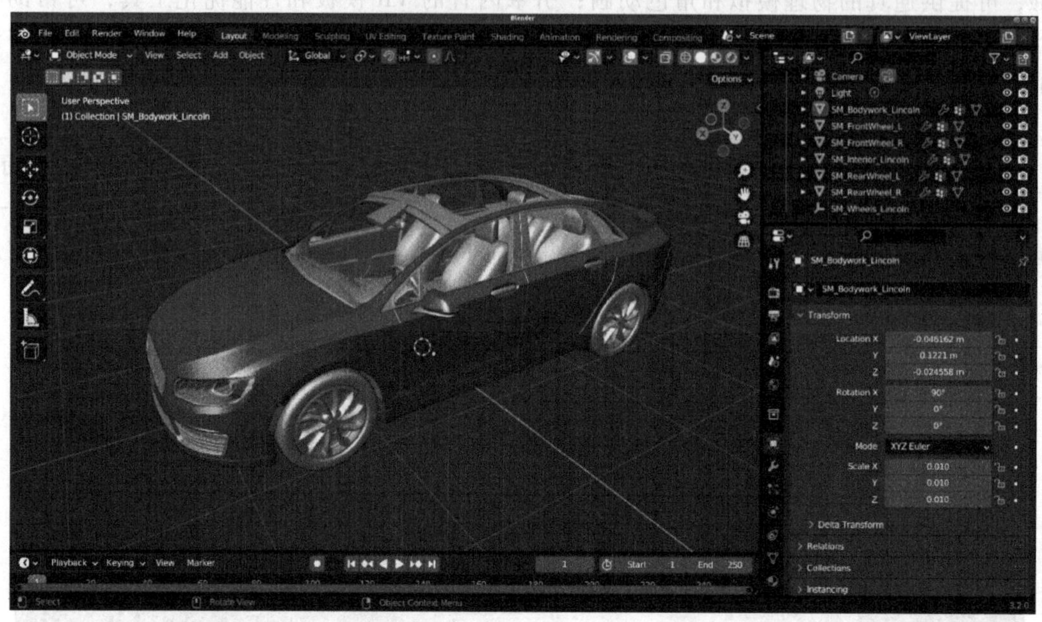

图 1-10　Blender

式，能够创建复杂且精细的 3D 模型。其次，Blender 内置了先进的渲染引擎，如 Eevee 和 Cycles，提供了实时渲染和高质量的光线追踪渲染功能，使得设计者能够即时预览和调整设计效果。此外，Blender 拥有强大的动画工具，包括骨骼绑定、角色动画和形状键动画，可以为 3D 模型添加丰富的动态效果。

Blender 还支持 Python 脚本编写，用户可以通过编写脚本扩展其功能，实现自定义工具和自动化工作流程。Blender 的用户界面高度可定制，能够根据用户的需求进行调整，从而提升工作效率。

4. Maya

Maya 是由 Autodesk 公司开发的一款专业 3D 建模、动画、视觉特效和渲染软件，如图 1-11 所示。自 1998 年发布以来，Maya 已成为电影、电视、游戏和虚拟现实（VR）行业中的主流工具之一。Maya 以其强大的功能和灵活的工作流程而闻名，为创作者提供了从概念设计到最终实现的全面解决方案。

Maya 的 3D 建模工具集极其强大，支持多边形建模、NURBS 建模和细分曲面建模，能够创建复杂且精细的 3D 模型。其次，Maya 内置了强大的动画工具，包括骨骼绑定、角色动画、运动捕捉和形状键动画，可以为 3D 模型添加丰富的动态效果。

Maya 的物理模拟和特效工具，如流体、烟雾、布料和刚体模拟，可以创建逼真的物理效果，增强虚拟现实环境的真实感。Maya 的 Arnold 渲染器提供了高质量的光线追踪渲染，使得设计者能够实现逼真的光影效果和材质表现。

此外，Maya 支持 Python 和 MEL（Maya Embedded Language）脚本编写，用户可以通过编写脚本扩展其功能，实现自定义工具和自动化工作流程。Maya 的用户界面高度可定制，能够根据用户的需求进行调整，从而提升工作效率。

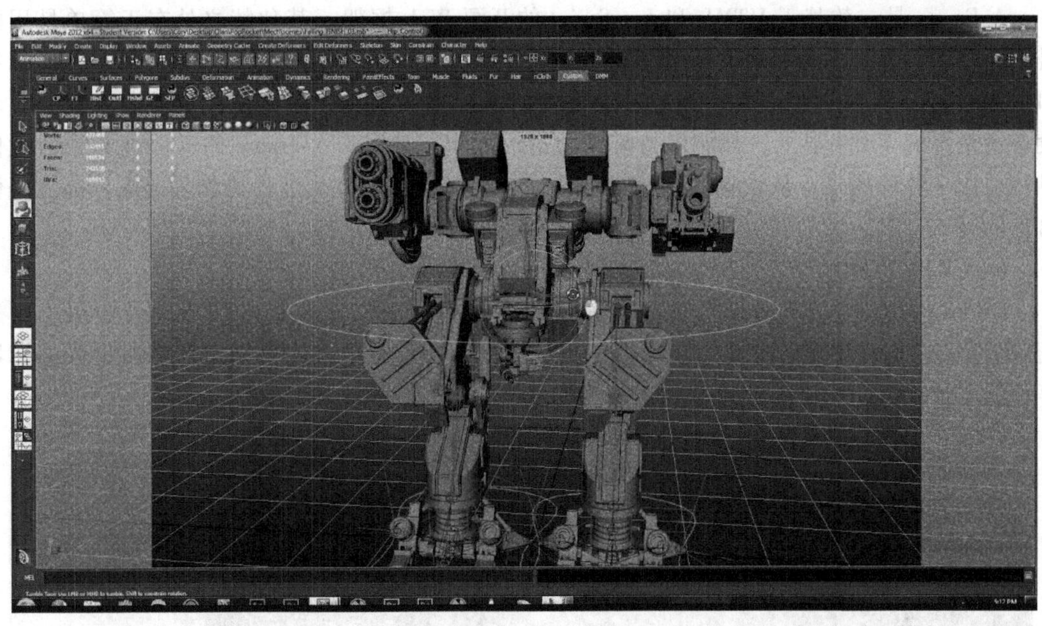

图 1-11　Maya

5. A-Frame

A-Frame 是由 Mozilla 开发的开源 Web 框架，用于构建虚拟现实（VR）和增强现实（AR）体验，如图 1-12 所示。A-Frame 基于 HTML 和 JavaScript，旨在简化 Web VR 和 AR 内容的创建和发布，使得开发者能够轻松创建跨平台的沉浸式体验。自 2015 年发布以来，A-Frame 因其易用性和强大的功能迅速获得了广泛的应用和支持。

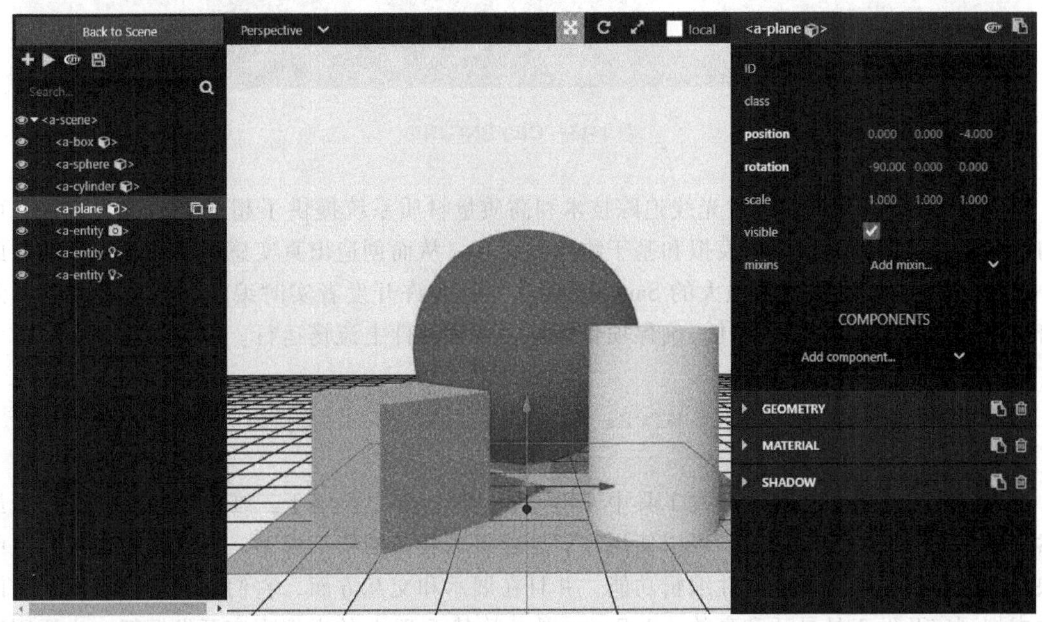

图 1-12　A-Frame

A-Frame 是一款基于 HTML 和 JavaScript 的开源 Web 框架，其独特之处在于简单易用的语法结构以及强大的跨平台支持和丰富的组件生态系统。开发者可以通过简单的 HTML 标签和 JavaScript API 快速创建高性能、互动性强的虚拟现实内容，无论是在桌面浏览器、移动设备还是主流 VR 头显上，都能保持流畅的运行效果。此外，A-Frame 的开放性和灵活性使得其适用于各种场景，从设备展示到操作培训、生产线优化以及远程协作等方面，都能提供出色的解决方案，成为开发者们构建沉浸式 VR 体验的理想选择。

6. CRYENGINE

CRYENGINE 是由 Crytek 开发的一款强大的游戏引擎，如图 1-13 所示，最初用于开发《孤岛危机》系列等知名游戏。它提供了高度优化的图形渲染、物理引擎和实时世界编辑器等功能，被广泛应用于游戏开发和虚拟现实（VR）项目中。

图 1-13　CRYENGINE

CRYENGINE 先进的实时光线追踪技术和高质量材质系统提供了超逼真的视觉效果，而内置的物理引擎则支持流体模拟和基于物理的交互，从而创造出真实感十足的虚拟环境。此外，CRYENGINE 还配备了强大的 Sandbox 编辑器，允许开发者实时编辑和预览场景，以及跨平台兼容性和性能优化工具，确保项目能够在各种硬件上流畅运行。

1.2.2　Unity3d 与 Unreal Engine 的对比和选择

在六款主流的虚拟现实开发工具中，Blender 和 Maya 主要用于三维建模和动画制作，虽然它们拥有强大的建模功能，可以使用它们创建机械装备的精细模型，但在虚拟现实开发中缺乏直接的实时渲染和交互性编辑功能，并且在展示和交互方面，它们不如游戏引擎和专门的虚拟现实开发工具灵活和高效。A-Frame 是一款基于 Web 的虚拟现实开发框架，主要用于在网页中创建简单的 VR 体验，虽然它易于学习和使用，但功能相对受限，难以实现复杂的图形渲染和交互性效果。对于需要高度真实感和复杂交互的机械装备虚拟现实设计来说，A-Frame 可能无法满足需求。CRYENGINE 在图形渲染和物理引擎方面表现优异，但相对于 Unreal Engine 和 Unity3d，其社区规模较小，可用的资源和插件相对较少。此外，CRY-ENGINE 的学习曲线较陡，对于新手开发者来说可能会更具挑战性。

综上所述，Unity3d 与 Unreal Engine 是更适合应用于机械装备虚拟现实设计的工具。它们在图形渲染、交互性、跨平台支持以及开发成本和学习曲线等方面相对其他虚拟现实开发工具更具优势，能够帮助开发者快速构建出高品质的虚拟环境，并提供良好的用户体验，满足用户对于真实感和交互性的需求。下面将对 Unity3d 与 Unreal Engine 进行进一步的对比，评估二者在不同方面的优劣。

1. 跨平台支持和开发成本

相较于 Unreal Engine，Unity3d 具有更好的跨平台支持，可以将开发的应用轻松部署到多种平台，包括 PC、主机、移动设备和 Web 平台等，而 Unreal Engine 在移动设备和 Web 平台上的支持相对较弱。同时，Unity3d 的开发成本更低，学习曲线更为平缓，使得开发者能够更快速地上手并构建出高质量的虚拟现实应用。

2. 编程语言和开发工具

Unity3d 使用 C#作为主要的编程语言，C#是一种易学易用的编程语言，许多开发者都对其熟悉，能够快速上手并进行开发。相比之下，Unreal Engine 使用 C++作为主要的编程语言，C++具有更高的学习曲线和复杂性，对于新手开发者来说可能会更具挑战性。此外，U-nity3d 提供了丰富的开发工具和插件，使得开发过程更加高效。

3. VR 和 AR 生态系统

Unity3d 对 VR 和 AR 的生态系统支持更加全面。Unity3d 提供了丰富的 VR 和 AR 开发工具和插件，如 SteamVR、Oculus Integration、Vuforia 等，这些工具和插件使得开发者能够轻松地创建各种类型的虚拟现实和增强现实应用。相比之下，Unreal Engine 的 VR 和 AR 支持虽然也很强大，但 Unity3d 在这方面的生态系统更为成熟。

4. 资源和社区支持

Unity3d 拥有庞大的开发者社区和丰富的资源库，活跃的论坛、教程和社交媒体群组为开发者提供了丰富的资源和支持，可以在开发过程中获得帮助和建议。相比之下，Un-real Engine 的社区规模较小，可用的资源和插件相对较少，开发者可能会面临较大的挑战。

5. 3D 建模和动画制作

Unity3d 的建模工具虽然没有 Unreal Engine 的强大，但对于机械装备虚拟现实设计来说，Unity3d 提供的功能已经足够满足需求。此外，Unity3d 还提供了丰富的动画制作工具和插件，可以创建出高质量的动画效果。

综上所述，相较于 Unreal Engine，Unity3d 在跨平台支持、开发成本、编程语言、开发工具、资源和社区支持等方面都表现出色，使其成为进行机械装备虚拟现实设计的更为适合的选择。本书后续的机械装备虚拟现实设计方法介绍与实例分析均以 Unity3d 为开发工具展开。

1.3 Unity3d 开发基础知识

1.3.1 Unity3d 主界面

Unity3d 主界面由场景面板、属性面板、层次面板和项目面板四部分组成，如图 1-14 所示。

（1）场景面板　Unity3d 中最常用的部分，场景中所有的模型、光源、相机、材质、音效等都显示在此面板上。在面板中可以编辑游戏对象，包括旋转、移动和缩放等。

（2）属性面板　显示当前选择对象的各种属性，包括对象的名称、标签、位置坐标、旋转角度、缩放和挂载组件等。

（3）层次面板　显示场景中的所有物体。

（4）项目面板　列出所有资源。

图 1-14　Unity3d 主界面

1.3.2 游戏对象与组件

在 Unity3d 中，游戏对象（Game Objects）是基本构建单元。它们是可以在场景中实例化、移动、旋转和缩放的实体，如图 1-15 所示。在本书中，游戏对象即为待设计的机械装备；而在本书的实例中，游戏对象则以煤矿综采装备为例。

每个游戏对象都可以包含一个或多个组件（Components），组件定义了对象的行为和属性，每个组件负责定义游戏对象的不同方面（图 1-16）。以下是有关 Unity3d 中组件的概念。

（1）Transform（变换）　所有游戏对象都有一个变换组件，它包括位置、旋转和缩放信

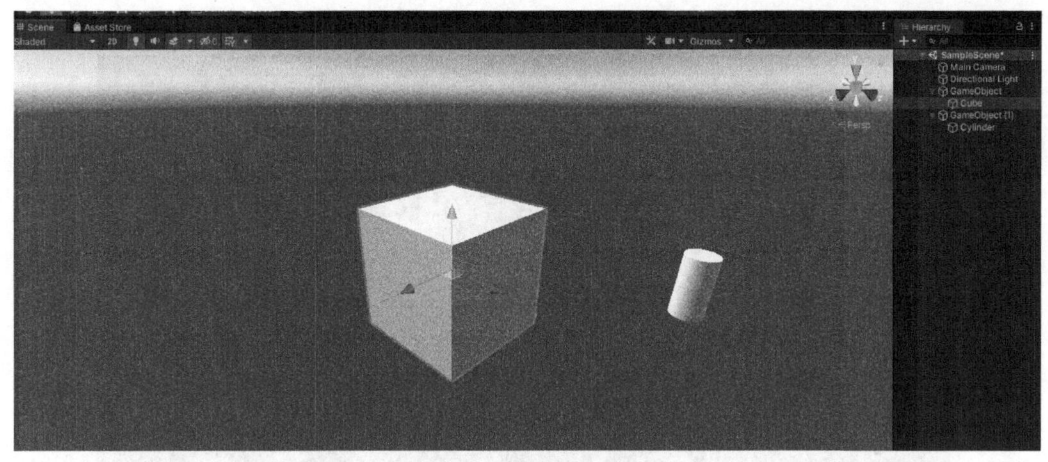

图 1-15　Unity3d 游戏对象

息。通过变换，可以控制游戏对象在三维空间中的位置、方向和大小。

（2）Renderer（渲染器）　用户处理游戏对象的可视化，包括模型、材质和光照。

（3）Collider（碰撞器）　用于处理游戏对象之间的碰撞检测，影响物体之间的物理交互。

（4）Rigidbody（刚体）　添加刚体组件使游戏对象受到物理引擎的影响，例如受到重力的作用。

（5）Script（脚本）　通过脚本可以添加自定义的逻辑和行为，脚本可以用 C#语言编写。

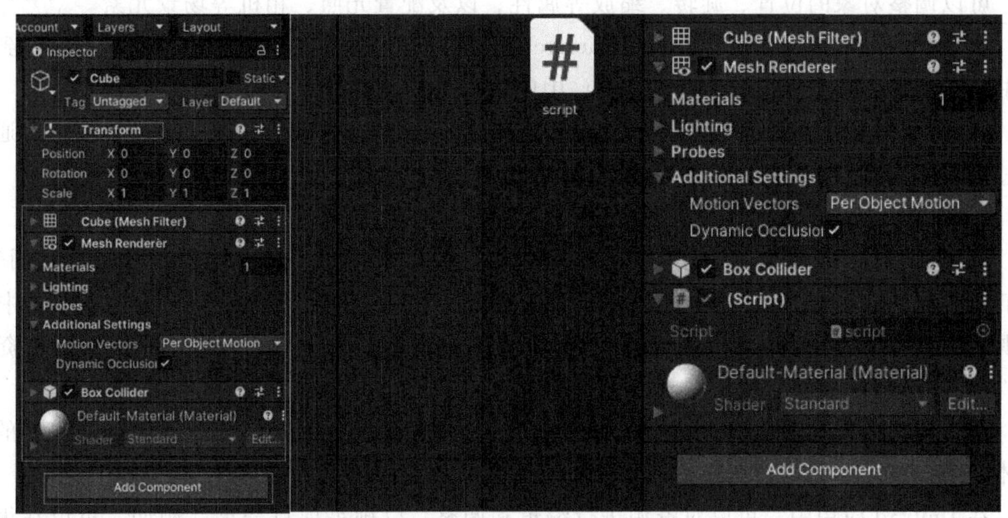

图 1-16　Unity3d 组件

1.3.3　场景与资源管理

1. 场景

场景是 Unity3d 中组织内容的基本单位，如图 1-17 所示。它包含了 Unity3d 应用中的各

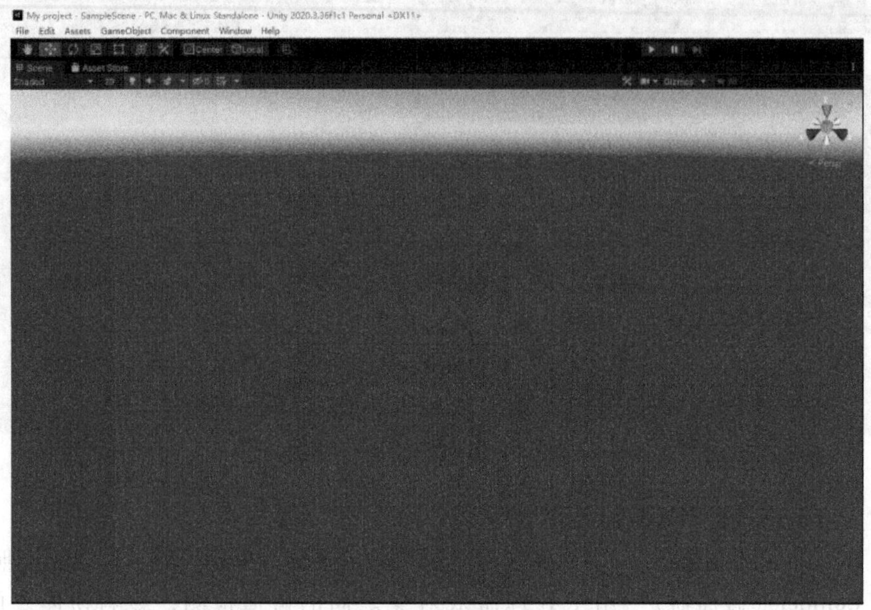

图 1-17　场景面板

种元素，如对象、光照、相机等，以及它们在空间中的排列和交互关系。通过在不同场景之间进行切换，可以实现 Unity3d 应用中的不同阶段或位置的转换。

在 Unity3d 编辑器中，可以创建新的场景，并在其中添加、编辑和排列对象。编辑场景时，可以调整对象的位置、旋转、缩放等属性，以及配置光照、相机等场景元素。

项目中的场景可以在层次面板（Hierarchy Panel）中进行管理，也可以将对象拖拽到场景中，或者通过场景视图（Scene View）中的编辑工具进行操作。

在 Unity3d 应用运行时，可以通过加载和卸载场景来实现不同场景之间的切换。这通常通过调用 Unity3d 的 API 函数来完成。

2. 资源

资源是 Unity3d 中用于构建 Unity3d 应用的各种元素，如模型、纹理、音频、动画等。它们可以被项目中的任何场景或脚本所引用和使用。资源可以通过 Unity3d 编辑器中的资源管理器导入到项目中，从而在资源管理器中组织、搜索和管理项目中的所有资源文件。

使用资源可以在 Unity3d 应用中有效地重用和共享元素。例如，可以创建一个模型的预制体，并在不同场景中多次使用它，而不需要重复创建和配置。

在 Unity3d 应用中，可以对资源进行编辑和调整，以满足项目需求。例如，可以在编辑器中调整纹理的尺寸和格式，或者在动画编辑器中编辑对象的动画效果。

1.3.4　脚本编辑

在 Unity3d 中，脚本通常用于添加对象的行为、控制程序逻辑以及实现用户交互等功能。下面是一些关于脚本编辑的基本信息。

(1) 选择脚本语言　Unity3d 支持多种脚本语言，包括 C#、JavaScript（Unity3dScript）、Boo 等。其中，C#是官方推荐的脚本语言，也是最常用的选择之一。

(2) 创建脚本　在 Unity3d 中，可以通过右击资源管理器中的文件夹或者在资源管理器中使用快捷键来创建新的脚本文件。创建脚本后，可以将其拖放到场景中的游戏对象上，或者在代码中引用它。

(3) 编辑脚本　一旦创建了脚本文件，就可以使用任何文本编辑器（如 Visual Studio、Visual Studio Code、MonoDevelop 等）来编辑它。Unity3d 也提供了内置的编辑器，故可以在 Unity3d 编辑器中直接编辑脚本文件。

(4) 编写代码　在脚本文件中，可以编写逻辑代码来控制游戏对象的行为。这可能涉及处理输入、移动对象、触发事件、管理状态等各种任务。

(5) 调试和测试　编写完脚本后，需要进行调试和测试以确保其功能正常。Unity3d 提供了调试工具和模拟器，可以帮助检查代码并解决可能出现的问题。

通过不断地编辑、测试和优化脚本，可以构建出功能强大、性能优越的逻辑，带来更加丰富和令人满意的体验。

1.3.5　图形与效果

在 Unity3d 中，图形与效果直接影响 Unity3d 应用的视觉质量和用户体验。以下是 Unity3d 图形与效果中的一些关键概念。

(1) 渲染引擎　Unity3d 使用的是高性能的实时渲染引擎，能够实现逼真的图形效果。该引擎支持基于物理的渲染，包括光照、阴影、反射等效果，使场景看起来更加真实。

(2) 材质和着色器　Unity3d 提供了丰富的材质和着色器系统，开发者可以通过调整材质属性和编写自定义着色器来实现各种视觉效果，如金属、玻璃、水等。

(3) 光照和阴影　Unity3d 支持实时光照和动态阴影，开发者可以在场景中添加各种类型的光源（如点光源、聚光灯、方向光等），并调整其属性和参数以实现不同的照明效果。此外，Unity3d 还支持实时计算阴影，包括硬阴影和软阴影，以增强场景的逼真度。

(4) 粒子系统　Unity3d 的粒子系统允许开发者创建各种特效，如火焰、爆炸、烟雾等。通过调整粒子的属性和参数，可以实现丰富多样的视觉效果，并增添动感和真实感。

(5) 后期处理　Unity3d 提供了丰富的后期处理效果，如景深、运动模糊、色彩校正、环境光遮蔽、屏幕空间反射等。这些效果可以在渲染完成后对图像进行处理，进一步增强视觉效果。

综上所述，图形与效果是 Unity3d 应用开发中的核心内容之一，开发者可以利用 Unity3d 强大的图形渲染引擎和丰富的特效工具来打造视觉上引人入胜的体验。

1.4　典型机械装备虚拟现实设计对象

机械装备的种类繁多，涵盖了从农业机械、建筑机械到工业机器人、交通运输设备等多个领域。虽然这些装备存在一定的差异，但也有诸多共性特征。在结构上，机械装备普遍具有复杂性和系统性，通常由多个相互连接和配合的部件和子系统组成；在技术上，机械装备通常都集成了机械、液压、气动和电子控制等多学科技术；在材料上，为了满足长时间、高强度工作的要求，机械装备通常采用高强度和高耐久性的材料。这些共性特征使得各种机械装备在设计上也存在相通之处，如果掌握了某种特定机械装备的设计，在针对其他不同类型机械装备进行设计时，就能够触类旁通。

1.4.1 煤矿综采装备的典型性

煤矿综采装备，即煤矿综合机械化采煤设备，是指在煤矿开采过程中使用的成套自动化机械设备系统，用于实现煤炭开采的高度机械化和自动化。煤矿综采装备类别繁多，而其核心装备群为滚筒采煤机、液压支架和刮板输送机构成的采运-支护装备，简称“综采三机”（图 1-18）。

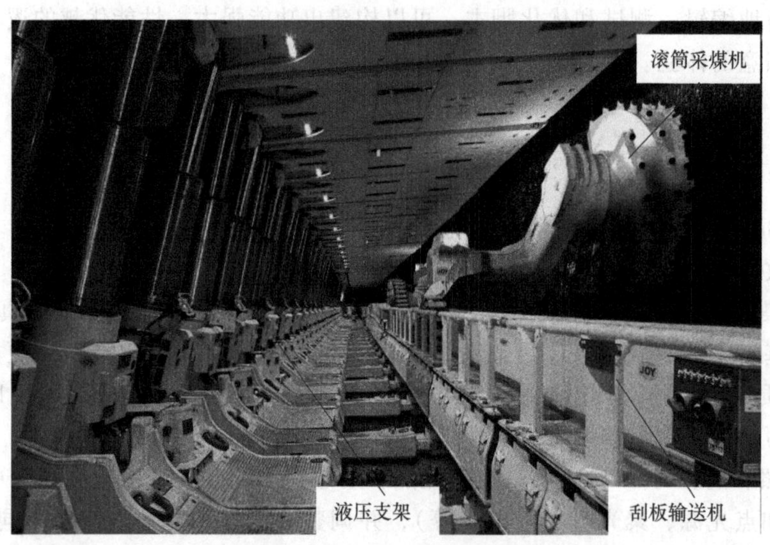

图 1-18 煤矿综采装备示意图

本书的虚拟现实开发设计就是以滚筒采煤机、液压支架和刮板输送机构成的采运-支护装备为对象，选择它们作为设计对象的主要依据如下：

1）液压支架具有四连杆机构，由于连杆机构能够实现直线运动、旋转运动等多种运动形式之间的转换，同时能够传递和转换动力，因此它在机械装备中的应用十分广泛，无论是传统的机械领域还是新兴的自动化、机器人领域，连杆机构都发挥着不可或缺的作用。

2）采煤机结构中涉及的链传动、减速箱、液压缸等在机械装备中均十分常见，因此也能够在一定程度上代表有类似结构的机械装备。

3）推移机构是一个将液压支架与刮板输送机进行连接的浮动机构，浮动连接机构具有类似于机械臂的复杂结构，能够简化为工业机器人模型（图 1-19）。随着机械装备自动化与智能化的发展，工业机器人模型已经在诸多机械装备中取得了应用，因此对推移机构的设计与研究对于其他机械装备具有很高的借鉴价值。

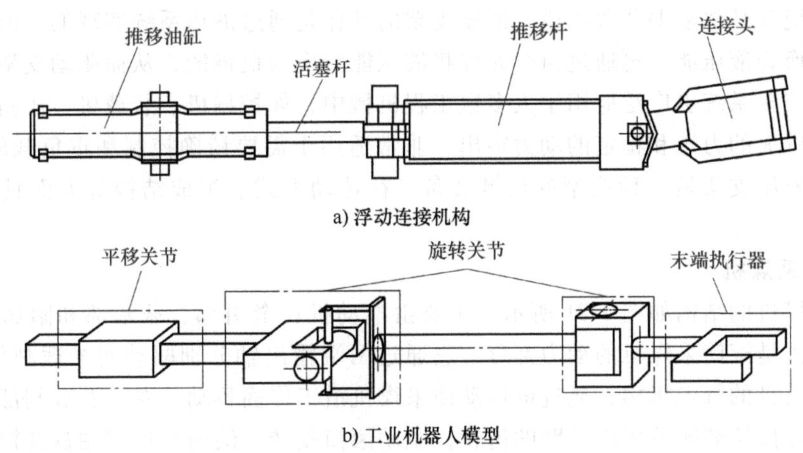

图 1-19　推移机构工业机器人模型

1.4.2　综采三机的结构与功能

综采三机并不是各自独立运行的，它们之间存在一定的耦合运行关系：采煤机以刮板输送机为运行轨道，沿煤壁往复运行，切割煤壁落煤，并把落下的煤装入刮板输送机；刮板输送机将煤炭输送出综采工作面；液压支架支护综采工作面围岩，为综采工作面作业提供安全空间；刮板输送机和液压支架互为支点，推动工作面沿煤层前移。

1. 液压支架

液压支架通过液体压力产生支撑力来进行顶板支护和管理。液压支架的结构如图 1-20 所示，主要由执行元件（立柱、千斤顶）、承载结构件（顶梁、掩护梁和底座等）、推移装

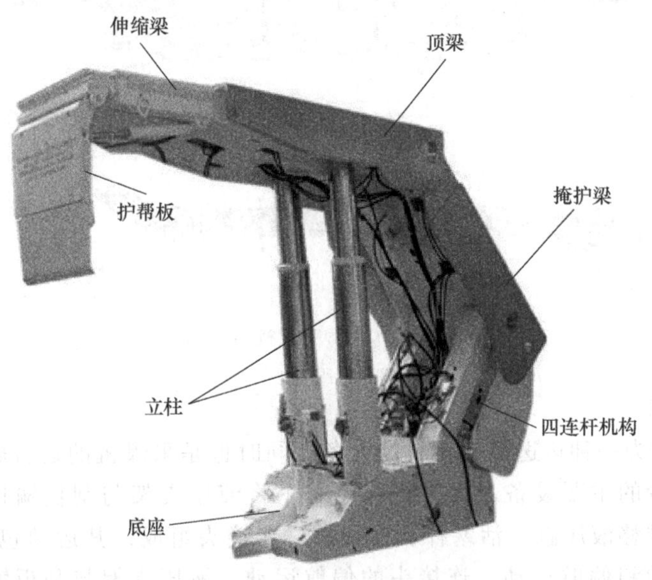

图 1-20　液压支架的结构

置、控制系统和其他辅助装置组成。液压支架的动作是通过液压系统实现的，液压系统可以将机械能转换为液压能，再通过执行元件将液压能转换为机械能，从而驱动支架完成各种动作。同样，液压系统也广泛应用于大多数工程机械中，如挖掘机、装载机、压路机等。液压系统能够提供大的力矩和稳定的动力输出，非常适用于需要精确控制和重负载的工程机械。由此可见，液压支架是一种典型的机械装备，在传动方式、组成结构等方面具有一定的代表性。

2. 滚筒采煤机

滚筒采煤机的结构如图 1-21 所示，主要由电动机、牵引部、截割部和附属装置等部分组成。电动机是滚筒采煤机的动力部分，它通过两端输出轴分别驱动两个截割部和牵引部。牵引部是采煤机的行走机构，通过链传动使采煤机沿工作面移动。左、右截割部减速箱将电动机的动力经齿轮减速后传给摇臂的齿轮，驱动滚筒旋转。滚筒上焊有端盘及螺旋叶片，其上装有截齿，用于割煤。采煤机内的调高液压缸可使摇臂连同滚筒升降，以调节采煤机的采高。

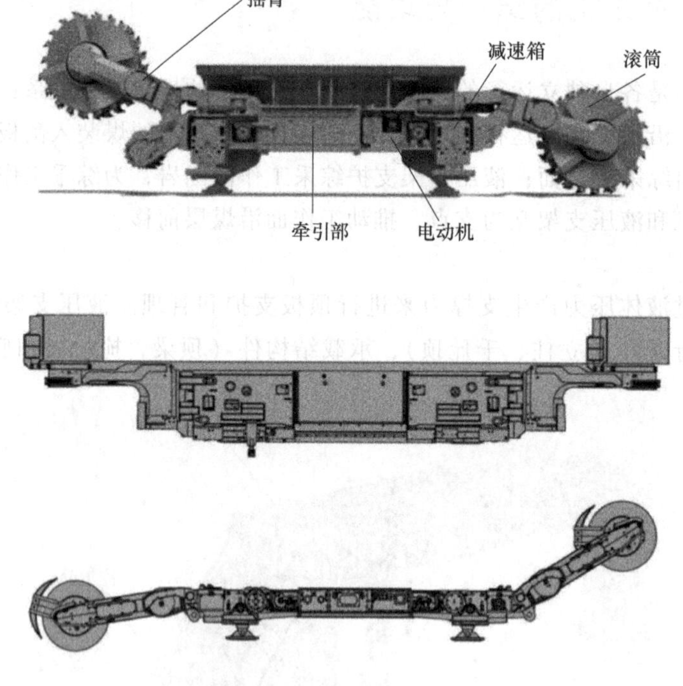

图 1-21　滚筒采煤机的结构

3. 刮板输送机

刮板输送机作为一种运送煤和物料的设备，同时也是采煤机的运行轨道，是现代化采煤工艺中不可缺少的主要设备。推移机构是一个将液压支架与刮板输送机进行连接的浮动机构，主要由推移液压缸、活塞杆、推移杆、连接头组成，其运动包括活塞杆的伸长、推移杆的俯仰运动和偏航运动、连接头的偏航运动。液压支架与刮板输送机的连接如图 1-22 所示。

图 1-22　液压支架与刮板输送机的连接

思考题

1-1　请根据你的理解给虚拟现实技术下一个定义。

1-2　虚拟现实技术的“3I”特征分别是什么？每一种特征的含义又是什么？

1-3　虚拟现实设计能够在机械装备设计的哪些阶段发挥重要作用？

1-4　在机械装备中，煤矿综采装备的结构原理为什么具备高度的代表性？

1-5　请根据你的理解阐述 Unity3d 在机械装备虚拟现实设计中的独有优势。

章节知识点
讲解视频

第 2 章 建模与模型转换关键技术

知识目标：掌握常用三维 CAD 软件的基本操作；了解模型构建前的调研流程以及掌握基于 CAD 软件的建模方法；掌握 CAD 模型与 Unity3d 模型之间的转换技术。

能力目标：能够针对不同机械装备完成模型调研并选择合适的建模方法；能够完成 CAD 模型与 Unity3d 模型的转换与修补。

2.1 模型调研与分析

建模是根据客观世界中特定物体的内在规律，在进行合理的简化假设处理之后，借助正确的数学工具建立该物体的数学结构来表达现实物体的相互关系。当工程技术人员在进行机械设备的模型构建时，模型调研与分析有助于读者更好地理解和把握机械设备的特性和工作原理，为机械设备的设计和优化提供依据，也可以帮助人们发现机械设备存在的问题和瓶颈，提出改进建议。通过建立相关模型，既可以对机械设备的性能进行预测和评估，节约成本和时间，也可以为工程技术人员提供决策支持和技术指导，提高工作效率和质量。

模型调研与分析的具体过程主要包括以下几个步骤：

（1）确定模型需求　首先需要明确所构建模型的用途以及目的，包括模型要解决的问题、所需的精度和复杂程度等。

（2）收集数据　通过文献调研、实地考察或专家访谈等方式，收集相关的机械设备数据，包括技术参数、工作原理和结构特点等。

（3）建立模型　基于收集到的数据，建立机械设备模型，可以是基于物理原理的方程模型、统计学模型或基于机械设备的仿真模型等。

（4）模型验证与分析　对建立的模型进行深入分析，通过实验数据或现有案例进行比对，验证模型的准确性和可靠性，并探究机械设备的工作机制、性能特点、优化方法等，为后续的设计和改进提供参考。

在进行模型调研与分析的过程中，最重要的便是确定模型需求与收集数据，必须按照所需要求构建精确的模型才可进行后续步骤。值得注意的是，收集数据时必须明确所研究机械装备的结构层次，因为机械装备往往零部件众多且结构复杂，所以在对机械装备进行模型构建之前，必须进行机械装备的结构层次划分，进而逐级构建模型。

在对机械装备的结构进行详细划分时，需要综合考虑其功能、大小、整体和分级组装等因素。在此过程中，工程技术人员需要对机械装备的整体与局部关系深入了解，首先将属于一个功能模块的某些零件单独进行装配，然后将这一功能模块作为一个整体与同一层次的模块再进行上一级的装配，而后依次再装配每一级部件，最后完成整个设备的装配。

以综采工作面中的采煤机为例，按照功能结构分类，采煤机一般可以分为破碎部、截割部、牵引部、机架四个部分。因此在整机的下一级，也就是第二级分为这四部分，而在对第三级进行分类时，由于牵引部分为内牵引和外牵引两部分，外牵引比较简单，列为一个整体进行装配，而对于内牵引部分来说，由于其位置结构较复杂，各零部件在空间中容易干涉，所以将其分为三部分分级组装。这样，逐级装配不仅有利于研究人员深入研究内牵引的每一层次结构，而且可在此过程中逐步隐藏一些组件内部的零件，使系统的压力大大减小。针对破碎部的整体组装，由于调高液压缸相对于破碎部整体来说结构较小，如果放在一起进行装配，会出现不容易选定且距离控制难的问题，所以将调高液压缸单独进行装配，在破碎部装配过程中将其作为一个整体进行操作。对于截割部的传动齿轮部分来说，零部件众多，但传动齿轮位置基本成一线排开，零部件在空间中摆放容易，所以将截割部的整个传动齿轮部分置于同一场景进行组装，这样可以使工程技术人员对该部分的结构理解更加透彻。采煤机的结构分类如图 2-1 所示。

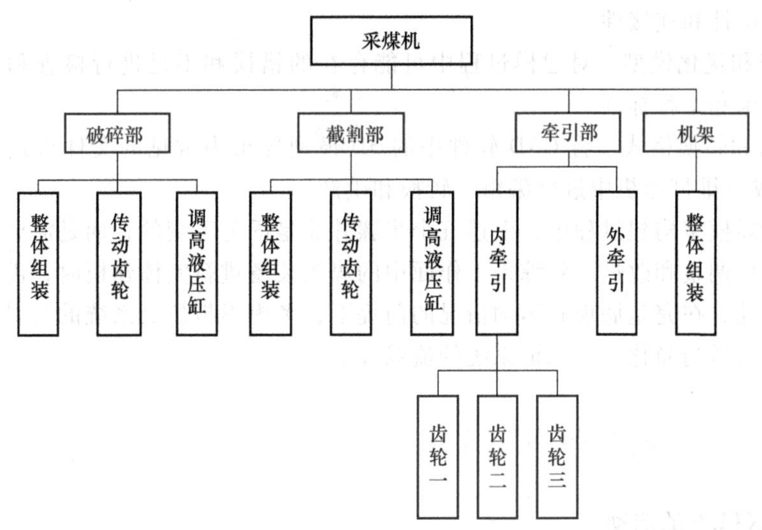

图 2-1　采煤机的结构分类

2.2 模型构建方法

构建精准的模型是虚拟装配系统的基础，虽然常用的虚拟装配建模有多种方法，但在选择建模方法时，要结合实际中所研究的对象，并综合考虑建模需求以及难易程度等因素，从而选择最佳的建模方法。

本书以煤机装备等工作环境恶劣的机械装备为例，煤机装备零部件多、结构复杂、约束繁冗，并且最终需要对其进行结构展示和虚拟操作，因此选择应用建模软件对煤机装备进行建模。该方法具有入门门槛低、难易程度适中、应用范围广等特点，适用于场景少而模型多的情况。此外，煤机装备属于大型机械，由于模型数量庞大，对人力和时间的耗费较大，因此本书最终采用CAD软件进行建模。该方法不仅能体现其原始数据关系，也能加快建模效率，减少工程费用。

2.2.1 基于CAD软件的建模

CAD建模软件为工程领域提供了一个数字化的设计平台，促进了设计、制造、分析的集成和协作，提高了工程的效率和质量。利用UG、SOLIDWORKS等CAD建模软件可以创建出高质量、精确、可靠的机械装备3D模型，为工程设计和制造提供有力支持。基于CAD建模软件对机械装备进行建模时，其建模过程通常包括以下步骤：

（1）确定设计需求和参数　在建模之前，需明确机械装备的设计需求和参数，包括尺寸、形状、材质、功能等。

（2）创建零件模型　根据设计需求和参数，使用CAD软件中的绘图工具创建单个零件的2D图形，然后通过拉伸、旋转、倒角等工具将其转化为3D模型。

（3）组装零件模型　将各个零件模型按照设计要求和组装顺序进行组合和装配，保证零件之间的协调性和连接性。

（4）检查和优化模型　对建模过程中可能存在的错误和不足进行检查和修正，确保模型符合设计要求和工程标准。

（5）导出和转换格式　将CAD软件中的3D模型导出为常见的文件格式，以便于在其他CAD软件或三维打印机中进行编辑、转换和生产。

但是在实际模型构建过程中，上述五个步骤并非是固定不变的，而是需要根据具体需求和实际情况进行调整和改进。对综采工作面中的煤机装备进行实体建模时，需要了解其结构组成与运动特性，在完整展现其运动情况的前提下，考虑虚拟仿真系统的实时更新性，对煤机装备结构进行适当简化，以保证系统的流畅性。

2.2.2 Unigraphics NX 介绍

1. UG NX12.0 的启动

双击桌面上的“UGNX”快捷图标，即可启动UG NX12.0中文版，或者直接在启动UG NX12.0的安装目录的UGII子目录下双击“ugraf.exe”，即可启动UG NX12.0中文版。将UG NX12.0软件打开后，其主工作窗口如图2-2所示。

（1）标题栏　用来显示软件版本，以及当前的模块和文件名等信息。

（2）菜单　菜单包含了本软件的主要功能，系统的所有命令或者设置选项都归属到菜单下。

（3）功能区　功能区中的命令以图形的方式表示命令功能，菜单中的所有命令都可以在功能区中找到相应的图形命令，这样可以避免用户在菜单中查找命令的烦琐，更方便操作。

（4）工作区　工作区是绘图的主区域，用于创建、显示和修改部件。

（5）坐标系　UG中的坐标系分为工作坐标系（WCS）、绝对坐标系（ACS）和机械坐标系（MCS），其中工作坐标系是用户在建模时直接应用的坐标系。

（6）快捷菜单　在工作区中右击即可打开快捷菜单，其中含有一些常用命令及视图控制命令，以方便绘图工作。

（7）资源条　资源条中包括装配导航器、部件导航器、Web 浏览器、历史记录、重用库等。

（8）状态栏　用于提示用户如何操作。执行每个命令时，系统都会在状态栏中显示用户必须执行的下一步操作。

（9）全屏按钮　用于在标准显示和全屏显示之间切换。

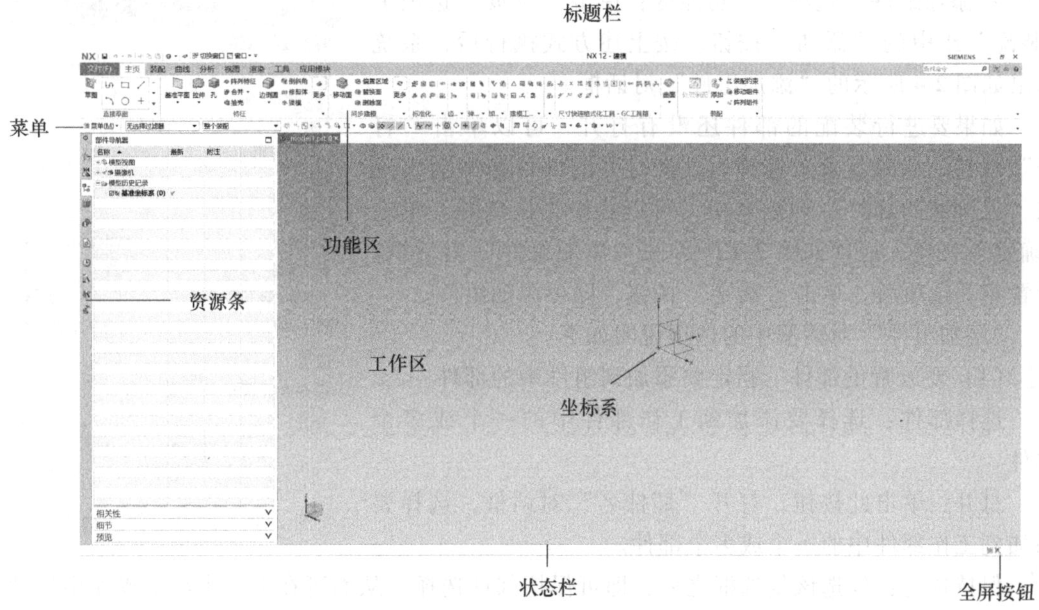

图 2-2　UG NX12.0 主工作窗口

2. 进入装配环境

1）选择“菜单”→“文件”→“新建”选项或单击“快速访问”工具栏中的“新建”按钮，系统弹出如图 2-3 所示的“新建”对话框。

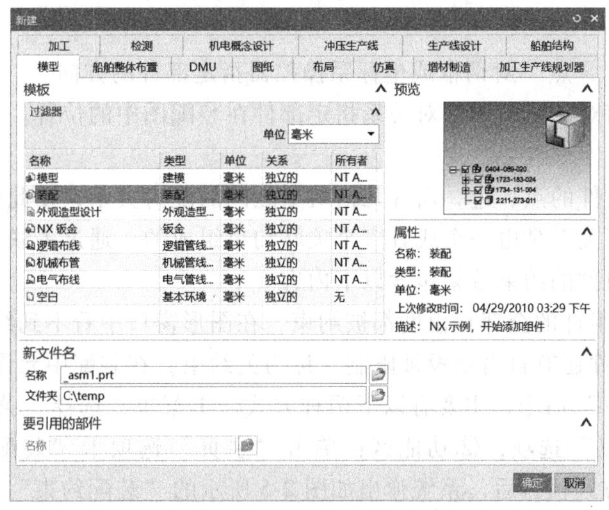

图 2-3　“新建”对话框

2）选择“装配”模板，单击“确定”按钮，系统弹出“添加组件”对话框。

3）在“添加组件”对话框中单击“打开”按钮，打开装配零件后进入装配环境。

3. 添加组件

自底向上装配的设计方法是常用的装配方法，即先设计装配中的部件，再将部件添加到装配中由底向上逐级进行装配。

执行“添加组件”命令，主要有以下两种方式。①菜单：选择“菜单”→“装配”→“组件”→“添加组件”选项；②功能区：单击“主页”选项卡“装配”组中的“添加”按钮。按上述方式执行后，系统弹出如图 2-4 所示的“添加组件”对话框。

如果要进行装配的部件还没有打开，可以单击“打开”按钮，从磁盘目录选择。已经打开的部件名称会出现在“已加载的部件”列表框中，可以从中直接选择。单击“确定”按钮，返回如图 2-4 所示的“添加组件”对话框。设置相关选项后，单击“确定”按钮，即可添加组件。

图 2-4 “添加组件”对话框

“添加组件”对话框中的选项说明如下。

（1）要放置的部件　指定要添加到组件中的部件。

选择部件：选择要添加到工作部件中的一个或多个部件。

打开：单击此按钮，打开“部件名”对话框，选择要添加到工作部件中的一个或多个部件。

保持选定：勾选该复选框之后，即可保持部件选择，从而可在下一个添加操作中快速添加同样的部件。

数量：为添加的部件设置要创建的实例数量。

（2）位置

装配位置：用于选择组件锚点在装配中的初始放置位置。

循环定向：用于根据装配位置设置指定不同的组件方向。

（3）放置

移动：用于通过“点”对话框或坐标系操控器指定部件的方向。

约束：按照几何对象之间的配对关系指定部件在装配图中的位置。

4. 装配约束

约束关系是指组件的点、边、面等几何对象之间的配对关系，以此确定组件在装配中的相对位置。这种装配关系是由一个或者多个关联约束组成的，通过关联约束来限制组件在装配中的自由度。对组件的约束效果包含以下内容。

1）完全约束：组件的全部自由度都被约束，在图形窗口中看不到约束符号。

2）欠约束：组件还有自由度没被限制，称为欠约束，在装配中允许欠约束存在。

执行“装配约束”命令，主要有以下两种方式。①菜单：选择“菜单”→“装配”→“组件位置”→“装配约束”选项；②功能区：单击“主页”选项卡“装配”组中的“装配约束”按钮。按上述方式执行后，系统弹出如图 2-5 所示的“装配约束”对话框。

“装配约束”对话框中的选项说明如下。

(1) 接触对齐

接触：定义两个同类对象相一致。

对齐：对齐匹配对象。

自动判断中心/轴：使圆锥、圆柱和圆环面的轴线重合。

(2) 同心　将相配组件中的一个对象定位到基础组件中的一个对象的中心上，其中一个对象必须是圆柱体或轴对称实体。

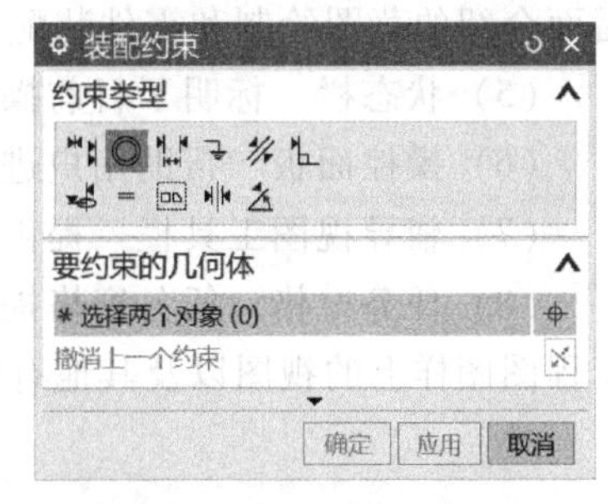

图 2-5 “装配约束”对话框

(3) 距离　该配对类型用于指定两个相配对象间的最小距离，距离可以是正值也可以是负值，正负号用来确定相配组件在基础组件的哪一侧。距离由“距离表达式”选项的数值确定。

(4) 固定　将组件固定在其当前位置上。

(5) 平行　约束两个对象的方向矢量彼此平行。

(6) 垂直　约束两个对象的方向矢量彼此垂直。

(7) 对齐/锁定　对齐不同对象中的两个轴，同时防止绕公共轴旋转。

(8) 拟合　将半径相等的两个圆柱面结合在一起。

(9) 胶合　将组件焊接在一起，使它们作为刚体移动。

(10) 中心　该配对类型约束两个对象的中心，使其中心对齐。

“1 对 2”：将相配组件中的一个对象定位到基础组件中的两个对象的中心上。

“2 对 1”：将相配组件中的两个对象定位到基础组件中的一个对象的中心上，并与其对称。

“2 对 2”：将相配组件中的两个对象定位到基础组件中的两个对象的中心上，并要对称布置。

(11) 角度　该配对类型是在两个对象之间定义角度，用于约束匹配组件到正确的方向上。

2.2.3 SOLIDWORKS 介绍

1. 主界面介绍

零件图编辑状态下的界面如图 2-6 所示。

(1) 菜单栏　这里包含 SOLIDWORKS 所有的操作命令。

(2) 标准工具栏　同其他标准的 Windows 程序一样，标准工具栏中的工具按钮用来对文件执行最基本的操作，如“新建”“打开”“保存”“打印”等。

(3) 特征管理设计树　特征管理设计树真实地记录在操作中所做的每一步（如添加一个特征、加入一个视图或插入一个零件等）。通过对设计树的管理，可以方便地对三维模型进行修改和设计。

(4) 绘图工作区　绘图工作区是进行零件设计、绘制工程图以及装配的主要操作窗口。

后面介绍的草图绘制和零件装配等操作均在这个区域中完成。

（5）状态栏　标明了目前操作的状态。

（6）操控面板　帮助用户进行特定的设计任务，如应用曲面或工程图曲线。

（7）辅导视图工具栏　提供了操纵视图所需的所有普通工具。

（8）任务窗格　任务窗格提供了访问 SOLIDWORKS 资源、可重用设计元素库、可拖到工程图图样上的视图以及其他有用项目和信息的方法。

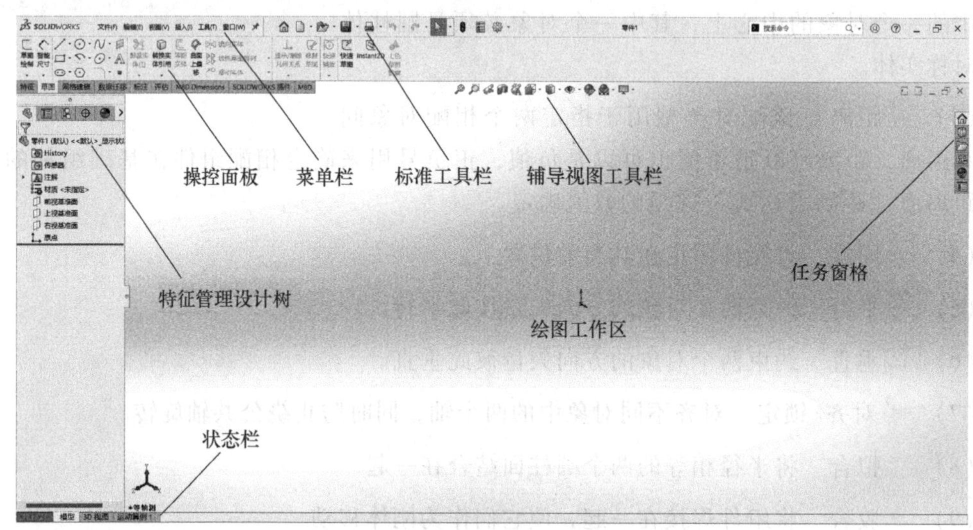

图 2-6　零件图编辑状态下的界面

2. 进入装配环境

（1）新建文件　选择菜单栏中的“文件”→“新建”选项，或者单击标准工具栏中的“新建”按钮，此时系统弹出“新建 SOLIDWORKS 文件”对话框。

（2）选择文件类型　在对话框中选择“装配体”选项，然后单击“确定”按钮，创建装配体文件。装配体文件的操作界面如图 2-7 所示。

3. 添加零件

（1）执行命令　选择菜单栏中的“插入”→“零部件”→“现有零件/装配体”选项，或者单击装配体工具栏中的“插入零部件”按钮，系统弹出如图 2-8 所示的“插入零部件”属性管理器。

（2）设置属性管理器　单击属性管理器中的“保持可见”按钮，用来添加一个或者多个零部件时，属性管理器不被关闭。如果没有选择该按钮，则每添加一个零部件，都需要重新启动该属性管理器。

（3）选择需要的零件　单击属性管理器中的“浏览”按钮，此时系统弹出“打开”对话框，从其中选择需要插入的文件。

（4）插入零件　单击对话框中的“打开”按钮，然后单击视图中一点，在合适的位置插入所选择的零部件。

（5）继续插入需要的零部件　重复步骤（3）、（4），继续插入需要的零部件，零部件插入完毕后，单击属性管理器中的“确定”按钮。

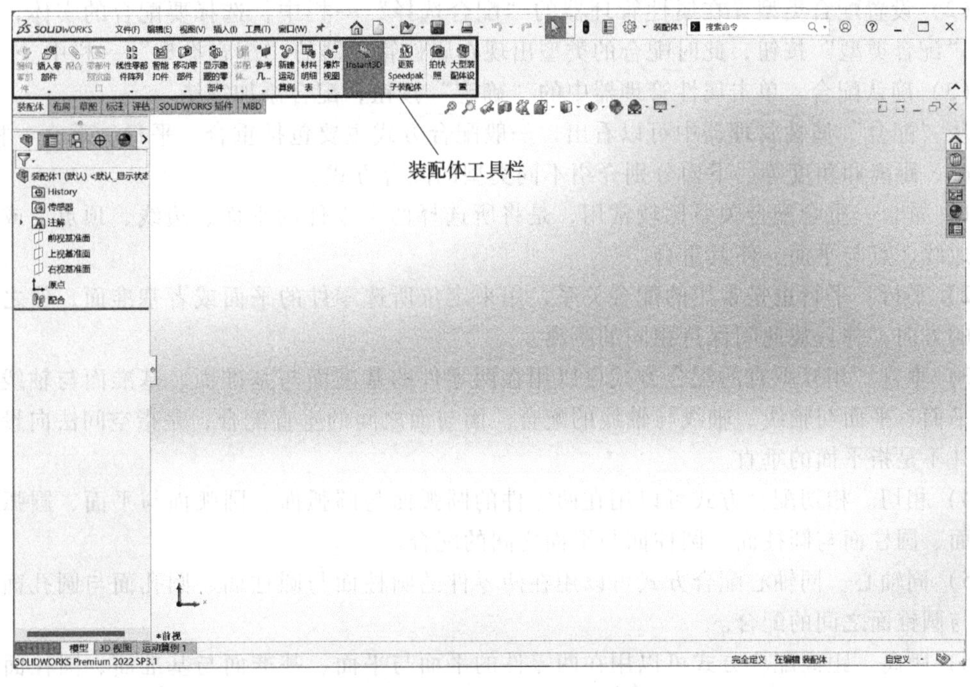

图 2-7　装配体文件的操作界面

4. 添加配合

配合在装配体零部件之间生成几何关系。在装配体中，需要对零部件进行相应的约束来限制各个零件的自由度，从而控制零部件相应的位置。

SOLIDWORKS 提供了两种配合方式来装配零部件，分别是一般配合方式和 Smart Mates 配合方式。通常使用一般配合方式即可满足要求。

（1）执行命令　选择菜单栏中的“工具”→“配合”选项，或者单击装配体工具栏中的“配合”按钮，系统弹出如图 2-9 所示的“配合”属性管理器。

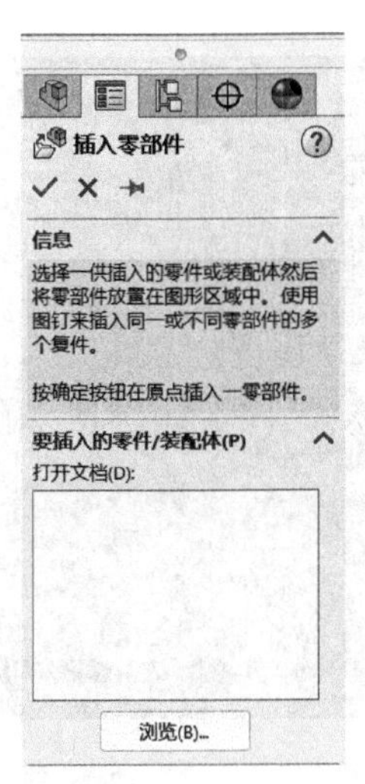

图 2-8　“插入零部件”属性管理器

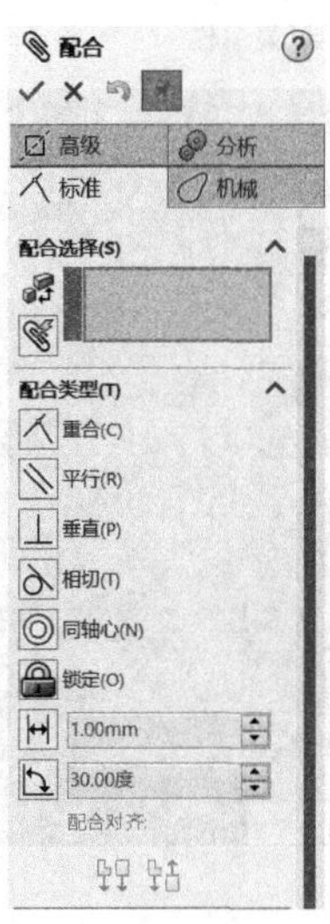

图 2-9　“配合”属性管理器

(2) 设置配合类型　在属性管理器的“配合选择”一栏中，选择要配合的实体，然后单击“配合类型”按钮，此时配合的类型出现在属性管理器的“配合类型”一栏中。

(3) 确认配合　单击属性管理器中的“确定”按钮，配合添加完毕。

从“配合”属性管理器中可以看出，一般配合方式主要包括重合、平行、垂直、相切、同轴心、距离和角度等。下面分别介绍不同类型的配合方式。

1) 重合。重合配合关系比较常用，是将所选择两个零件的平面、边线、顶点，或者平面与边线、点与平面，使其重合。

2) 平行。平行也是常用的配合关系，用来定位所选零件的平面或者基准面，使之保持相同的方向，并且彼此间保持相同的距离。

3) 垂直。相互垂直的配合方式可以用在两零件的基准面与基准面、基准面与轴线、平面与平面、平面与轴线、轴线与轴线的配合。面与面之间的垂直配合，是指空间法向量的垂直，并不是指平面的垂直。

4) 相切。相切配合方式可以用在两零件的圆弧面与圆弧面、圆弧面与平面、圆弧面与圆柱面、圆柱面与圆柱面、圆柱面与平面之间的配合。

5) 同轴心。同轴心配合方式可以用在两零件的圆柱面与圆柱面、圆孔面与圆孔面、圆锥面与圆锥面之间的配合。

6) 距离。距离配合方式可以用在两零件的平面与平面、基准面与基准面、圆柱面与圆柱面、圆锥面与圆锥面之间的配合，可以形成平行距离的配合关系。

7) 角度。角度配合方式可以用在两零件的平面与平面、基准面与基准面以及可以形成角度值的两实体之间的配合关系。

2.2.4　3ds Max 介绍

打开 3ds Max 之后，其界面（主窗口）主要包括快速访问菜单栏、主工具栏、功能区、视口、状态栏控件、动画控件、命令面板、时间尺、视口导航和场景资源管理器等十大部分，如图 2-10 所示。

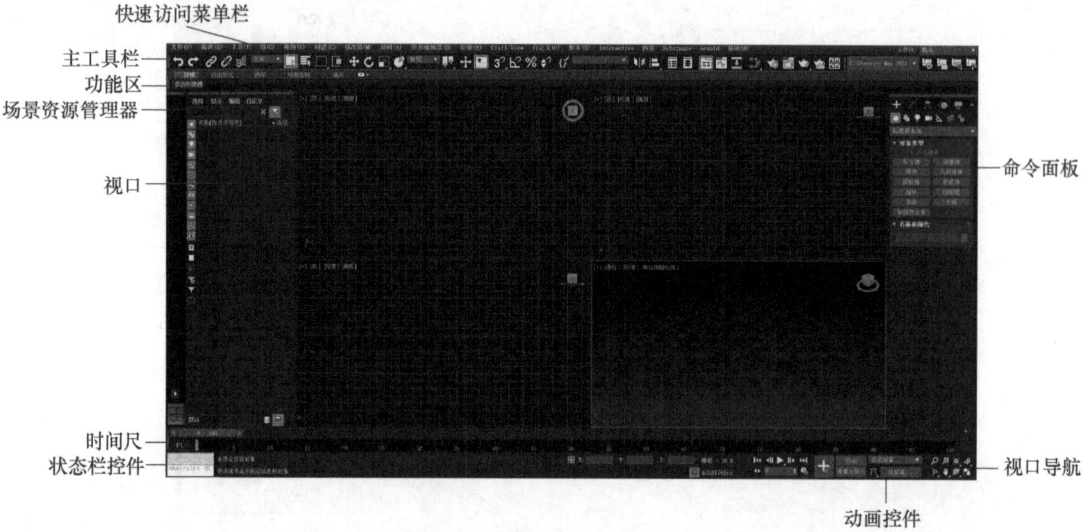

图 2-10　3ds Max 主窗口

（1）快速访问菜单栏　很多功能都在菜单栏中，可以执行相应的操作。

（2）主工具栏　提供 3ds Max 中一些最常用的命令。

（3）功能区　包含一组工具，可用于建模、绘制到场景中以及添加人物。

（4）视口　可从多个角度显示场景，并预览照明、阴影、景深和其他效果。

（5）状态栏控件　显示场景和活动命令的提示和状态信息。

（6）动画控件　可以创建动画，并在视口内播放动画。

（7）命令面板　可以访问提供创建和修改几何体、添加灯光、控制动画等功能的工具。

（8）时间尺　可拖动时间线滑块，查看动画效果。

（9）视口导航　使用这些按钮可以在活动视口中导航场景。

（10）场景资源管理器　提供了一个无模式对话框，可用于查看、排序、过滤和选择对象；还提供了其他功能，可用于重命名、删除、隐藏和冻结对象，创建和修改对象层次，以及编辑对象属性。

2.2.5　实例分析

如图 2-11 所示，以采煤机的建模过程为例进行分析，为使采煤机模型能够逼真地表现真实运行状态，根据实际需求将其模型建模分为三个模块：第一个模块为几何建模，主要是根据采煤机型号及具体设计参数建立所需零件模型的几何形状以及零部件模型之间的装配；第二个模块为物理建模，主要对所构建的几何模型进行颜色、材质贴图、光照等处理；第三个模块是行为建模，主要处理虚拟模型的运动和行为描述。

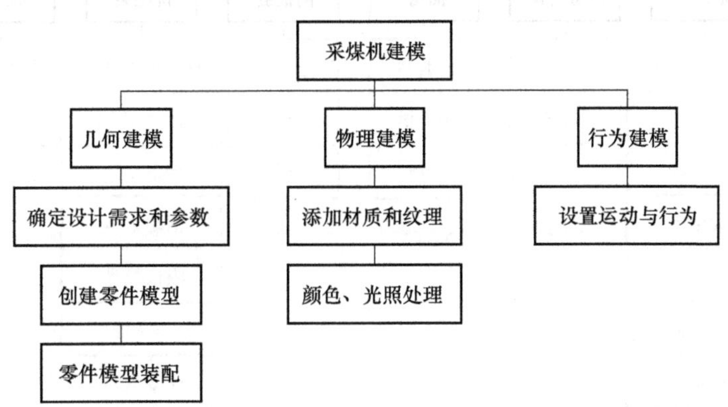

图 2-11　采煤机的建模过程

目前的几何建模工具一般分为艺术类与工程类，常用的工程类建模软件有 UG、SOLIDWORKS 等。煤机装备属于井工煤矿工作设备，工作环境恶劣，根据设计要求应进行采煤机、刮板输送机、掘进机和提升机部件与零件内部结构的展示，人机交互虚拟操作以及采掘运场景仿真。因此对所建立模型的精度要求十分高，从而采用 UG、Pro/E 等软件进行建模。这样不仅能体现其部件、零件的特征以及数据关系，同时还能非常清晰快速地建立足以达到虚拟装配与场景仿真要求的原始零件模型。

例如，以综采工作面的煤机装备为研究对象，参考图样及实体模型确定关键连接尺寸以建立三维模型。同时利用合作企业提供的煤机装备的精确二维图样，通过 UG、Pro/E 等

CAD 软件建立煤机装备的 CAD 三维模型。煤机装备的具体型号如下：采煤机 MG 250/600、刮板输送机 SGZ 764-630、液压支架 ZY10000/28/38。图 2-12 所示为采煤机、刮板输送机、液压支架三机配套模型。

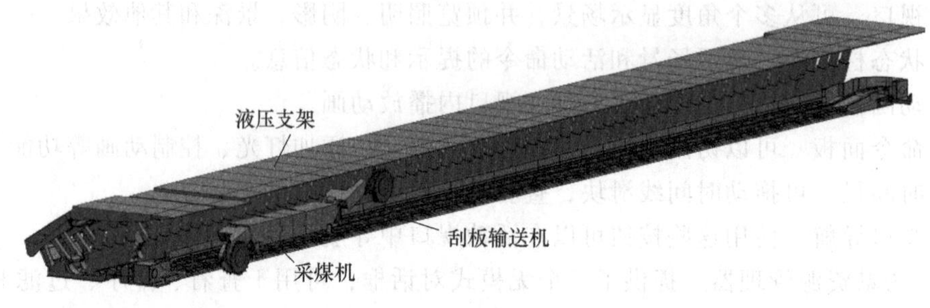

图 2-12 三机配套模型

在进行机械装备的建模时，不论是用 UG 还是 Pro/E，都必须先按照机械结构特点进行结构层次划分，再采用装配树状结构自下而上进行建模与装配。以刮板输送机为例，图 2-13 所示为刮板输送机模型构成，从中不仅可以看出实际煤机装备的组成以及装配顺序，也能够看出装配体和装配单元之间的层级关系。

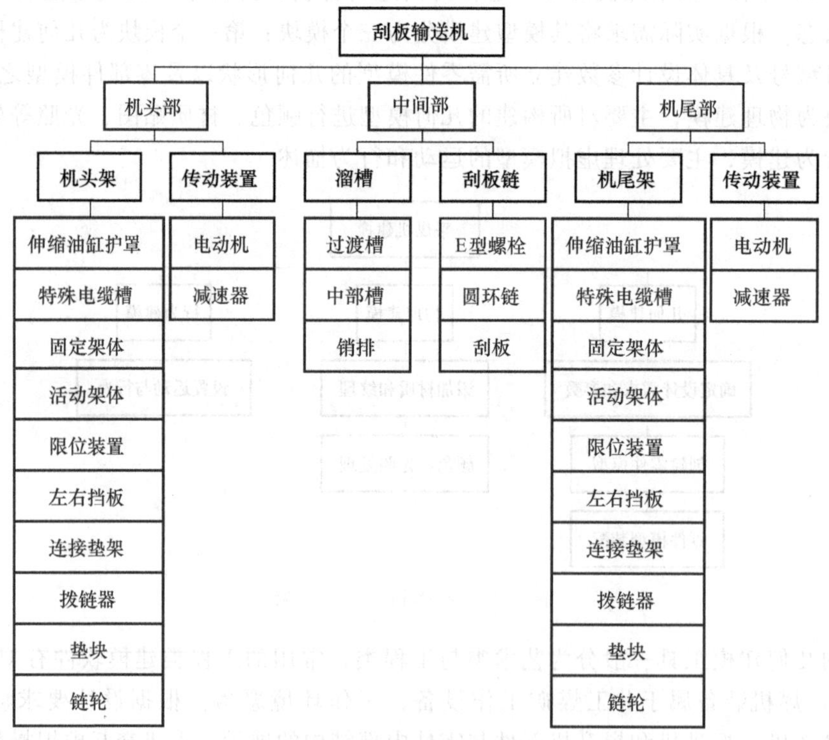

图 2-13 刮板输送机模型构成

根据图 2-13 所示的刮板输送机模型构成，参照图样并利用 UG 建模软件对刮板输送机在原有部分模型的基础上进行补充建模，构成完整模型，其具体三维模型如图 2-14 所示。

根据图 2-1 所示的采煤机结构分类，利用 CAD 软件（UG 建模软件）对采煤机在原有部分模型的基础上进行补充建模，构成完整模型，其具体三维模型如图 2-15 所示。

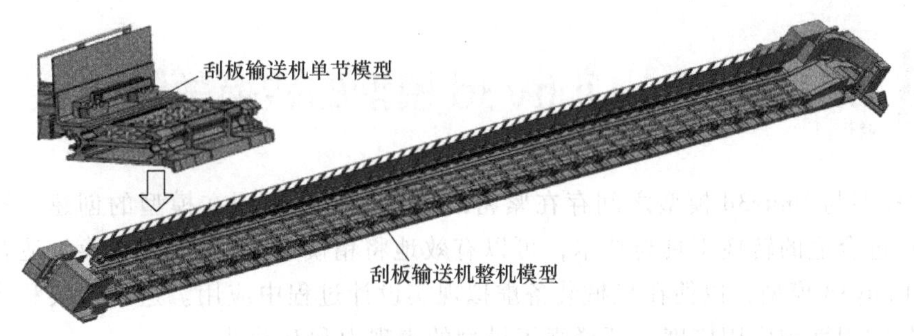

图 2-14　刮板输送机三维模型

通过 UG 建模软件对液压支架进行完整模型的构建，其三维模型如图 2-16 所示。

图 2-15　采煤机三维模型　　　图 2-16　液压支架三维模型

在 CAD 软件中完成模型的构建，其最终目的为能够对虚拟模型进行控制。表 2-1 所列为 CAD 软件与虚拟现实软件特点比较。CAD 软件虽然建模精度较高，但是对机械装备的真实性渲染较差。因此最终确定建模过程为，首先通过 UG 软件进行三维建模及装配，然后利用 3ds Max 对模型进行转换，最后在虚拟仿真软件中对模型进行渲染及位置安放。

表 2-1　CAD 软件与虚拟现实软件特点比较

项目	CAD 软件	虚拟现实软件
运动	遵循约束	计算机图形学
定位	遵循约束	绝对或相对位置坐标
识别	自动识别特征	无法自动识别
造型	机械产品造型	艺术、曲线造型
显示	无材料	丰富的材质

本节分别介绍了 UG、SOLIDWORKS 以及 3ds Max 等建模软件。3ds Max 等艺术类建模软件一般精度不高，不利于虚拟原型数据信息的提取，不适合对采煤机这种大型机械设备进行建模；而 UG 等工程类软件无法直接转换成虚拟现实模型，需要一定的方式进行转换。因此，为了弥补 UG 和 3ds Max 的不足，并充分利用二者的优势，在 CAD 建模软件中建立精确模型后，利用 3ds Max 作为过渡软件，对模型进行转换和修改，从而生成高质量的虚拟模型。同时应当注意到，为了后续模型的转换方便，利用不同的 CAD 软件，如 UG、Pro/E、SOLIDWORKS 等时，所导出的不同模型之间的格式应保持一致，以便于下一步机械装备模型在 3ds Max 中进行设置。

2.3 CAD 模型与 Unity3d 模型的转换关键技术

CAD 模型与 Unity3d 模型之间存在紧密的关系，主要体现在模型的创建、转换和应用等方面。通过合适的转换工具与技术，可以有效地将精确的 CAD 模型转换为适合实时渲染和交互的 Unity3d 模型，以便在机械装备虚拟现实设计过程中应用。这种转换和集成不仅提高了模型的实用性和应用广度，还增强了模型的表现力和互动性。

2.3.1 模型修补技术

模型修补技术是在 CAD 三维建模中常用的一种方法，用于处理模型中的缺陷、错误或不完整性。为了保证综采工作面“三机”单机运动的准确性，应在导入模型前对其进行修补。分析综采工作面“三机”的单机动作，其构件之间的运动都可以分解为平移与旋转两种，结合现实模型，构件之间的旋转点一般通过销轴连接，即在相对运动的关键点添加销轴。

在 UG 中对液压支架进行建模并进行模型修补，如图 2-17 所示，主要是针对运动关系

a) 液压支架模型修补前

b) 液压支架模型修补后

图 2-17　液压支架修补示意图

的旋转中心点建立销轴，分别将每一个部件以 FBX 的格式导入 3ds Max，然后再将模型以 FBX 的格式导出，此时模型就可导入 VR 软件 Unity3d 中，所修补的销轴及所有部件模型的位置关系均与在 UG 中经过模型修补的零部件位置关系保持一致，以此对运动中心点进行标记。

以刮板输送机中部槽为例，具体添加销轴如图 2-18 所示。

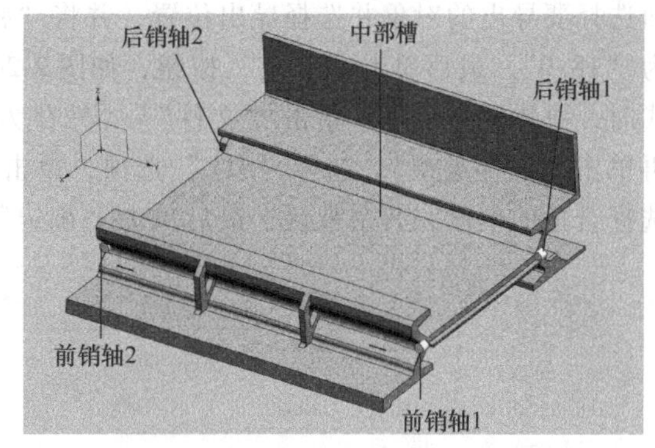

图 2-18　UG 中修补完成的中部槽

刮板输送机中部槽在修补好模型之后具有以下功能：

1）在 Z 方向旋转。销轴标记中部槽在弯曲过程中以前链环或后链环为基点绕 Z 方向转轴进行旋转，在 X 方向的中心点为转轴，主要用于向煤壁侧推进。

2）在 X 方向旋转。销轴标记中部槽在弯曲过程中以前链环或后链环为基点绕 X 轴进行旋转，主要用于底板不平整的情况，经过工作面底板与中部槽耦合关系的计算，可以自适应地铺设在底板上。

在 CAD 三维建模软件中，往往会存在一些零部件的缺失，这对于装配体是十分不利的，因此采用 3DSource 零件库能够很好地解决此类问题，3DSource 零件库支持所有主流的三维 CAD 平台：Pro/E、UG NX、CATIA、SOLIDWORKS、Inventor 和 CAXA 实体设计等。3DSource 标准件库中包含近 150 万个标准件和常用件 3D 模型，全面覆盖主要的机械行业，例如掘进机铲板部的驱动电动机，在模型中就没有显示出来，为了虚拟装配能够真实地表达零部件完整的虚拟拆装，在对原电动机尺寸型号进行预估后，从 3DSource 网站上进行了下载，并装配好。

在零件修补过程中，轴承、电动机、螺钉等一系列零件模型文件的下载均来源于此。这样就完成了零件的修补功能，修补效果如图 2-19 所示。

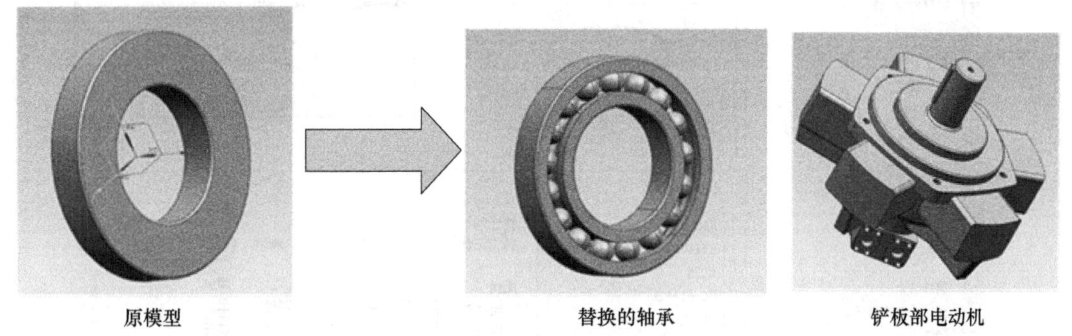

图 2-19　零件修补效果

2.3.2　模型参数设置

CAD 模型在导入中间软件 3ds Max 时需要设置合理的转换参数，在进行模型格式转换之前，最好查阅目标软件和格式的相关文档，以了解有关转换参数的具体要求。从三维建模软件 UG 中导出 STL 格式时，具体操作流程：单击“文件”→“导出”→“STL”选项，在导出界面选择要导出的对象并选择导出位置，并将“弦公差”设置为“0.08”，“角度公差”设置为“18.0”，最后单击“确定”按钮，如图 2-20a 所示；从 SOLIDWORKS 软件中导出 STL 格式时，具体操作流程：单击“文件”→“另存为”选项，然后选择导出位置并对文件命名，再单击“保存类型”，选择“STL”选项，单击“选项”按钮，在选项界面根据自己的需求选择合适的单位，其余默认，最后单击“确定”按钮，如图 2-20b 所示。

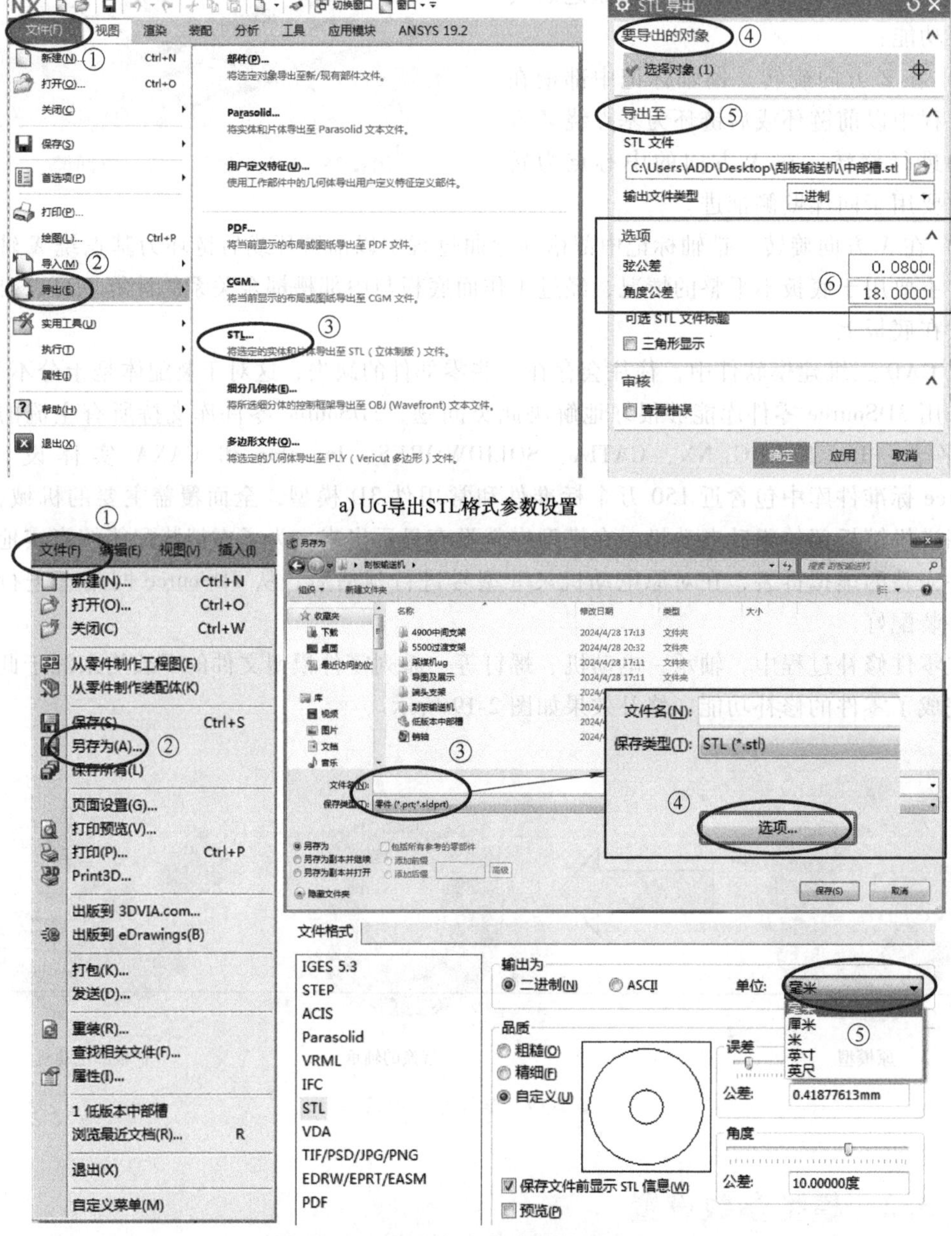

a) UG导出STL格式参数设置

b) SOLIDWORKS导出STL格式参数设置

图 2-20　CAD 模型导出 STL 格式参数设置

格式转换为 STL 格式之后，将其导入中间过渡软件 3ds Max 时需要设置合理的转换参数，在导入时“焊接阈值”设置为“0.01”，“平滑角度”设置为“30.0”，取消勾选“移除双面”和“统一法线”，如图 2-21a 所示。

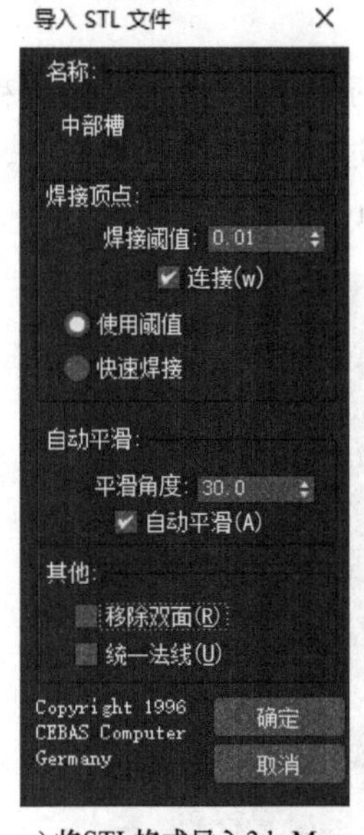

a) 将STL格式导入3ds Max

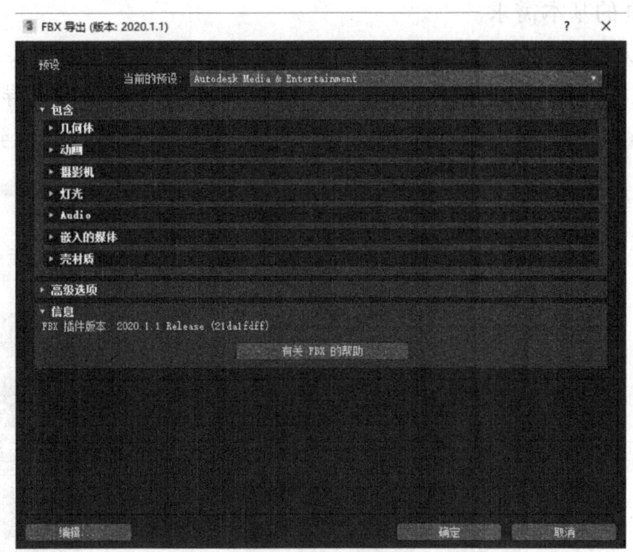

b) 从3ds Max中导出FBX格式

图 2-21　3ds Max 导入导出参数设置

从 3ds Max 中导出 FBX 格式时，导出参数选择系统默认，如图 2-21b 所示，然后将转换的 FBX 格式导入到 Unity3d 软件中。

经过反复测试，综合考虑选取以下参数作为符合条件的转换参数。

1） UG 导出 STL 格式时，“弦公差”为“0.08”，“角度公差”为“18.0”。

2） SOLIDWORKS 导出 STL 格式时，应根据需求选择合适的单位。

3） Pro/E 导出 STL 格式时，“弦高”为“0.5”，“角度”为“0.5”。

4） STL 格式导入 3ds Max 时，“焊接阈值”为“0.01”，“平滑角度”为“30.0”，取消勾选“移除双面”和“统一法线”。

2.3.3　模型格式转换

Unity3d 作为三维虚拟引擎的主流平台，其本身并不具备独立、完善的三维建模功能，往往需要从外部软件完成建模后进行导入。当前的 Unity3d 模型格式主要为 FBX，这需要中间软件进行格式的转换，中间软件一般采用 3ds Max。格式转换过程如图 2-22 所示。

UG —STL→ 3ds Max —FBX→ Unity3d

图 2-22　格式转换过程

此外，在转换过程中，要保证三维模型的相对位置不变，并且保证具有相对运动关系的零部件在虚拟软件中仍能正常运动。CAD 转换中间格式其位置信息会保留，CAD 模型分模块导出可以保证其相对运动关系，具有相对运动的部件不能一起导出，而作为一个整体运动的零部件则应一起选中导出。

从 UG 转换到 3ds Max 可以接收的格式有 IGS、DWG、WRL、STL，并且经过多次试验以及对转换过程和结果进行比较，可以得出选择 STL 格式进行转换较为合适，该格式转换时间较短，模型所占内存较小，且转换后能够体现模型对应的真实外观，适应虚拟装配与场景仿真的基本需求。

以链轮为例，采用 UG 建模软件进行格式转换，如图 2-23 所示，整个格式转换流程：首先在 UG 中对链轮进行三维建模，然后将模型以 STL 格式导入到过渡软件 3ds Max 中，接着从 3ds Max 中将其以 FBX 格式导出，最后将 FBX 格式导入到 Unity3d 中。

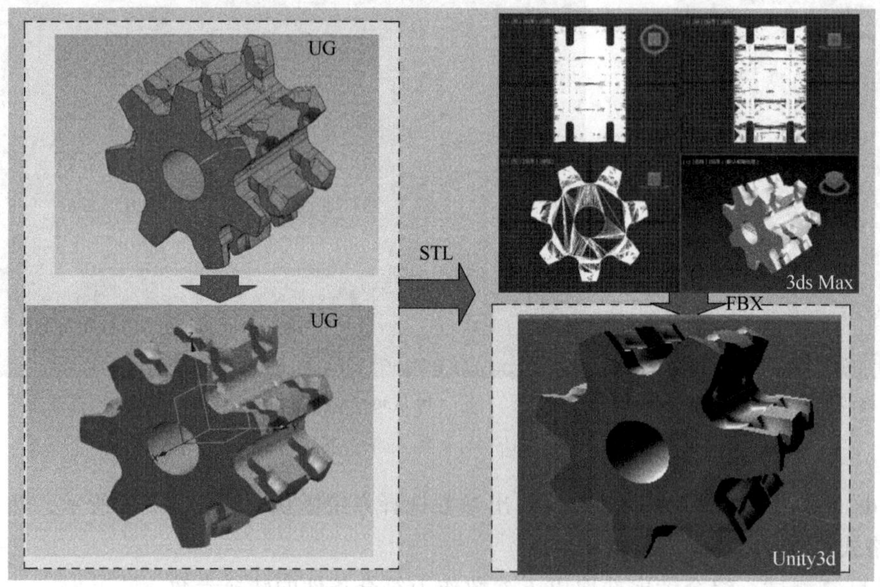

图 2-23　链轮的格式转换过程

思考题

2-1　简述模型调研与分析的主要步骤以及必要性。

2-2　SOLIDWORKS 中进行零件装配时有哪些配合方式？并简述其使用场景。

2-3　试选择某一机械装备并给出其模型构成图。

2-4　CAD 模型格式转换前应该注意哪些问题？

2-5　为什么要使用 CAD 模型修补技术？

第3章 场景布置与渲染关键技术

知识目标：掌握场景布置与渲染的核心概念，包括空间坐标体系、相机设置、材质与纹理、光照与阴影等技术要点，以及实时渲染与性能优化的方法。

能力目标：能够运用所学知识，熟练进行场景布置和渲染操作，能够灵活调整相机视角、优化性能、设计粒子系统等，从而创建出高质量的虚拟场景。

通过场景布置与渲染等关键技术将机械装备虚拟模型的创建和处理延伸到虚拟环境的布置和高质量渲染，使虚拟场景更加真实和具备沉浸感。本章在本书中具有承上启下的地位，它不仅深化了上一章建模工作的成果，还为后续章节中的虚拟装配、运动仿真和物理引擎仿真等技术应用提供了必要的视觉和技术基础，全面提升了虚拟现实系统的整体效果和应用价值。

3.1 空间坐标体系

空间坐标体系的建立是整个场景布置与渲染过程中的基础。首先，它为虚拟场景中的机械装备提供了精确定位和布置的基础，使得用户可以准确安排和调整各种虚拟对象，确保场景布局合理。其次，坐标体系是对象运动与变换的基础，支持模型的移动、旋转和缩放操作，确保动画效果和交互的准确性。此外，在光照与渲染计算中，坐标体系能帮助确定光源位置、视点定位和投影方式，实现逼真的光影效果。最后，坐标体系在碰撞检测与物理仿真中也不可或缺，通过准确判断物体的相对位置和接触情况，确保物理交互的准确性，并支持各种物理计算，如重力和碰撞反应。综上所述，空间坐标体系在场景布置与渲染中起到了精确定位、运动变换、光照渲染和物理仿真的基础性作用，是虚拟现实系统中高效、准确和逼真场景构建和渲染的关键工具。

3.1.1 世界坐标系

世界坐标系是场景中所有机械装备的通用坐标系。它以场景的原点为基准，使用 *X*、*Y* 和 *Z* 轴表示模型在三维空间中的位置。例如，如果一个模型的世界坐标是（5，2，8），那么它在 *X* 轴上距离原点 5 个单位，在 *Y* 轴上距离原点 2 个单位，在 *Z* 轴上距离原点 8 个单位。

世界坐标系是 Unity3d 中最基础的坐标系，它使得不同模型之间的相对位置和运动能够被精确描述。此外所有模型的位置、旋转和缩放都是相对于世界坐标系而言的。

如果在 Unity3d 中新建一个模型，那么它的 Transform 参数所采用的坐标系为世界坐标系，该坐标系分为左手坐标系和右手坐标系，如图 3-1 所示。其中左手坐标系就是 Unity3d 中的世界坐标系。

Unity3d 中一个模型的坐标信息，通过 Transform. position 来存储，它是一个 Vector3 变量，也是一个三维向量，存储了 *X*、*Y*、*Z* 的信息，如图 3-2 所示。

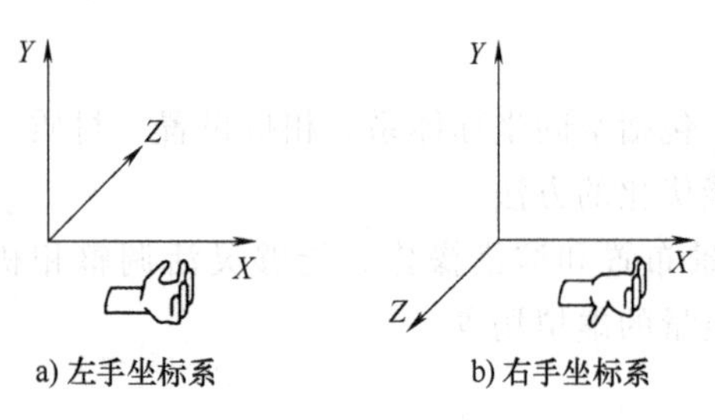

图 3-1　左右手坐标系

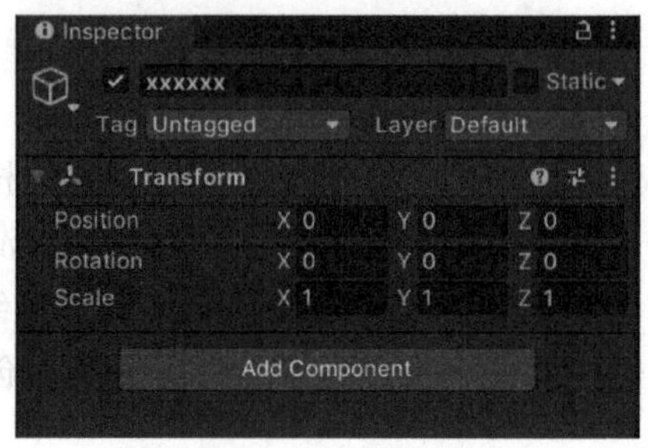

图 3-2　坐标位置信息

3.1.2　屏幕坐标系

屏幕坐标系是一个二维坐标系，原点位于屏幕的左下角，水平轴向右延伸，垂直轴向上延伸。屏幕坐标系的单位是像素，*X* 轴表示水平方向的像素位置，*Y* 轴表示垂直方向的像素位置，所以又称为像素坐标系。通过屏幕坐标系，可以在场景开发中快速地进行屏幕上的位置定位、用户输入处理以及屏幕空间的渲染效果控制等，如图 3-3 所示。

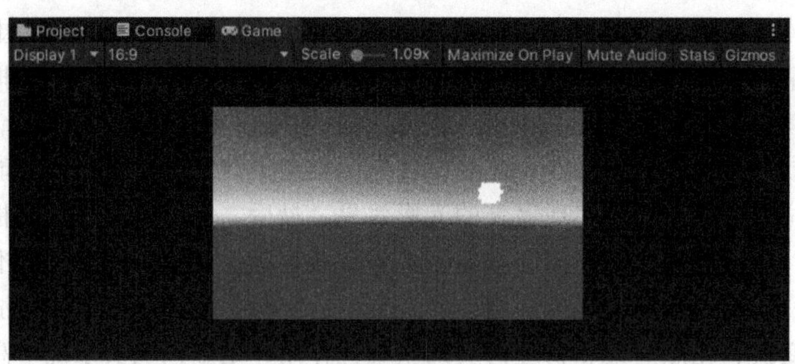

图 3-3　屏幕坐标系

为了方便设计，可以使用 Camera. ScreenToWorldPoint 和 Camera. WorldToScreenPoint 等方法实现屏幕坐标和世界坐标之间的转换，便于机械装备在屏幕上的交互和呈现。例如：

```
Vector3 worldPosition = new Vector3(3,2,5);
Vector3 screenPosition = Camera. main. WorldToScreenPoint(worldPosition);
Vector3 worldPositionAgain = Camera. main. ScreenToWorldPoint(screenPosition);
```

这使得用户能够轻松地将模型的位置从世界坐标转换为屏幕坐标或者反向转换。

3.1.3 视口坐标系

视口坐标系是相对于摄像机视角的坐标系统。它使用归一化的坐标值，*X* 和 *Y* 轴的范围是 [0, 1]，表示在相机视口内的位置。视口坐标系常用于处理摄像机的渲染效果或在相机中进行一些特殊的定位。

视口坐标系其实就是将屏幕坐标系单位化，其中视口坐标系的左下角为（0, 0），右上角为（1, 1），*Z* 轴坐标是相机的世界坐标中 *Z* 轴的负值，可用于制作分屏视角。相机视角坐标系如图 3-4 所示。

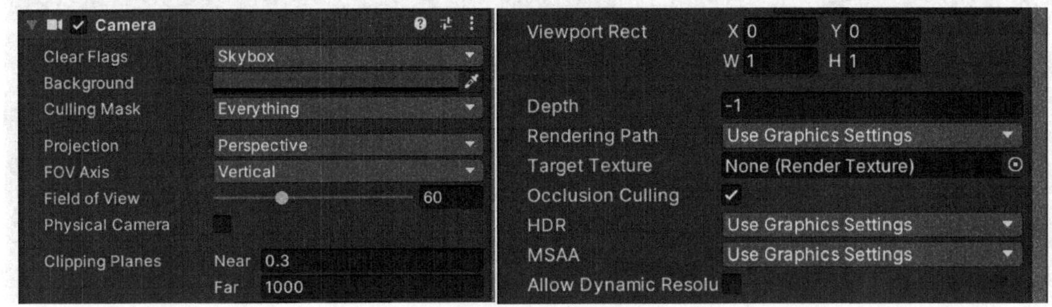

图 3-4 相机视角坐标系

视口坐标系和屏幕坐标系类似，通过使用 Camera.ViewportToWorldPoint 和 Camera.WorldToViewportPoint 函数，也可以实现世界坐标和视口坐标之间的转换，这使得用户能够更方便地与相机关联的位置进行操作。

3.1.4 GUI 坐标系

GUI 坐标系主要用于创建和管理 2D GUI 元素。它使用像素坐标，原点位于屏幕左上角。在 GUI 坐标系中，用户可以使用 GUI 类的函数来控制元素的位置、大小和交互。

例如，通过以下代码可以设置一个 GUI 按钮的位置：

```
GUI.Button(new Rect(10,10,100,50),"Click me!");
```

这个例子中，按钮的左上角在 GUI 坐标系中的坐标是（10, 10），宽度和高度分别为 100 和 50。

上述是目前 Unity3d 中所涉及的四种常用坐标系。在实际开发中，特别是涉及多个坐标系的复杂场景中，需要谨慎处理坐标系的转换，以避免混淆和错误的发生。在接下来的章节中，将展示如何应用这些概念来实现一些常见的功能和效果。

3.2 位置布置

本节将介绍基本的平移、旋转和缩放操作。通过掌握这些技巧，用户可以更加灵活地构建出逼真的场景。

1. 平移操作

平移是指沿着虚拟模型的轴线移动模型，使其改变位置而不改变方向。在 Unity3d 中，平移操作非常简单直观，通常使用移动工具或代码来实现。

平移操作界面如图 3-5 所示。其操作步骤如下：

1）在 Unity3d 编辑器中，选择要平移的模型。

2）在工具栏中选择“移动”选项（快捷键：W）。

3）按住鼠标左键拖动移动工具的箭头，即可沿着对应轴线进行平移。也可以在 Transform 组件中直接修改模型的 Position 属性，手动输入平移的距离。

图 3-5 平移操作界面

使用 Transform. Translate 方法也可以实现模型的平移，通过传入一个位移向量来指定平移的距离和方向。例如：

```
Transform cubeTransform = GetComponent<Transform>( );
float zMovement = Time. deltaTime * speed;
cubeTransform. Translate( Vector3. forward * zMovement);
```

其中 Transform. Translate （Vector3. forward * zMovement）表示将模型沿着 Z 轴正方向移动。

2. 旋转操作

旋转是指改变模型的朝向，使其绕着一个中心点旋转。在 Unity3d 中，旋转常用于调整模型的朝向或者制造一些特殊效果。

旋转操作界面如图 3-6 所示。其操作步骤如下：

图 3-6 旋转操作界面

1）在 Unity3d 编辑器中，选择要旋转的模型。

2）在工具栏中选择“旋转”选项（快捷键：E）。

3）按住鼠标左键拖动旋转工具的圆圈，即可绕着对应轴线进行旋转。也可以在 Transform 组件中直接修改模型的 Rotation 属性，手动输入旋转的角度。

使用 Transform. Rotate 方法也可以实现模型的旋转，通过传入一个旋转向量来指定旋转的角度和轴。例如：

```
transform. Rotate( Vector3. up  *  Time. deltaTime  *  rotationSpeed)
```

该函数用来将模型绕着 Y 轴正方向旋转。

3. 缩放操作

缩放是指改变模型的大小，使其变得更大或者更小。缩放操作可以用来调整场景中模型的比例，创造出更加丰富的视觉效果。

缩放操作界面如图 3-7 所示。其操作步骤如下：

1）在 Unity3d 编辑器中，选择要缩放的模型。

2）在工具栏中选择“缩放”选项（快捷键：R）。

3）按住鼠标左键拖动缩放工具的方块，即可沿着对应轴线进行缩放。也可以在 Transform 组件中直接修改模型的 Scale 属性，手动输入缩放的比例。

图 3-7　缩放操作界面

使用 Transform. localScale 方法也可以实现模型的缩放，通过传入一个缩放向量来指定各个轴的缩放比例。例如：

```
transform. localScale = new  Vector3( 2,2,2)
```

该函数用来将模型在 X、Y、Z 轴方向上都放大为原来的 2 倍。

3.3 材质与纹理

通过 Unity3d 可以赋予虚拟模型真实的外观和细节，使场景更加生动和逼真。材质决定了模型的光泽、透明度和反射性等属性，而纹理则提供了模型表面的细节和质感。两者结合能够大幅提升渲染效果，增强用户的沉浸感和视觉体验。此外，合理使用材质与纹理可以优化渲染性能，减少计算资源消耗。综上所述，材质与纹理在场景布置与渲染中是不可或缺的关键元素，能够有效提高虚拟场景的真实感和渲染效率。

3.3.1 材质类型选择与参数调节

在虚拟现实应用中，材质类型选择和参数调节是实现逼真场景和视觉效果的关键一步。本节将深入探讨常见的材质类型及其特点，以及如何根据场景需求选择合适的材质，并介绍部分材质参数的调节方法。

1. 常见的材质类型

（1）漫反射材质（Diffuse Material） 漫反射材质是最常见的材质类型之一，在模型表面均匀地反射光线，不会产生镜面反射的效果。

表现特点：漫反射材质的表面会均匀地反射光线，不会呈现明显的高光或反射光斑。

应用场景：适用于大多数模型的表面，如墙壁、地面、植物等。

（2）镜面反射材质（Specular Material） 镜面反射材质具有光泽和反射效果，在表面产生明亮的光斑，能够模拟金属等光滑表面的特性。

表现特点：镜面反射材质的表面具有光泽，能够清晰地反射环境中的光源，产生明亮的反射光斑。

应用场景：适用于具有光泽表面的模型，如金属、玻璃、水面等。

（3）透明材质（Transparent Material） 透明材质允许部分光线穿过表面，而不是完全反射或吸收。

表现特点：透明材质的表面能够部分透过光线，产生透明效果。

应用场景：适用于透明模型的表面，如玻璃、水面、冰块等。

部分材质球选择如图 3-8 所示。

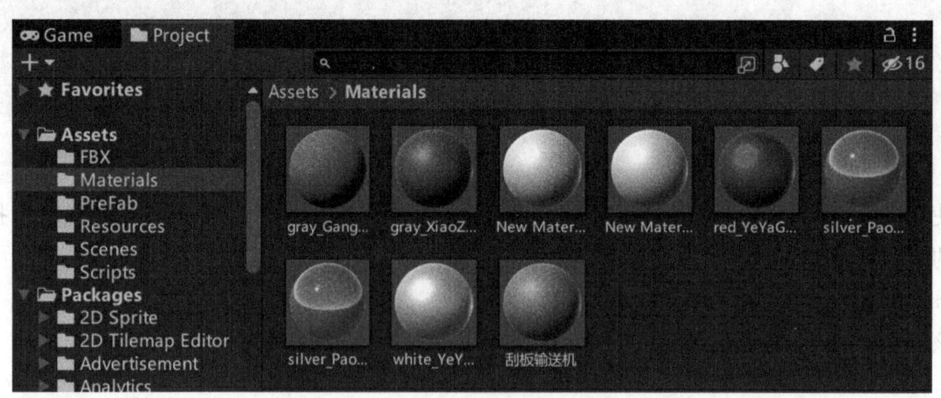

图 3-8 部分材质球选择

2. 材质选择的原则

在选择合适的材质类型时，需要考虑场景需求、效果目标以及渲染性能等因素。以下是一些基本的材质选择最优方法。

1）根据模型属性选择。根据模型的表面特性和反射属性选择合适的材质类型。例如，机械装备的金属表面通常选择镜面反射材质，而非金属表面选择漫反射材质。

2）考虑光照环境。考虑场景中的光照情况，选择能够与光照环境相匹配的材质，以达到更加真实的效果。在低光环境下，适合使用镜面反射材质，而在高光环境下，漫反射材质更为合适。

3）调节材质参数。根据具体需求调节材质的参数，如反射强度、透明度、光泽度等，以达到理想的视觉效果。在 Unity3d 等虚拟引擎中，可以通过调节材质属性面板中的参数来实现。

3. 材质添加和调节方法

首先创建一个新材质，在 “Materials” 中单击 “Create” 按钮，从 “Create” 列表中选择 “Material” 选项，完成材质创建，具体操作如图 3-9 所示。

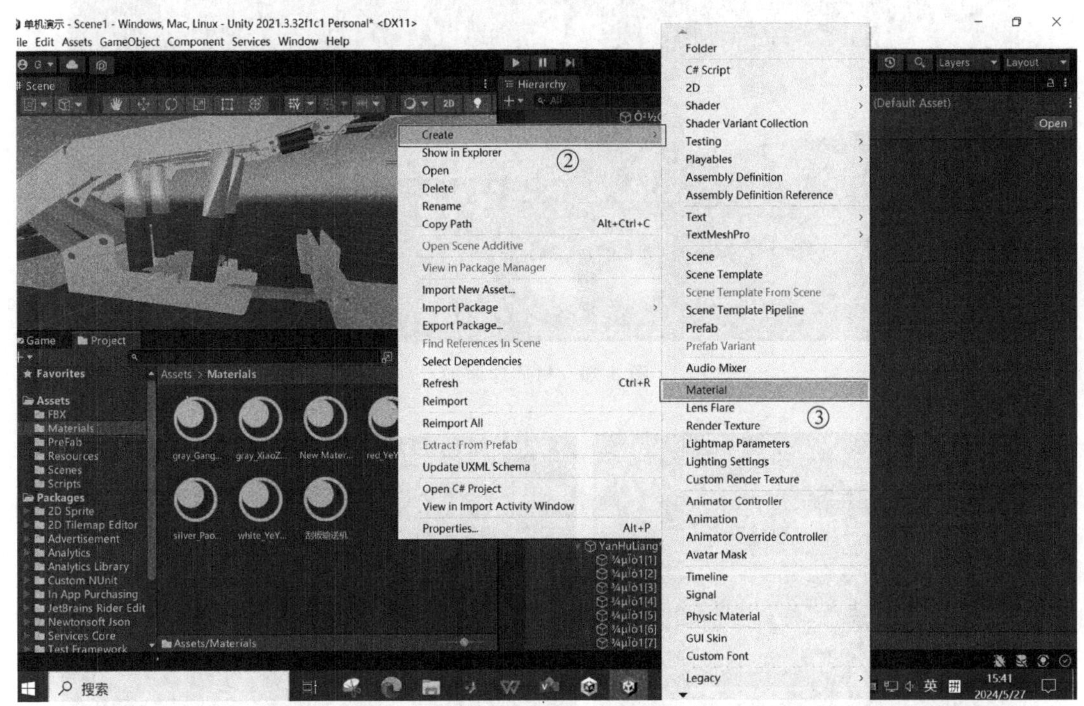

图 3-9　材质球创建

将创建完成的材质球拖拽到需要渲染的模型中，对模型进行材质添加，如图 3-10 所示。

针对不同的材质类型，可以调节一系列参数来控制其外观和表现效果，如金属度（Metallic）、平滑度（Smoothness）、法线贴图（Normal Map）、高度贴图（Height Map）等关键参数，如图 3-11 所示。

在虚拟现实应用开发中，选择合适的材质类型并进行参数调节是实现真实感和视觉效果的关键步骤之一。通过理解不同材质类型的特点和应用场景，并根据具体需求进行调节和优化，可以实现更加逼真和引人入胜的虚拟场景。

3.3.2　纹理贴图与调整

在虚拟现实应用中，纹理贴图能够为模型赋予更加丰富的外观和细节，增强场景的真实感和视觉效果。本节将深入探讨 UV 映射的概念，说明纹理如何映射到模型表面，并提供简单的 UV 映射原理演示。同时，将介绍关于纹理调整和编辑的基础知识，以及在 Unity3d 等虚拟引擎中进行纹理调整的方法。

图 3-10　材质球添加

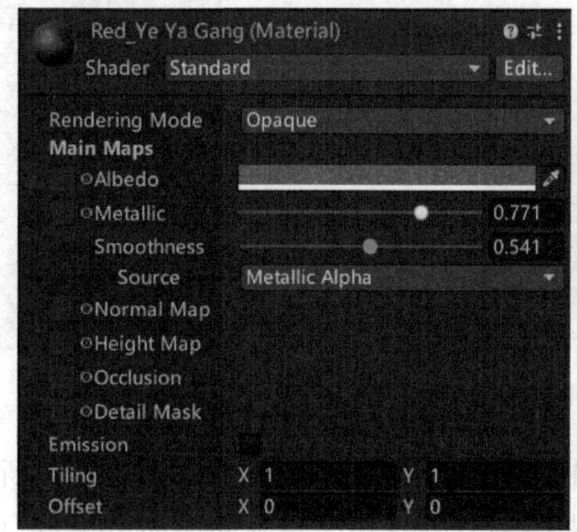

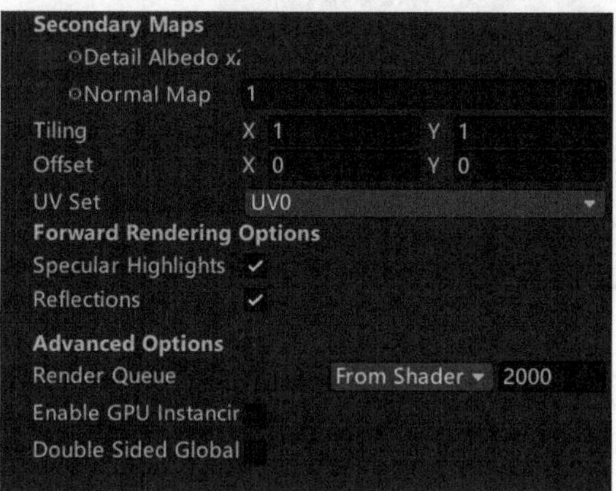

图 3-11　材质球参数调节

1. UV 映射的概念

UV 映射是一种将二维纹理映射到三维模型表面的技术。在 UV 映射中，每个顶点都会分配一个 UV 坐标，用于确定纹理在模型表面的位置和方向。UV 坐标的范围通常在 0 到 1 之间，表示纹理在模型表面上的位置比例。

为了更好地理解 UV 映射原理，这里进行一个简单的演示。假设有一个立方体模型，需要将纹理映射到其表面上。首先，需要在模型的每个顶点上分配 UV 坐标，通常可以通过三维建模软件手动调整或自动生成。然后，将所选纹理图像应用到模型表面，并根据 UV 坐标将纹理贴图到模型表面上。

2. 纹理调整和编辑基础

在虚拟现实应用中，经常需要对纹理进行调整和编辑，以满足特定的需求和效果。以下是一些常用的纹理调整和编辑基础知识。

（1）缩放（Scaling）　调整纹理的大小比例，使其适应模型表面的尺寸。

（2）旋转（Rotation）　旋转纹理的方向，改变其在模型表面上的布局。

（3）偏移（Offset）　在 UV 坐标空间中对纹理进行平移，调整其在模型表面上的位置。

（4）镜像（Mirroring）　对纹理进行水平或垂直镜像，改变其在模型表面上的对称性。

3. 如何在 Unity3d 中进行纹理调整

Unity3d 是一款流行的虚拟开发引擎，提供了丰富的纹理编辑工具。在 Unity3d 中进行纹理调整（图 3-12）的基本步骤如下：

1）导入纹理。将所需的纹理图像导入 Unity3d 项目中。

2）创建材质。在 Unity3d 中创建一个新的材质，并将导入的纹理应用到该材质上。

3）调整纹理参数。在材质属性面板中，可以调整纹理的缩放、旋转、偏移等参数，以实现理想的视觉效果。

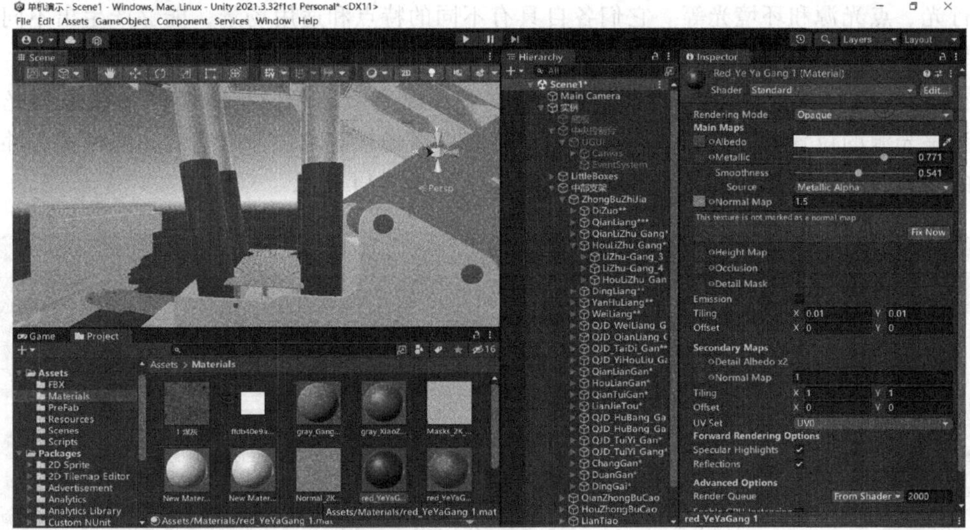

图 3-12　纹理贴图添加

4）实时预览。在 Unity3d 场景视图中，可以实时预览纹理在模型表面上的效果，并根据需要进行调整。图 3-13 所示为纹理贴图前后对比。

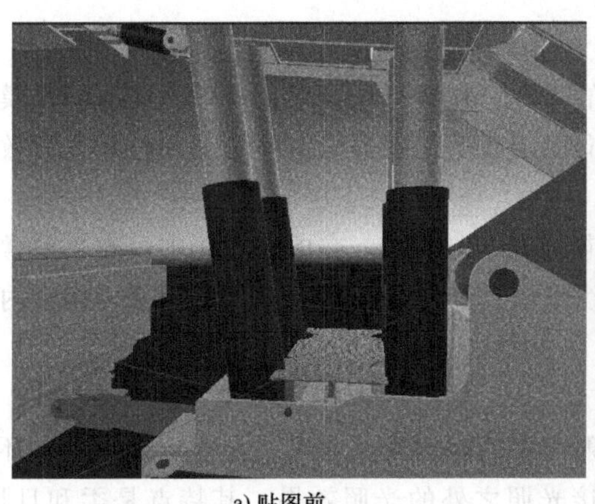

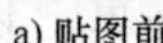
a) 贴图前

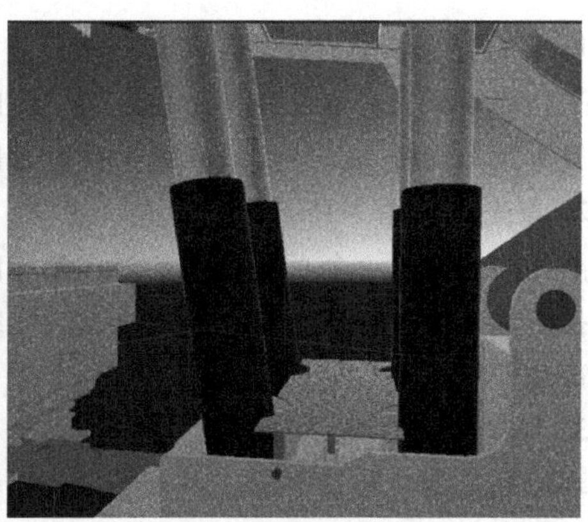

b) 贴图后

图 3-13　纹理贴图前后对比

3.4 光照与阴影

在虚拟场景中，光照和阴影是影响虚拟环境视觉质量和真实感的关键因素之一，它们直接影响场景的光照效果和模型的表现形式。本节将深入探讨光照模式与设置以及阴影类型与调整的相关内容。

3.4.1 光照模式与设置

光照模式是描述光源在场景中产生光照效果的模式。在虚拟环境中，常见的光照模式包括平行光、点光源和环境光等。它们各自具有不同的特点和适用场景，能够产生出不同的光照效果。

在 Unity3d 中，通过调整光源组件的参数来实现光照设置。具体操作包括添加光源对象，调整光源的位置、方向和强度等。用户可以根据场景需求选择合适的光照模式，并调整光源的参数，以达到预期的光照效果。光源选择如图 3-14 所示。

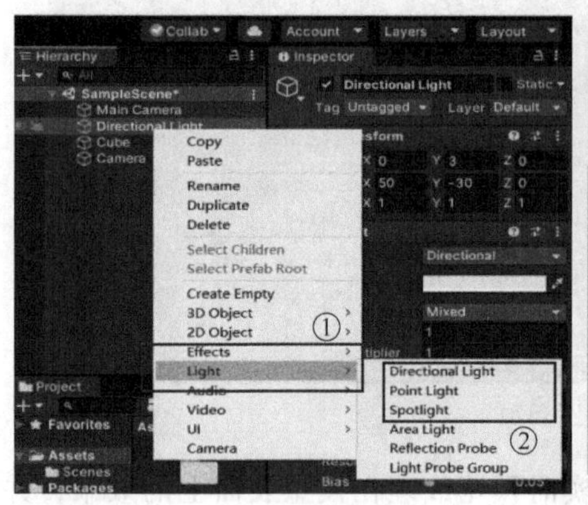

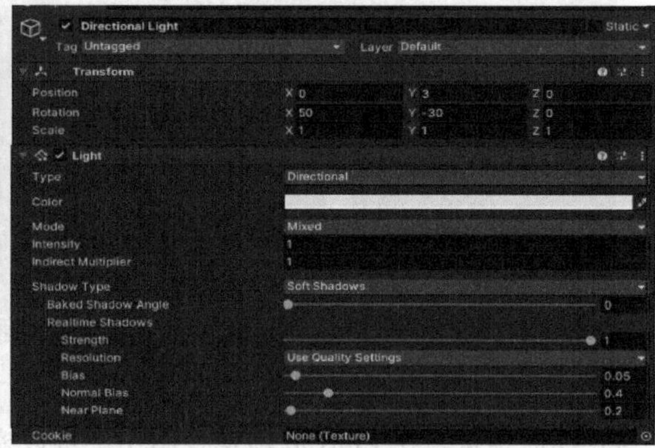

图 3-14 光源选择

1. 平行光

平行光是指来自远处并且光线方向平行的光源。在虚拟环境中，平行光常被用来模拟太阳光等远距离光源。其特点是光线平行且方向固定，适用于模拟室外场景和整体光照效果。

2. 点光源（图 3-15a）

点光源是指从一个点发出的光源，光线向所有方向辐射。在虚拟环境中，点光源常被用来模拟灯泡、火炬等局部光源。其特点是光线发散且强度随距离递减，适用于模拟室内场景和局部光照效果。

3. 环境光（图 3-15b）

环境光是指在场景中通过多次反射和折射产生的间接光照效果。在虚拟环境中，环境光常被用来模拟环境的整体光照效果和补充直接光照之外的光照效果。其特点是柔和且均匀，能够增强场景的整体感和真实感。

a) 点光源照射效果

b) 环境光照射效果

图 3-15　不同光照环境下的效果图

3.4.2　阴影类型与调整

阴影是指光线被模型遮挡而产生的暗影效果，主要用来增强虚拟环境真实感。在虚拟环境中，常见的阴影类型包括实时阴影和静态阴影。通过了解不同阴影类型的特点和生成原理，用户可以更好地调整阴影参数，优化阴影效果。

1. 阴影类型

（1）实时阴影　实时阴影是在运行时动态生成的阴影效果，适用于动态模型和光源的场景。其特点是能够实时更新和响应场景中模型的运动和变化，能够产生出较为真实的阴影效果。

（2）静态阴影　静态阴影是在场景构建阶段预先计算和存储的阴影效果，适用于静态模型和光源的场景。其特点是稳定且高效，不受运行时性能影响，能够产生出较为稳定和高质量的阴影效果。

2. 阴影调整

在 Unity3d 中，可以通过调整阴影参数来改善阴影效果，包括阴影的分辨率、强度和软硬度等。具体操作包括：①调整阴影的分辨率以提高阴影的清晰度和细节；②调整阴影的强度以控制阴影的明暗程度；③调整阴影的软硬度以改变阴影的边缘过渡效果。

通过合理调整阴影参数，可以使场景中的阴影效果更加真实和自然，增强场景的真实感和立体感。

3.5　实时渲染与性能优化

实时渲染通过即时生成高质量图像，确保用户在虚拟场景中的交互体验流畅且逼真，是虚拟现实系统中实现沉浸感的核心技术。性能优化则在保证图像质量的前提下，提高渲染效率，减少延迟，确保系统能够在有限的计算资源下运行平稳。优化方法包括简化模型、使用高效的纹理和材质、合理配置光源等，这些措施共同提升了渲染速度和整体性能。

3.5.1 实时渲染技术与效果

实时渲染是指在场景或应用程序中即时生成并呈现图像的过程，其核心目标是在有限的时间内生成高质量的图像以实现流畅的用户体验。常见的实时渲染技术包括屏幕空间反射（Screen Space Reflection，SSR）、环境光遮挡（Ambient Occlusion，AO）等。例如，粒子系统是实时渲染中常用的效果之一，它可以模拟各种自然现象，如火焰、烟雾、水流等。通过调整粒子的参数和特性，可以实现丰富多彩的视觉效果，增强场景的真实感和动态性。

3.5.2 GPU 特性与渲染管线

1. GPU 特性对渲染性能的影响

GPU（Graphics Processing Unit，图形处理器）的特性会严重影响渲染特性，其中包括并行处理能力、显存带宽、纹理单元数等。除此之外，GPU 的特性还包括 CUDA 核心数、图形存储器类型、显存容量和 GPU 频率等几个方面。

2. 渲染管线的基本流程

渲染管线是指渲染引擎中图形数据处理的流程，在现代图形渲染中，它通常包括顶点处理、光栅化、片元处理等阶段。顶点处理阶段用于对顶点进行变换和投影，光栅化阶段将三维模型转化为二维像素，并确定每个像素的位置，片元处理阶段则对像素进行着色、光照等计算。深入理解渲染管线的基本流程有助于优化渲染性能，提高场景的帧率和流畅度。

综上所述，实时渲染与性能优化技术既能提供逼真的视觉效果，又能保证系统的高效运行和用户的良好体验。

3.6 粒子系统与特效设计

粒子系统是虚拟现实应用中常用的技术之一，它能够模拟井下机械装备异常故障情况。不同类型的粒子系统可以应用于各种不同的场景，根据需求进行选择和调整，以实现理想的视觉效果。在本节中，将详细介绍几种常见的粒子系统及其应用场景。

1. 火焰效果

火焰效果是机械装备模拟过程中常用的一种粒子系统类型，它可以模拟设备的异常起火，常用于综采工作面的失火场景，如图 3-16 所示。

火焰效果的主要特点包括：

（1）火焰形态　火焰通常具有柔软、流动的形态，具有一定的透明度和明亮度，可以根据火焰的大小和形状调整粒子系统的参数。

（2）火焰颜色　火焰的颜色通常为橙红色至黄色，可以通过调整粒子的颜色和透明度，使其更加逼真和生动。

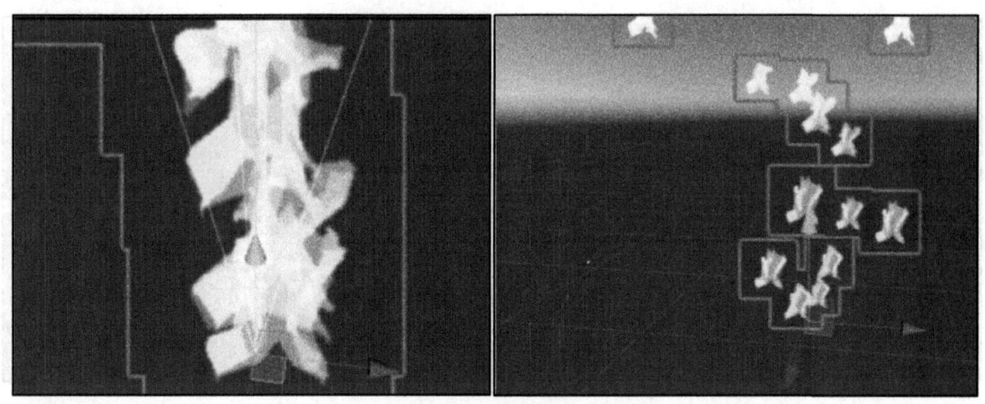

图 3-16　火焰效果

(3) 火焰运动　火焰通常具有不规则的运动轨迹，可以通过调整粒子的速度、方向和角度，模拟火焰的燃烧过程。

火焰效果的应用场景包括场景中的火把、篝火、火龙等，以及电影、动画等虚拟现实场景中的火焰效果。

2. 烟雾效果

烟雾效果是另一种常见的粒子系统类型，它可以模拟采煤过程中采煤机滚筒头部喷雾效果，也可以进行井下恶劣粉尘环境的模拟，如图 3-17 所示。

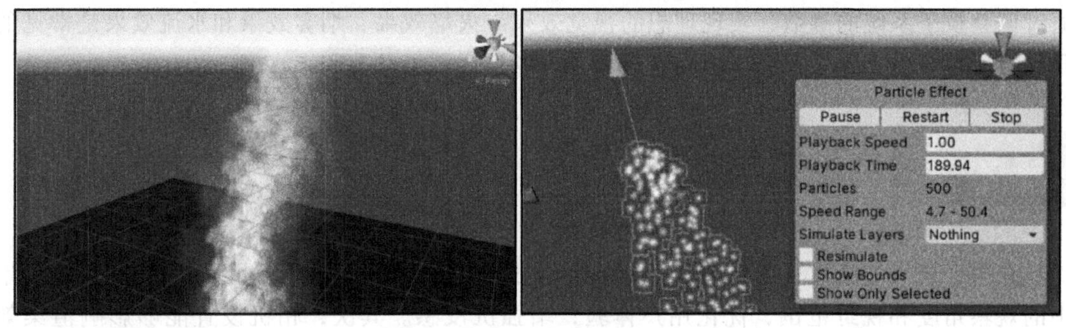

图 3-17　烟雾效果

烟雾效果的主要特点包括：

(1) 烟雾形态　烟雾通常呈现出薄薄的、弥散的形态，具有一定的不透明度和随机性，可以根据场景需求调整粒子的参数。

(2) 烟雾颜色　烟雾的颜色通常为灰色或白色，可以通过调整粒子的颜色和透明度，使其更加逼真和立体。

(3) 烟雾漂浮　烟雾通常具有漂浮的效果，可以通过调整粒子的速度和运动轨迹，模拟烟雾在空气中的扩散和流动。

3. 水流效果

水流效果是模拟水流的流动和波动效果的粒子系统类型，可用于模拟井下综采工作面渗水等异常情况，如图 3-18 所示。

图 3-18　水流效果

水流效果的主要特点包括：

(1) 水流形态　水流通常具有流动、涓涓流淌的形态，具有一定的透明度和波动性，可以根据水流的大小和速度调整粒子系统的参数。

(2) 水流颜色　水流的颜色通常为蓝色或透明色，可以通过调整粒子的颜色和透明度，使其更加逼真和清澈。

(3) 水流涌动　水流通常具有涌动和波动的效果，可以通过调整粒子的速度和运动轨迹，模拟水流在地形上的流动和流溢。

粒子系统的类型及应用场景多种多样，可以根据具体的需求和场景选择合适的类型，并通过调整粒子系统的参数，实现理想的视觉效果。火焰效果、烟雾效果和水流效果是常见的几种粒子系统类型，它们在虚拟现实应用中为场景增添了动态和丰富度。

3.7 相机设置与视角控制

在整个场景渲染过程中，虚拟相机是必不可少的。首先，可以通过设定用户在虚拟场景中的观察角度和视野范围，优化用户体验，增强沉浸感。其次，相机设置能够影响渲染效果，包括画面合成和裁剪，从而提升视觉呈现效果并优化资源消耗。再次，相机设置还支持用户交互，包括视角切换和局部放大，增强了用户的自主性和参与感。最后，相机还可以用于场景导览和展示，帮助用户快速了解场景布局和结构，提升虚拟环境的展示效果和表现力。

3.7.1 相机模式选择与设置

在 Unity3d 中，相机主要负责呈现虚拟场景的视觉效果。选择适当的相机模式是实现预期渲染效果的关键一步。本小节将介绍透视投影和正交投影的基本概念，以及它们在不同场景中的应用。同时，还将探讨如何在 Unity3d 中选择和设置相机模式。

1. 透视投影

透视投影是一种仿照人眼视觉特性设计的投影方式，具有近大远小和景深感强的特点。

在透视投影中，模型距离相机越远，其在视野中越小，而且远处的模型会呈现出明显的遮挡关系，使得场景更加真实，如图 3-19 所示。

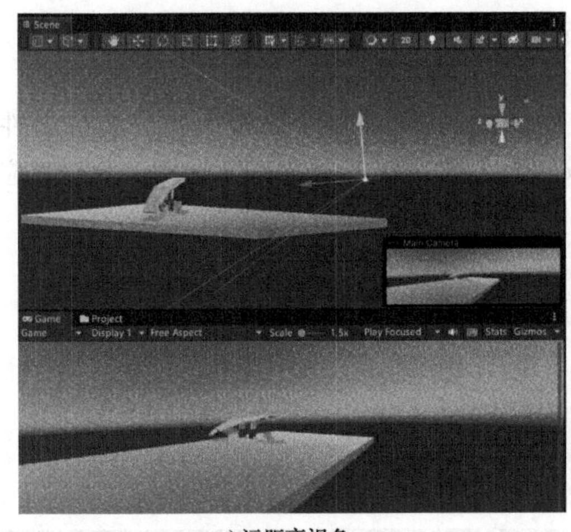

a) 远距离视角

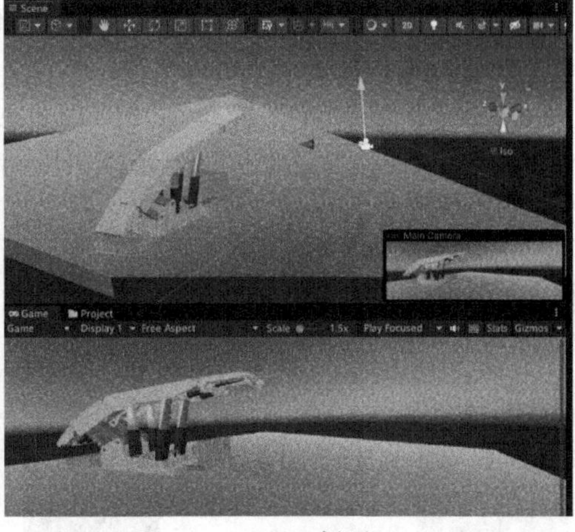

b) 近距离视角

图 3-19　透视投影视角图

2. 正交投影

正交投影也是一种投影方式，模型无论距离相机多远，其在视野中的大小保持不变。正交投影不考虑模型与相机之间的距离，所有模型在视野中的大小都是固定的，没有景深感，如图 3-20 所示。

a) 远距离视角

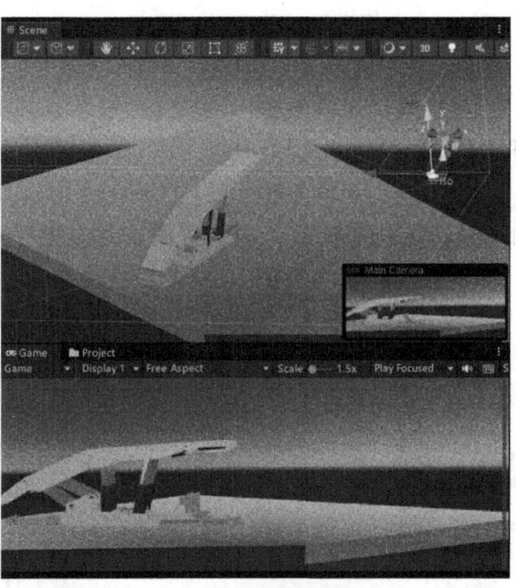

b) 近距离视角

图 3-20　正交投影视角图

3. 如何选择和设置相机模式

在 Unity3d 中，可以通过相机组件的投影模式属性来选择相机的投影方式。在 Unity3d 中选择和设置相机模式的基本步骤如下：

（1）创建相机　在“Hierarchy”面板中右击“Main Camera”，然后选择“Camera”选项，从而在场景中创建一个相机对象，如图 3-21 所示。

（2）选择投影模式　选择创建的相机对象，在“Inspector”面板中找到相机组件的“Projection”属性，通过下拉菜单选择“Perspective”或“Orthographic”选项，分别对应透视投影和正交投影，如图 3-22 所示。

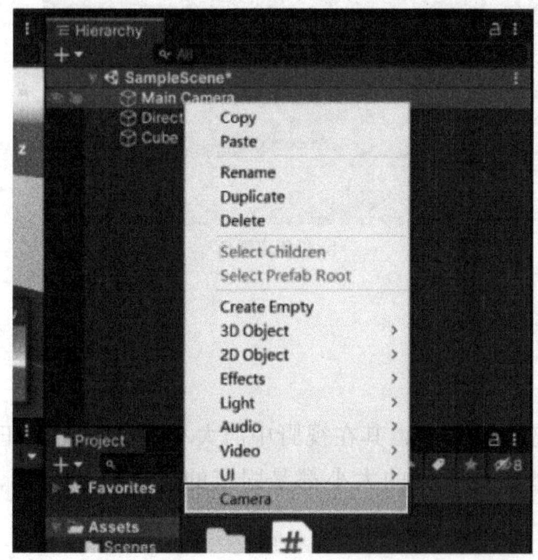

图 3-21　Camera 创建

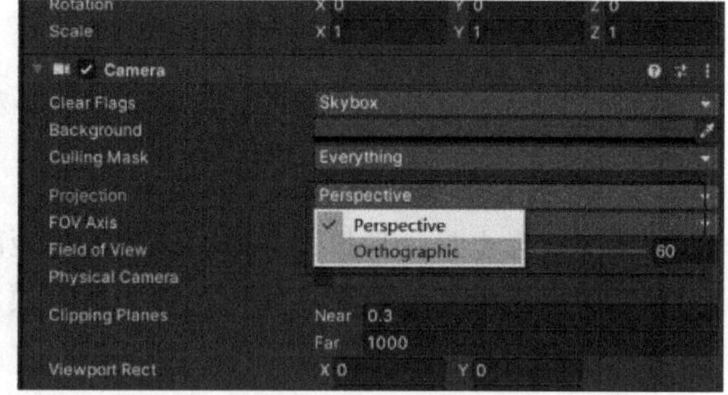

图 3-22　属性选择

（3）调整投影参数（可选）　根据具体需求，可以调整相机的其他参数（图 3-23），如剪切平面（Clipping Planes）等，以达到预期的渲染效果。

通过以上步骤，就可以在 Unity3d 中选择和设置相机的投影模式。根据具体的项目需求和场景特点，选择适合的相机模式将有助于实现更好的视觉效果。

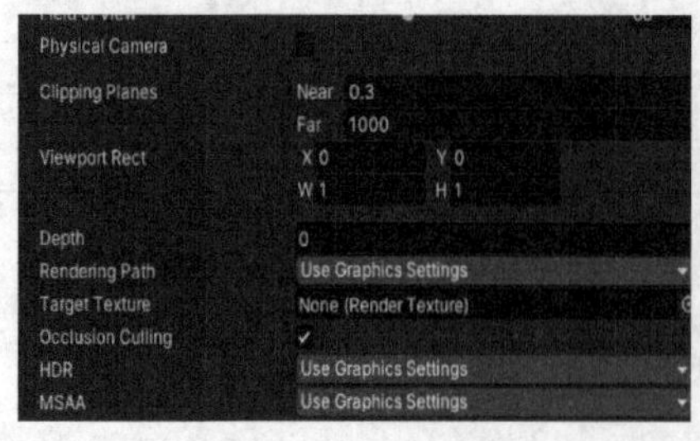

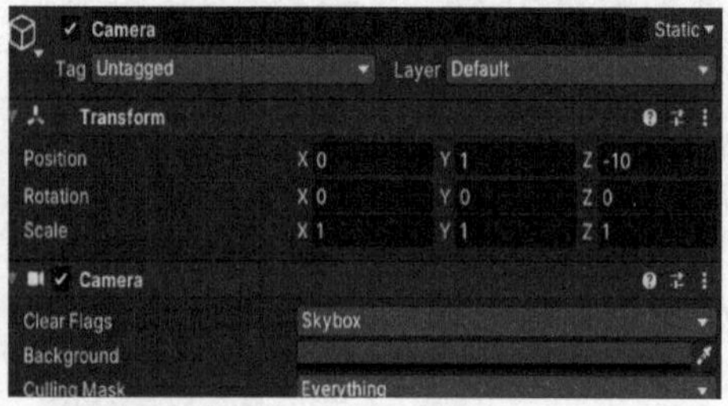

图 3-23　参数选择

在实际应用中，用户需要根据项目的需求和场景的特点，灵活选择透视投影或正交投影，并结合其他参数进行调整，以达到最佳的渲染效果。

3.7.2　视角控制与移动方式

在虚拟场景中，相机的基本视角控制是用户与场景互动的核心之一。通过旋转、平移和缩放等基本操作，用户可以灵活地观察和操控场景，增强交互体验。本小节将介绍相机的基本视角控制，包括旋转、平移和缩放，并探讨用户如何通过手势或设备来控制视角。

相机视角操作步骤如图 3-24 所示。①在 Hierarchy 中选择需要移动的 Camera；②在视角窗口中依次选择“平移”“旋转”和“放缩”选项。

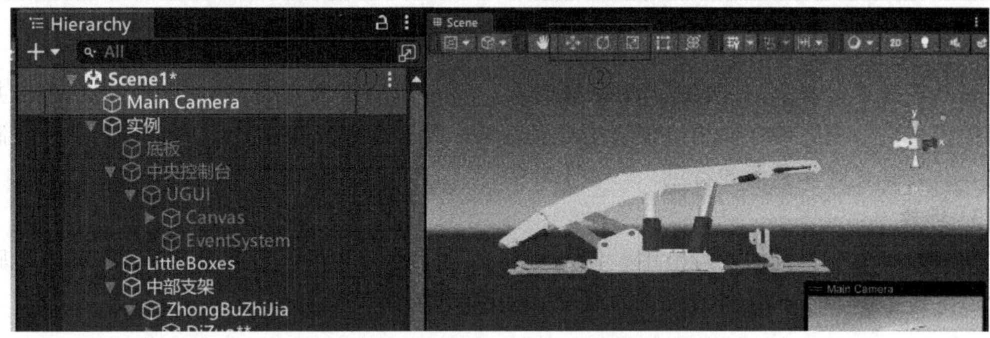

图 3-24　相机视角操作步骤

1. 平移

平移是指沿着相机的轴线移动相机，使其改变位置而不改变方向。通过平移可以调整观察位置，从不同的角度和距离观察场景中的模型和环境，如图 3-25 所示。

图 3-25　相机视角平移

在基本视角控制中，平移操作通常通过鼠标或触摸屏幕来完成。用户可以通过单击并拖动鼠标或手指触摸屏幕，使相机沿着水平和垂直方向移动。平移操作可以让模型在场景中自由移动，从而更好地探索和理解场景。

2. 旋转

旋转是指改变相机的朝向，使其绕着一个中心点旋转。通过旋转可以调整观察角度和方向，以便更好地观察场景中的模型和环境，如图 3-26 所示。

图 3-26　相机视角旋转

在基本视角控制中，旋转操作通常通过鼠标或触摸屏幕来完成。用户可以通过单击并拖动鼠标或手指触摸屏幕，使相机围绕中心点旋转。旋转操作是虚拟场景中常用的视角控制方式之一，具有直观和灵活的特点。

3. 缩放

缩放是指改变相机的视野范围，使其呈现出不同的视角大小。通过缩放可以调整视野范围，以适应不同大小和距离的模型和环境，如图 3-27 所示。

图 3-27　相机视角缩放

在基本视角控制中，缩放操作通常通过滚动鼠标滚轮或使用多点触控手势来完成。缩放操作可以调整视野范围，从而更好地观察场景中的细节和远景。

4. 视角控制

除了通过鼠标或触摸屏幕进行视角控制外，还可以通过手势或设备来控制视角。例如，在虚拟现实应用中，通过头部转动来控制相机的旋转，通过手持控制器来控制相机的平移和缩放。这种方式能够增强场景的沉浸感和交互体验，使其更加自然和舒适地操控场景。

3.8 场景组织与层级管理

通过结构化管理虚拟场景中的机械装备及其配套设施，场景布局变得更加合理。层级管理通过建立父子关系，使得复杂场景中的机械装备操作更加简便，如移动父对象时同时影响其子对象。其次，这种组织方式提高了开发效率和维护性，使用户能够快速定位和修改特定设备。此外，场景组织与层级管理通过按需加载和卸载不同层级的模型，可有效减少资源消耗，提高渲染效率。因此，场景组织与层级管理在场景布置与渲染中不仅提升了开发和管理的便利性，还显著优化了系统性能。

3.8.1 场景结构与布局策略

在虚拟场景应用开发中，场景结构与布局策略的选择可以更好地进行性能优化。本小节将深入探讨单一场景与多场景的选择原则以及它们在虚拟现实中的应用和影响。

单一场景是指将所有的虚拟环境元素都集成到一个场景中，包括支架、采煤机、刮板输送机等。这种场景结构简单，所有内容都在一个场景文件中管理，方便统一控制和修改。多场景是指将虚拟环境拆分成多个独立的场景文件，每个场景负责不同的功能或区域，便于管理和优化。在选择场景结构与布局策略时，需要综合考虑以下几个方面的因素：应用类型与规模、性能和资源要求、用户体验与交互设计、开发与维护成本等。

下面以一个综采工作面为例，分析单一场景与多场景的选择原则和影响。

（1）单一场景　如果智慧综采工作面要求功能较少，只包含少量设备和交互内容，且展示方式比较简单，可以考虑采用单一场景结构，如图 3-28 所示。所有的设备、交互界面和场景布局都集中在一个场景文件中管理，方便统一管理和修改。

图 3-28　智慧综采工作面单一场景结构

（2）多场景　如果智慧综采工作面的规模较大，包含全部设备，且要求多种模式运行，可以考虑采用多场景结构。将不同的仿真模式分成独立的场景文件，每个场景负责展示特定的内容，便于管理和优化，如图 3-29 所示。

综上所述，在虚拟现实应用开发中应该选择合适的场景结构与布局策略。在实际应用中，需要根据应用类型与规模、性能和资源要求、用户体验与交互设计以及开发与维护成本等因素综合考虑，灵活选择单一场景或多场景结构，以实现最佳的用户体验和性能优化。

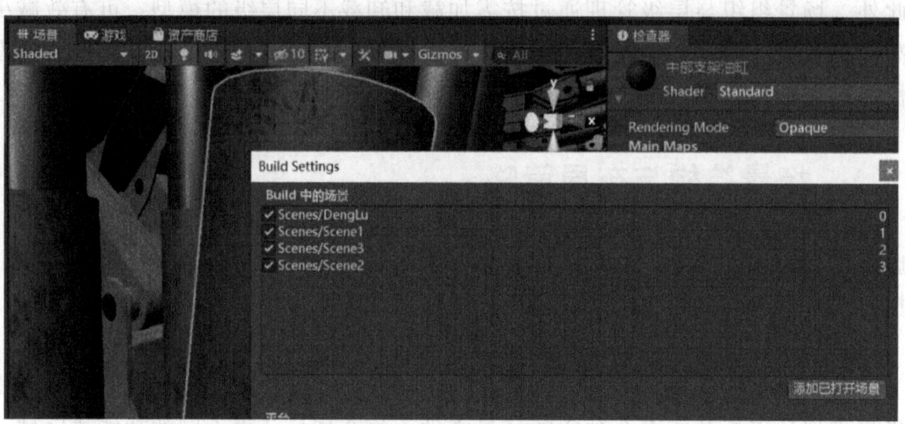

图 3-29　多场景布置

3.8.2　层级管理与节点组织

在虚拟现实应用开发中，层级管理与节点组织决定了场景元素的组织结构、渲染顺序和交互效果，直接影响应用的性能和用户体验。本小节将从场景层级结构、节点属性以及层级管理的重要性等方面，深入探讨虚拟现实中的层级管理与节点组织。

1. 场景层级结构

虚拟现实场景的层级结构类似于树形结构，由多个节点组成。每个节点代表着一个场景元素，如模型、光源、相机等。这些节点之间通过父子关系进行组织，构成了整个场景的层级结构，如图 3-30 所示。

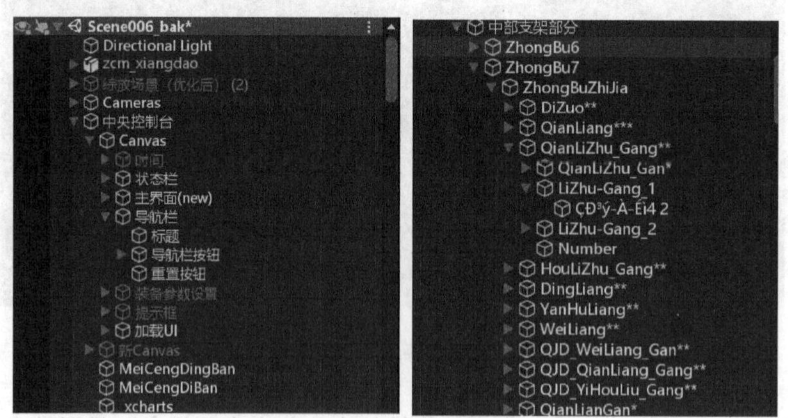

图 3-30　场景层级结构

2. 节点属性

每个节点都有自己的属性和参数，影响着节点的外观和行为。常见的节点属性包括渲染顺序、可见性、碰撞体、动画效果等。

3. 层级管理的重要性

在虚拟现实场景中，层级管理直接影响场景的性能和效果，包括渲染效率、用户体验和代码复用等方面。

（1）渲染效率　合理的层级管理可以降低渲染复杂度，减少不必要的渲染调用，提高渲染效率和性能。通过将不同层次的节点进行分组和优化，可以避免不必要的重复渲染，减少渲染时间和资源占用。

（2）用户体验　合理的层级管理可以提高用户体验和交互效果。通过控制节点的可见性、碰撞体等属性，可以实现场景元素的动态变化和交互效果，从而增强用户的沉浸感和参与度。

（3）代码复用　合理的层级管理可以提高代码的复用性和可维护性。通过将相似功能或属性的节点进行分组和封装，可以实现代码的模块化和重用，减少代码冗余，提高开发效率。

通过合理的层级管理和节点组织，可以提高渲染效率和性能，增强用户体验和交互效果，提高代码的复用性和可维护性，从而实现虚拟现实应用的优化和提升。

3.8.3　场景加载与异步操作

在虚拟现实应用开发中，场景加载是确保应用流畅性和用户体验的关键环节之一。良好的场景加载机制能够有效地管理资源，提高应用的性能和响应速度。

1. 场景加载

场景加载是指将虚拟现实应用中的各种元素（如模型、贴图、音频等）从存储介质加载到内存中，并在屏幕上进行展示的过程。在虚拟现实应用中，场景加载的效率直接影响用户的体验质量。因此，优化场景加载是虚拟现实应用开发中不可忽视步骤之一。

2. 同步加载与异步加载

同步加载是指应用在加载资源时会阻塞主线程，直到所有资源加载完成后才能继续执行后续操作。这种加载方式简单直接，但会导致应用的卡顿和响应延迟，降低用户体验。而异步加载则是指应用在加载资源时，可以同时进行其他任务，而不必等待资源加载完成。这种方式可以避免应用的卡顿，提高用户体验，特别是在加载大量资源或大型场景时更为有效。

3. 异步加载的优化方法

针对异步加载，可以采取一系列优化方法来提高加载效率和用户体验。

（1）分段加载　将场景分成若干小块，按需加载。这样可以减少单次加载的资源量，降低内存占用，并且能够更快地显示部分场景，提高用户的等待体验。

（2）优先级加载　设定不同资源的加载优先级，优先加载当前视野范围内的资源，以保证用户能够尽快看到场景的一部分，从而提高流畅度和交互性。

（3）预加载　在场景加载的同时，预先加载可能会用到的资源，例如使用者即将进入的下一个场景或区域的资源，以避免用户在切换场景时的等待时间。

（4）资源压缩　对资源进行压缩处理，减小资源文件的体积，从而减少加载时间和网络传输时间。常用的压缩方法包括纹理压缩、模型压缩等。

（5）流加载　将资源划分成小块，根据需要动态加载。这种方式可以避免一次性加载大量资源，减少内存占用和加载时间。

综上所述，场景加载与异步操作是虚拟现实应用开发中的关键环节。通过合理的加载策略和优化方法，可以提高应用的流畅性和用户体验，减少加载时间和内存占用，从而实现虚拟现实应用的优化和提升。

思考题

3-1 场景布置中，屏幕坐标系和视口坐标系的区别是什么？

3-2 简要描述位置布置中平移、旋转和缩放操作的基本含义和操作方法。

3-3 相机设置中，透视投影和正交投影的区别是什么？在不同场景中如何选择合适的相机模式？

3-4 在光照与阴影方面，平行光、点光源和环境光的区别是什么？如何在Unity3d中进行光照设置的操作？

3-5 实时渲染中，什么是屏幕空间反射和环境光遮挡？简要说明它们的作用。

3-6 材质与纹理中，漫反射和镜面反射的特点分别是什么？如何根据场景需求选择合适的材质？

3-7 场景组织与层级管理中，为什么层级管理对于虚拟环境设计很重要？简要描述场景加载的优化方法。

2ND PART

第 2 篇

基本仿真与复杂仿真

第 2 篇为全书的仿真篇，从这一篇开始要进行脚本的编译，使第 1 篇建立的模型以及场景运动起来。其中，第 4~6 章为基本仿真部分，第 7 章为复杂仿真部分。

虚拟装配技术可以为机械装备的结构设计验算、内部结构可视化展示、装配车间整体工艺流程模拟提供基础。第 4 章首先整体介绍 Transform 组件的基本属性与应用方法；之后以使用鼠标和键盘触发相应脚本的形式实现模型的拖拽、旋转、路径记录、装配演示、定位约束设计。

虚拟运动仿真即模拟机械装备真实的运动情况，可以分为两种方法，第一种方法是进行运动关系解析，第二种方法则是通过物理引擎来实现。因此，第 5 章对解析法进行讲解。针对单一装备的结构运动的关系，设置父子关系层级，进行姿态运动关系的理论解析，通过脚本将解析结果复现，以实现各个装备的运动件的仿真设计。

如果装备的运动关系太复杂，无法进行运动解析，也无法求解出关系式，为了展示出逼真的物理仿真效果，则在相对简单运动关系分析的基础上，通过物理引擎来实现。因此，第 6 章介绍包括刚体、碰撞体、触发器、关节等在内的多种物理引擎组件，并将其灵活应用于机械装备仿真中，可以逼真地模拟装备的物理行为，同理也可实现更高可信度的运动仿真分析。

在虚拟装配和两种单机仿真的基础上，第 7 章介绍复杂多机仿真方法。首先，需以部分计算图形学和机器人位姿运动学相关知识为基础，对机械装备涉及的一些复杂运动连接关系进行机理解析与表达，并将结果以 C#语言的形式编入到脚本文件中，构建融合机理模型的虚拟应用模型；其次，介绍如何构建多个机械装备运动的虚拟感知和虚拟约束，进而对运动部件之间的虚拟关系进行表达，这其中涉及各脚本之间的信息交互；最后，介绍综采支运装备、综采支采装备以及综采采运装备的协同运动仿真案例，以对相关知识进行综合运用。

通过本篇的学习，读者可以了解多机复杂运动仿真的设计运行流程。

第4章 装备虚拟装配关键技术

知识目标：掌握 Unity3d 中 Transform 组件的基本属性与数学相关概念；了解通过 Transform 属性实现运动控制的方法；掌握与装配模型相关的操控技术，学习制作虚拟装配场景。学习如何通过记录和读取 Transform 组件中的 Position 属性，实现模型路径记录及回放。学习使用 3ds Max 软件制作装配动画，以及其中包含的装配序列与路径规划方法。了解自动定位约束技术，该技术可将虚拟装配拓展到手动装配层面。

能力目标：能够通过 Transform 组件实现零部件的基本运动控制和虚拟装配过程，包括平移、旋转等；能够利用 Transform 组件记录模型路径，读取记录文件将路径回放；规划模型装配序列和装配路径，使用 3ds Max 软件制作流畅的装配动画；利用自动约束定位技术搭建手动虚拟装配的场景。

在现代装备制造领域，装配环节直接影响着产品的质量、效率和成本。装备虚拟装配关键技术通过借助计算机仿真和虚拟现实技术，对装配过程进行数字化建模，并在虚拟环境中进行模拟和优化。它不仅可以提供高度真实的装配环境，还能够实现对装配路径、工艺规划、碰撞检测等关键环节的精确控制和优化。本章基于 Unity3d 及 3ds Max 进行介绍，涉及的装备虚拟装配关键技术包括模型的拖拽、旋转、路径记录、装配演示、定位约束设计等。

4.1 Transform 组件

Unity3d 软件作为衔接虚拟产品和真实产品之间的桥梁，而 Transform 组件是 Unity3d 所创建的物体 GameObject 的必备初始组件，用于描述物体 GameObject 在三维空间中的位置、旋转和比例等属性，是构建虚拟场景和模型的基础。

4.1.1 基本属性介绍

Transform 组件（图 4-1）可确定场景中每个物体（GameObject）的位置（Position）、旋转（Rotation）和缩放（Scale）属性。每一个物体（GameObject）都有一个 Transform 组件，利用 Transform 组件可以获取和修改游戏对象的位置和变换。

（1）位置（Position）属性　表示游戏对象在坐标系中的位置，由三个浮点数（x、y、z）表示。这是一个 Vector3 类型的属性，通过调整位置属性，可以将物体放置在场景的特定位置，

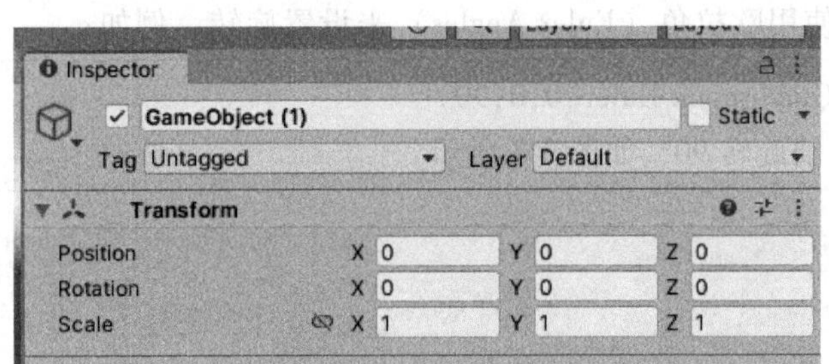

图 4-1　Transform 组件

实现装配的定位功能。在装配过程中，通过调整各个组件的位置属性，可以确保它们正确地相对于其他物体进行定位和连接。通过脚本可以直接访问和修改这个属性，例如：

```
transform. position = new Vector3(1,0,0)
//将游戏对象的位置设置为(1,0,0),如图 4-2 所示
```

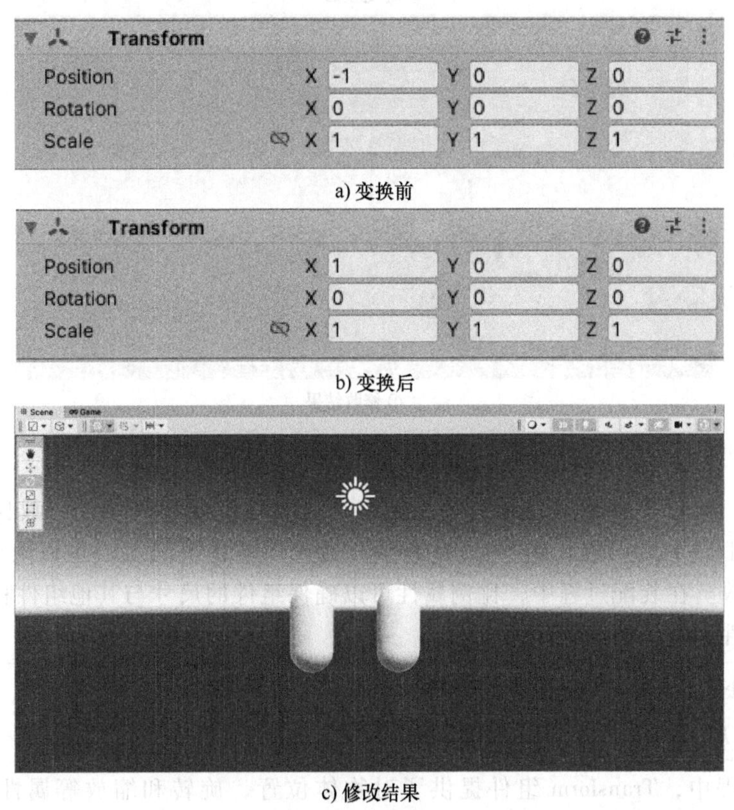

a) 变换前

b) 变换后

c) 修改结果

图 4-2　位置修改

（2）旋转（Rotation）属性　表示物体在三维空间中绕 X、Y、Z 轴所旋转的角度。表示游戏对象在坐标系中的旋转角度，可以使用欧拉角（Euler Angles）或四元数（Quaternion）设置旋转。通过调整旋转属性，可以改变物体的朝向和角度，确保在装配过程中物体在正确的方向上相对于其他物体进行旋转和对齐。可以通过 Quaternion. Euler( ) 方法创建一个

Quaternion，也可以使用欧拉角（Euler Angles）来设置旋转，例如：

```
transform. rotation = Quaternion. Euler(0,0,90)
//将游戏对象绕 Z 轴旋转 90°,如图 4-3 所示
```

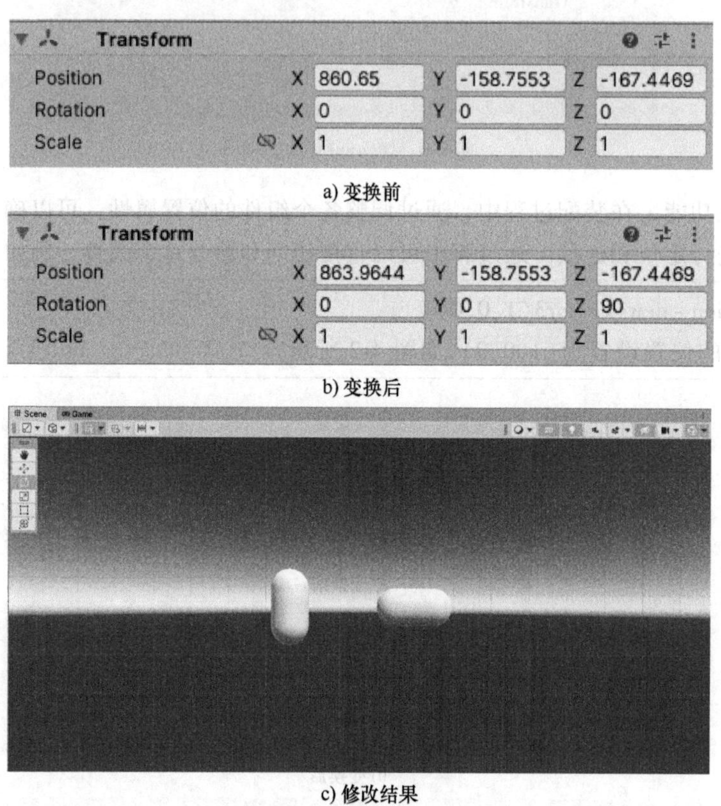

a) 变换前

b) 变换后

c) 修改结果

图 4-3　角度修改

（3）比例（Scale）属性　表示物体在三维空间中沿 X、Y、Z 轴的缩放比例，值为 1 时为原始大小，由三个浮点数（x、y、z）表示。通过调整比例属性，可以改变物体的大小，实现装配件缩放。在装配过程中，比例属性可以确保组件的尺寸与其他组件相匹配，从而保证装配的准确性和一致性。例如：

```
transform. localScale = new Vector3(2,2,2);
//将游戏对象放大为原来的两倍,如图 4-4 所示
```

在装配过程中，Transform 组件提供了对物体位置、旋转和缩放等属性的控制，使得工程师可以精确地调整和定位组件，确保装配的准确性和质量。通过调整 Transform 组件的属性，可以实现装配步骤的规划和优化，解决潜在的碰撞、干涉等问题，提高装配的效率和可靠性。

此外，在虚拟装配过程中，通过调整 Transform 组件的属性，可以在计算机模拟中模拟和验证装配过程，帮助工程师发现和解决潜在的问题，优化装配方案，提高装配效率和质量。

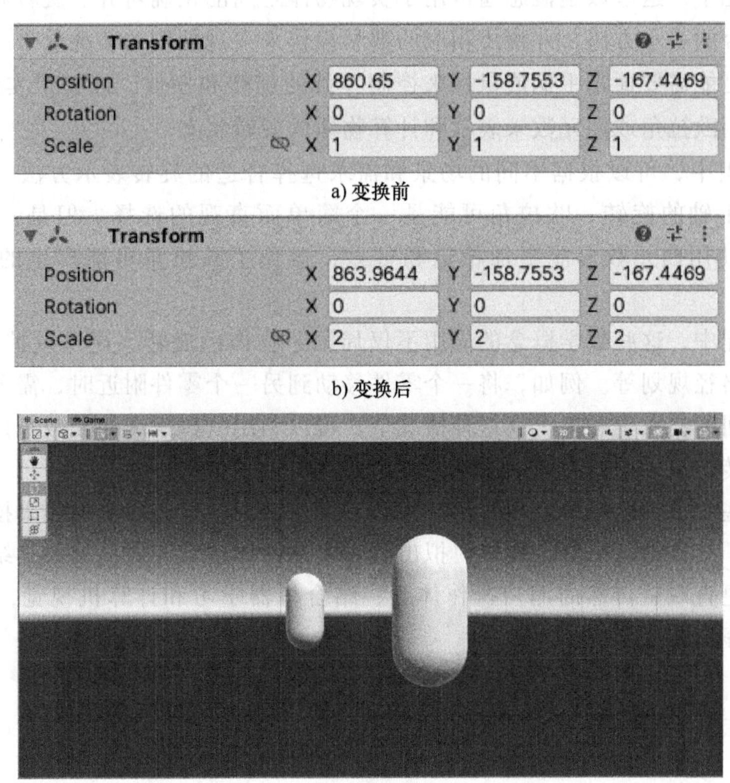

a) 变换前

b) 变换后

c) 修改结果

图 4-4　比例修改

4.1.2　数学相关概念

运用欧拉角和四元数等数学知识来表示和操作物体的旋转，从而实现模拟真实世界中的装配、运动和交互。

欧拉角（Euler Angles）是一种常用的表示旋转的方法，它将旋转分解为绕物体局部坐标系的三个轴的连续旋转。通常用三个角度来表示绕 X 轴、Y 轴和 Z 轴的旋转，分别称为俯仰（pitch）、偏航（yaw）和翻滚（roll）。在虚拟装配中，欧拉角可以用于描述物体相对于其父对象或全局坐标系的旋转。调整欧拉角，可以使物体绕不同轴旋转，从而达到期望的摆放或对齐效果。

四元数（Quaternions）是一种复数形式的数学表示方法，用于表示三维空间中的旋转。与欧拉角相比，四元数更适合表示连续旋转，避免了万向节锁（Gimbal Lock）等问题。在虚拟装配中，四元数同样用于表示物体的旋转状态。相比欧拉角，四元数在进行复杂旋转操作时更加稳定和可靠。许多游戏引擎和虚拟现实平台都使用四元数来表示物体的旋转，以实现更流畅和真实的运动效果。

在虚拟装配中，这些数学概念通常用于实现物体之间的正确对齐、旋转和互动。根据场景需求选择适合的表示方法，并使用相应的数学操作来实现期望的装配效果。例如，在虚拟装配应用中，可能需要通过手柄或鼠标来控制零件的旋转和摆放，以模拟实际的组装过程。这时，需要使用欧拉角或四元数来表示和计算物体的旋转状态。

在具体应用中，可以根据不同的场景和需求选择合适的旋转表示方法。对于简单的旋转，如围绕一个轴的旋转，欧拉角可能是一个简单而直观的选择。但是，当涉及连续的复杂旋转时，使用四元数可能更加稳定和可靠，避免了欧拉角可能产生的奇异性和不连续性。

在虚拟装配中，这些数学概念的应用不仅局限于物体的旋转，还可以扩展到其他方面，如碰撞检测、路径规划等。例如，将一个零件移动到另一个零件附近时，需要进行碰撞检测以确保它们之间不会发生碰撞。在这种情况下，可以利用欧拉角或四元数来计算物体之间的相对位置和旋转，从而进行有效的碰撞检测和避让。

此外，这些数学概念还可以与其他技术和工具相结合，以进一步增强虚拟装配的功能和表现力。例如：结合物理引擎，可以模拟出更真实的物体运动和碰撞效果；结合人机交互技术，可以获得更直观、自然的用户操作体验；结合机器学习和计算机视觉，可以实现更智能、自适应的虚拟装配系统。

4.1.3 运动方式与控制方法

在虚拟装配过程中，零部件需要进行很多的移动、旋转和缩放动作。基于以上 Transform 组件的三个属性，可以通过直接或使用 Translate、Rotate 和 Scale 函数改变其数值，使得对应的物体 GameObjec 可以相应地移动、旋转和缩放。

1. 移动

移动是物体自由地或沿着某个轴或平面平移的过程。在 Unity3d 中，物体运动原理都是通过修改物体的 Transform 组件的 Position 属性来实现。在虚拟装配中，移动用于将零部件从一个位置移动到另一个位置，模拟实际组装过程中零部件的相对位置调整。

以下是一些常用的移动方法。

（1）修改 Transform 组件的 Position 属性　可以通过直接修改 Transform 组件的 Position 属性来将物体移动到目标位置。例如：

```
// 将物体移动到目标位置
transform.position=targetPosition;
```

（2）使用 Translate 函数　Transform 组件提供的 Translate 函数可以在世界坐标系或局部坐标系中进行平移操作。可以使用 Translate 函数将物体平滑地移动到目标位置。例如：

```
// 在世界坐标系中平滑地移动物体到目标位置
transform.Translate(targetPosition-transform.position,Space.World);
// 在局部坐标系中平滑地移动物体到目标位置
transform.Translate(targetPosition-transform.localPosition,Space.Self);
```

（3）使用 MoveTowards 函数　Unity3d 提供了 Mathf 类中的 MoveTowards 函数，可以在两个位置之间进行线性插值，实现平滑移动效果。例如：

```
// 在每一帧中平滑地移动物体到目标位置
float speed = 5f; // 移动速度
transform. position = Vector3. MoveTowards ( transform. position, targetPosition, speed *
Time. deltaTime);
```

（4）使用 Lerp 函数　Unity 3d 提供了 Mathf 类中的 Lerp 函数，可以在两个位置之间进行线性插值，实现平滑移动效果。与 MoveTowards 相比，Lerp 函数的移动速度可以自定义。例如：

```
// 在每一帧中平滑地移动物体到目标位置
float t = 0f; // 插值参数
float duration = 2f; // 移动持续时间
transform. position = Vector3. Lerp(transform. position, targetPosition, t/duration);
t+ = Time. deltaTime;
```

一般应根据需要选择合适的方式将物体移动到目标位置。通过修改 Transform 组件的 Position 属性，使用 Translate 函数、MoveTowards 函数或 Lerp 函数，均可以实现物体的平滑移动效果。

2. 旋转

旋转是物体绕着某个轴或点转动的过程。在 Unity3d 中，可以通过修改物体的 Transform 组件的 Rotation 属性来实现旋转。在虚拟装配中，旋转可用于调整零部件的角度，使其正确对齐到其他零部件。

以下是一些常用的旋转方法。

（1）直接修改 Transform 组件的 Rotation 属性　可以通过直接修改 Transform 组件的 Rotation 属性来将物体旋转到目标角度。例如：

```
// 将物体旋转到目标角度
transform. rotation = Quaternion. Euler(targetEulerAngles);
```

（2）使用 Rotate 函数　Transform 组件提供的 Rotate 函数可以在世界坐标系或局部坐标系中进行旋转操作。可以使用 Rotate 函数将物体平滑地旋转到目标角度。例如：

```
// 在世界坐标系中平滑地旋转物体到目标角度
transform. Rotate(Vector3. up, targetAngle, Space. World);
// 在局部坐标系中平滑地旋转物体到目标角度
transform. Rotate(Vector3. forward, targetAngle, Space. Self);
```

（3）使用 RotateTowards 函数　Quaternion 类中的 RotateTowards 函数可以在两个角度之间进行插值，实现平滑旋转效果。例如：

```
// 在每一帧中平滑地旋转物体到目标角度
```

```
float speed=50f; // 旋转速度
transform. rotation = Quaternion. RotateTowards ( transform. rotation, targetRotation, speed *
Time. deltaTime);
```

（4）使用 Slerp 函数　Quaternion 类中的 Slerp 函数可以在两个角度之间进行球形插值，实现平滑旋转效果。与 RotateTowards 相比，Slerp 函数可以提供更加平滑的旋转过渡。例如：

```
// 在每一帧中平滑地旋转物体到目标角度
float t=0f; // 插值参数
float duration=2f; // 旋转持续时间
transform. rotation=Quaternion. Slerp(transform. rotation,targetRotation,t/duration);
t+=Time. deltaTime;
```


3. 缩放

缩放是改变物体大小的过程。在 Unity3d 中，可以通过修改物体 Transform 组件的 Scale 属性来实现缩放。在虚拟装配中，缩放可用于调整零部件的大小，以适应其他零部件或模拟实际的缩放调整。

以下是一些常用的缩放方法。

（1）直接修改 Transform 组件的 Scale 属性　可以通过直接修改 Transform 组件的 Scale 属性来将物体缩放到目标大小。例如：

```
// 将物体缩放到目标大小
transform. localScale=targetScale;
```

（2）使用 Scale 函数　Transform 组件提供的 Scale 函数可以在世界坐标系或局部坐标系中进行缩放操作。可以使用 Scale 函数将物体平滑地缩放到目标大小。例如：

```
// 在世界坐标系中平滑地缩放物体到目标大小
transform. localScale=Vector3. Lerp(transform. localScale,targetScale,Time. deltaTime);
// 在局部坐标系中平滑地缩放物体到目标大小
transform. localScale=Vector3. Lerp(transform. localScale,targetScale,Time. deltaTime);
```

（3）使用 DOScale 方法　Unity3d 中的 DOTween 动画插件提供了 DOScale 方法，可以实现平滑的缩放动画效果。例如：

```
// 使用 DOTween 插件,在一定时间内平滑地缩放物体到目标大小
float duration=1f; // 缩放持续时间
transform. DOScale(targetScale,duration);
```

在 Unity3d 中，为运动方式和控制方法提供了灵活的工具，可以根据具体的虚拟装配需求进行调整和应用。在实际项目中，可以结合这些运动方式，实现更复杂的虚拟装配场景，提高虚拟装配的精度。

4.2 装配模型操控技术

装配模型操控技术是指在虚拟环境中对装配模型进行选择、平移、旋转等操作，以实现模型的组装和调整。

4.2.1 选择

选择（Selection）是指从装配场景中选择一个或多个模型进行操作的过程。在虚拟环境中，可以通过单击、框选、命令行输入等方式进行选择操作。选择技术通常涉及模型的碰撞检测和交互反馈，以确保准确选择目标模型。

```
private void Start()
{
    originalMaterial = GetComponent<Renderer>().material;
}
private void OnMouseDown()
{
    if (! isHighlighted)
    {
        // 单击模型时切换为高亮材质
        GetComponent<Renderer>().material = highlightMaterial;
        isHighlighted = true;
    }
}
private void OnMouseUp()
{
    if (isHighlighted)
    {
        // 鼠标释放时恢复为原始材质
        GetComponent<Renderer>().material = originalMaterial;
        isHighlighted = false;
    }
}
```

将该脚本附加到需要高亮显示的模型上。在 Unity3d 编辑器中，将原始材质和高亮材质分配给模型的渲染组件。单击时高亮材质会产生明显的视觉效果，以确保高亮显示的效果。播放场景，当单击附有该脚本的模型时，其材质将切换为高亮材质；当鼠标释放时，材质将恢复为原始材质。即单击模型时，物体将高亮显示，而鼠标释放时，物体将恢复为原始颜色，如图 4-5 所示。

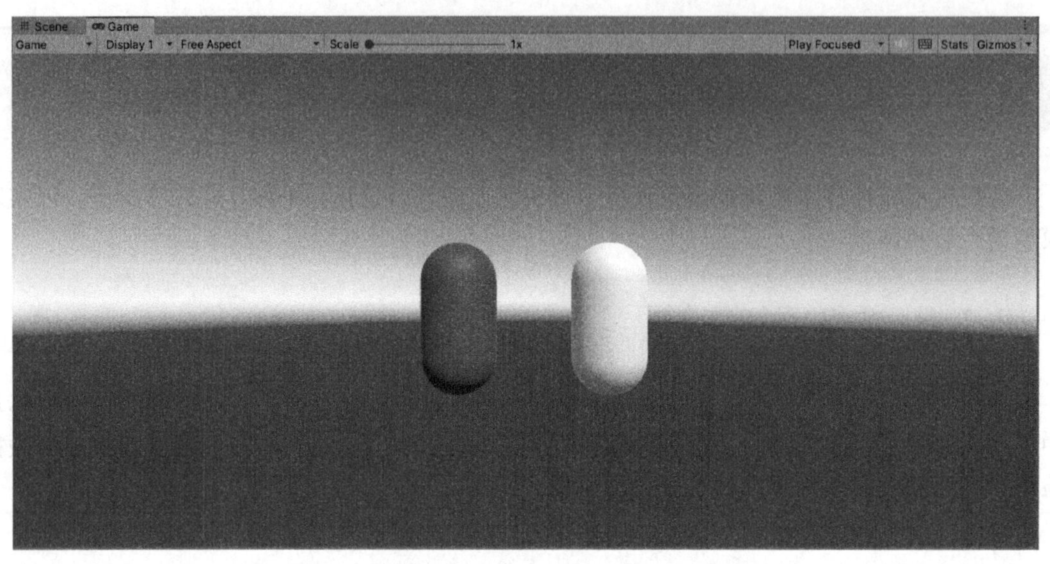

图 4-5　单击后高亮显示

4.2.2　平移

平移（Translation）是指将选定的模型沿着指定方向进行移动的操作。在虚拟环境中，可以通过鼠标拖拽、键盘输入、手势识别等方式进行平移操作。平移技术通常需要考虑坐标系的转换和模型的碰撞检测，以确保模型在移动过程中不会与其他物体发生冲突。

```
public float speed = 5f;  // 移动速度
private void Update()
{
    // 获取键盘输入
    float horizontalInput = Input.GetAxis("Horizontal");
    float verticalInput = Input.GetAxis("Vertical");
    // 计算移动方向
    Vector3 movement = new Vector3(horizontalInput, 0f, verticalInput);
    // 根据速度和时间进行平移
    transform.Translate(movement * speed * Time.deltaTime);
}
```

将该脚本附加到需要平移的模型上。在 Unity3d 编辑器中，调整移动速度 speed 的值，以控制物体的移动速度。运行程序或播放场景，通过按下键盘上的方向键（<W><A><S><D>键或上、下、左、右箭头键），物体将相应地进行平移。

4.2.3　旋转

旋转（Rotation）是指将选定的模型绕指定轴进行转动的操作。在虚拟环境中，可以通过鼠标旋转、触摸手势、旋钮控制等方式进行旋转操作。旋转技术通常需要考虑旋转轴的选择、旋转角度的限制以及模型的碰撞检测，以确保模型在旋转过程中不会发生异常情况。

```
private void Start()
{
    initialRotation = targetTransform.rotation;
}
private void Update()
{
    // 检测输入旋转命令
    if (Input.GetKeyDown(KeyCode.R))
    {
        // 执行旋转动作
        RotatePart();
    }
}
private void RotatePart()
{
    // 计算目标旋转角度
    Quaternion targetRotation = Quaternion.Euler(0f,90f,0f) * initialRotation;
    // 执行旋转动作
    StartCoroutine(RotateCoroutine(targetRotation));
}
private IEnumerator RotateCoroutine(Quaternion targetRotation)
{
    // 计算旋转过程的插值参数
    float t = 0f;
    Quaternion startRotation = targetTransform.rotation;
    while (t < 1f)
    {
        // 根据插值参数进行旋转
        t += Time.deltaTime * rotationSpeed;
        targetTransform.rotation = Quaternion.Slerp(startRotation,targetRotation,t);
        yield return null;
    }
}
```

将该脚本附加到控制零件装配的对象或控制器上。在 Unity3d 编辑器中，将目标零件的 Transform 组件分配给 targetTransform 变量。运行程序或播放场景，按下指定的按键（默认为 <R>键），控制零件进行旋转动作来模拟装配过程。

这样，当按下指定按键时，目标零件将以指定的速度和角度进行平滑旋转。可以根据实际需求进行调整和扩展，以实现更复杂的装配动作。

这些基本方法通常在装配软件、虚拟现实（VR）系统、计算机辅助设计（CAD）软件中广泛使用。通过灵活运用选择、平移、旋转等操作，在虚拟环境中自由操控模型，实现装配过程的可视化、交互式操作和调整。这些技术不仅提高了装配的效率和准确性，还提供了更加直观和灵活的装配体验。

4.2.4 模型路径记录与回放

装配路径是指装配件为了获得能够使之避免碰撞干涉而形成的具有一定几何位置关系的位姿所经历的一系列空间变换过程。模型进行多次的装配操作，利用动画回放，便可发现采掘运装备在实际装配过程中存在的问题和设计上的缺陷，以此来寻求最佳装配路径，为相关人员对采掘运装备的合理设计和准确装配提供了依据。

模型路径记录步骤如下：

1）创建一个空的文本文件，用于保存路径数据。在 Unity3d 的项目资源文件夹中，右击并选择“Create”→“Text File”选项，然后将其命名为合适的文件名，如“pathData. txt”。

2）创建一个脚本组件，用于记录物体的运动路径。在 Unity3d 中，创建一个新的 C#脚本，将其附加到需要记录路径的物体上。

3）在脚本中定义路径记录的逻辑。使用 Vector3 类型的变量来保存物体的位置信息，并在每一帧更新该变量的数值。可以在 Update（）方法中使用 transform. position 来获取物体的当前位置，并将其添加到路径记录的列表中。

```
private void Start()
{
    writer = new StreamWriter(filePath, true); // 创建文件写入对象
    recording = true; // 开始记录路径
}
private void Update()
{
    if (recording)
    {
        Vector3 position = transform. position; // 获取物体当前位置
        writer. WriteLine(position); // 将位置信息写入文件
    }
}
private void OnDestroy()
{
    writer. Close(); // 关闭文件写入对象
}
```

路径回放步骤如下：

1）创建一个新的脚本组件，用于读取并显示路径。在 Unity3d 中，创建一个新的 C#脚本，并将其附加到需要显示路径的物体上。

2）在脚本中定义读取路径文件的逻辑。使用 StreamReader 类来读取 txt 文件，并将路径数据提取出来。

3）在 Unity3d 项目中准备一个简单的 3D 模型，作为路径点的预制体，用于在场景中显示路径。

4）在路径读取脚本的检视面板中，指定之前记录的 txt 文件的路径，并指定路径点的预制体。

```
private void Start()
{
    ReadPathFromFile();
}
private void ReadPathFromFile()
{
    if (! File.Exists(filePath))
    {
        Debug.LogError("File not found:" +filePath);
        return;
    }
    using (StreamReader reader=new StreamReader(filePath))
    {
        string line;
        while ((line=reader.ReadLine()) ! =null)
        {
            Vector3 position=ParsePositionFromString(line); // 解析位置信息
            CreatePathPoint(position); // 创建路径点对象
        }
    }
}
private Vector3 ParsePositionFromString(string line)
{
    string[] positionValues=line.Split(',');
    float x=float.Parse(positionValues[0]);
    float y=float.Parse(positionValues[1]);
    float z=float.Parse(positionValues[2]);
    return new Vector3(x,y,z);
}
```

```
private void CreatePathPoint(Vector3 position)
{
    Instantiate(pathPointPrefab,position,Quaternion.identity);
}
```

运行 Unity3d 场景后，脚本将读取 txt 文件中的路径数据，并在场景中实例化路径点对象，以显示路径。每个路径点将根据文件中的位置信息在相应的位置上显示。

4.3 虚拟装配演示

通过虚拟环境和计算机仿真技术，演示虚拟装配过程及其中细节。演示内容包括装配序列和路径规划，在实际装配之前检测和预防潜在的错误和问题，帮助优化装配路径、工艺规划和装配顺序。利用 3ds Max 软件制作装配动画，作为培训操作人员的资料。

4.3.1 装配序列与路径规划

煤机装备的装配工艺规划包括装配序列规划和装配路径规划。装配序列规划主要研究产品的装配顺序及其几何可行性，找到满足几何、工艺条件的装配顺序，并逐步将产品装配起来。装配路径规划主要研究产品装配时的路径问题，要求每个零件按照某一装配轨迹运动到目标位置，避免和其他零件发生干涉，且装配路径应尽量缩短。本节仍然以采煤机为例，对煤机装备装配序列和路径规划方法进行说明。

这里采用两种方法对采煤机进行装配规划研究，一种是通过对零部件进行正常装配，研究其装配规划问题；另一种是通过其拆卸过程的逆解对装配规划进行研究。采煤机的虚拟装配过程和拆卸过程为互逆过程，其装配序列规划问题实际上就是拆卸顺序的规划问题。虚拟拆卸法装配规划主要是按顺序选择零部件及其拆卸方向，计算机将选择的零部件沿拆卸方向按给定步长做细化处理，并逐步进行空间位置变换，依次将各零部件拆卸出来。装配体的拆装顺序如图 4-6 所示。

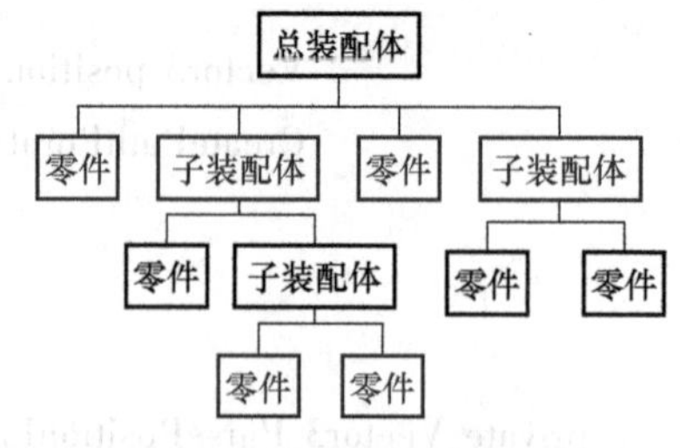

图 4-6 装配体的拆装顺序

针对采煤机，实验人员按照装配经验、知识和惯例对采煤机模型进行虚拟装配（或拆卸），系统记录产品的装配序列（拆卸序列）和装配过程（拆卸过程）信息，得到（或求逆得到）零部件的装配顺序（拆卸顺序）和装配路径（拆卸路径）等信息，以进行采煤机装配工艺规划研究。这里以采煤机各部件为例进行介绍，通过开发一个虚拟装配系统来对采煤机各装配模块进行深入的装配规划研究，但在开发该系统时应先对采煤机装配序列等内容进行一定的初步研究，以便于合理地选择研究方法并正确地进行虚拟场景的布置。

1. 破碎部装配序列

破碎部是采煤机的组成部分，安装在牵引部前端，负责破碎落下的大煤块，以解决大煤块堵塞采煤机机身导致机身下部过煤困难的问题，从而使整个采煤工序得以顺利进行。破碎部按功能一般可分为三部分：调高部分、减速部分和破碎部分。参考该分类并结合实际装配要求，这里将破碎部装配模块分为调高液压缸（调高部分）、齿轮部分（减速部分）和对整个采煤机破碎装置的拆装。

对破碎部调高液压缸进行装配序列初步研究，并在虚拟场景中对其进行布局，如图 4-7 所示。图 4-7a 反映了调高液压缸的场景布置、装配序列，图 4-7b 是调高液压缸装配完成的效果图，对其进行对比分析验证了该研究方法的可行性。通过该方法得到破碎部调高液压缸的一种装配序列，并在装配时避免了装配物体的互相阻挡和装配路径的复杂化，进一步的装配规划研究需要系统提供一些功能深入的分析，最终对初步的装配规划进行修正、补充。破碎部调高液压缸一般是按标号顺序，由活塞连杆 0 到组件 6 逐步进行装配。

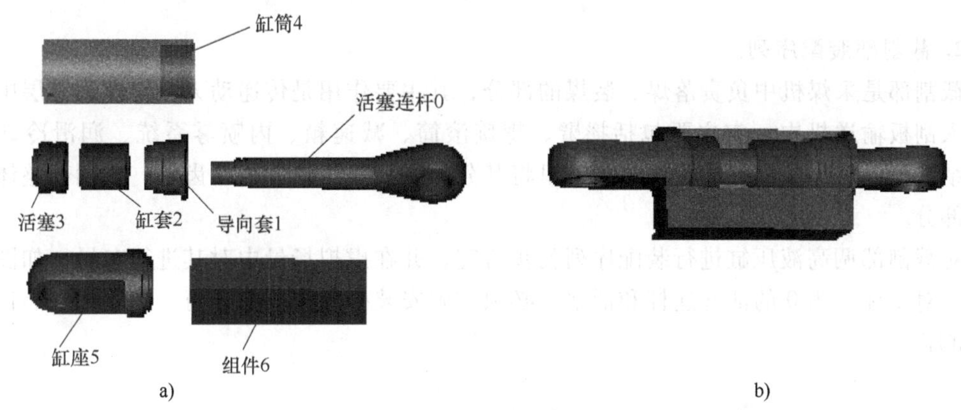

图 4-7　破碎部调高液压缸装配初步规划

对破碎部齿轮部分进行装配序列初步研究，并在虚拟场景中对其进行布局，如图 4-8 所示。该部分主要由一行星减速装置组成，其也应按一般行星减速装置的装配方法进行装配。

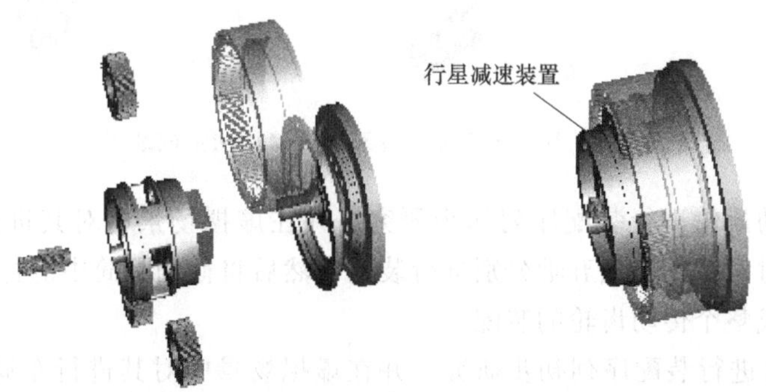

图 4-8　破碎部齿轮部分装配初步规划

对破碎部整体进行装配序列初步研究，并在虚拟场景中对其进行布局，如图 4-9 所示。破碎部主要由调高液压缸、破碎摇臂、破碎护板、齿轮部分、破碎滚筒等部分组成，在实际装配时，有多种装配序列可选，但其中应保证破碎滚筒、齿轮部分与破碎护板的先后装配顺序，否则不能成功装配。

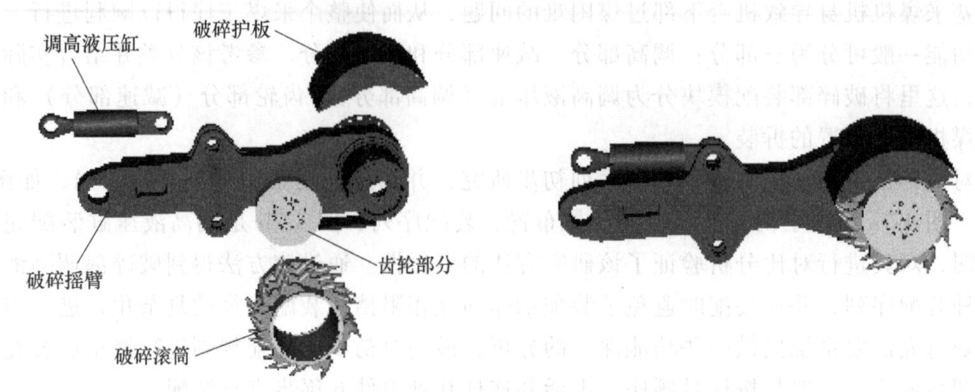

图 4-9 破碎部装配初步规划

2. 截割部装配序列

截割部是采煤机中负责落煤、装煤的部分，其主要作用是传递动力，将煤由煤层中割落并装入刮板输送机中。它主要包括摇臂、螺旋滚筒、减速箱、内喷雾系统、润滑冷却系统等。结合以上分类及实际装配要求，这里将其分为调高液压缸、传动齿轮、截割部整体组装三个部分。

对截割部调高液压缸进行装配序列初步研究，并在虚拟场景中对其进行布局，如图 4-10 所示。对于标号为 0 的活塞连杆和活塞，必须首先安装标号为 1 的缸筒，然后再安装标号为 2 的缸座。

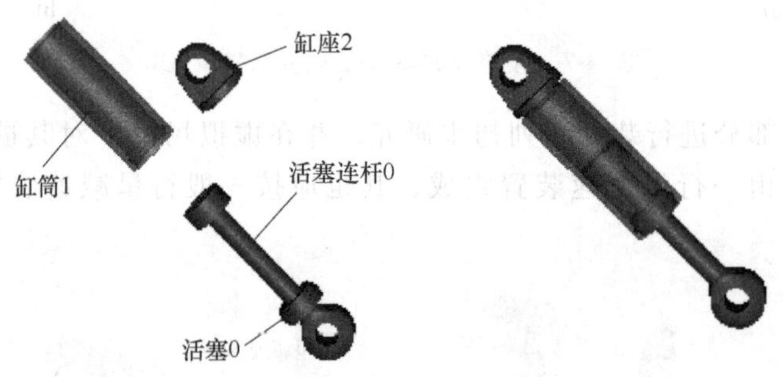

图 4-10 截割部调高液压缸装配初步规划

对截割部传动齿轮进行装配序列初步研究，并在虚拟场景中对其进行布局，如图 4-11 所示。首先需要对截一轴到截五轴分别进行装配，然后将截割滚筒中的行星减速装置与截五轴进行连接，完成整个传动齿轮的装配。

对截割部整体进行装配序列初步研究，并在虚拟场景中对其进行布局，如图 4-12 所示。采煤机截割部整体没有固定的装配序列，实际中应结合其在采煤机中的位置进一步讨论研究。

3. 牵引部装配序列

牵引部是采煤机的主要机构，负责推进采煤机的行走，保障采煤机在井下能够连续采煤。牵引部一般可分为外牵引（牵引部行走箱）和内牵引（牵引部减速箱）。内牵引将电动机的驱动减速后传递到外牵引，以推动整个采煤机行走。这里为了更好地对采煤机牵引部进行研究，在该分类的基础上对内牵引做了进一步划分，将其分为内一部、内二部和内三部分

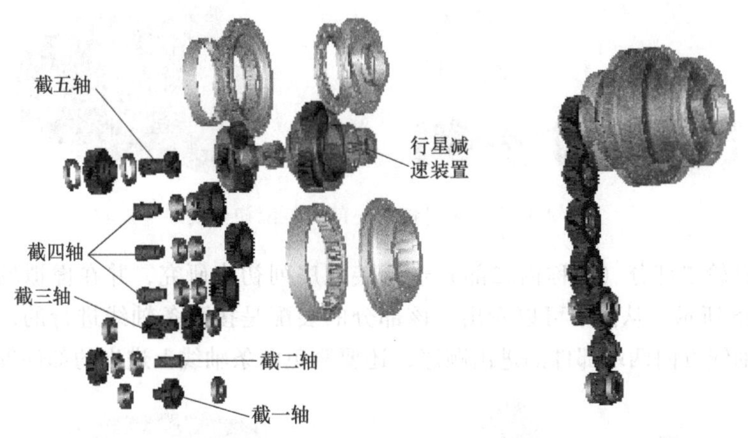

图 4-11　截割部传动齿轮装配初步规划

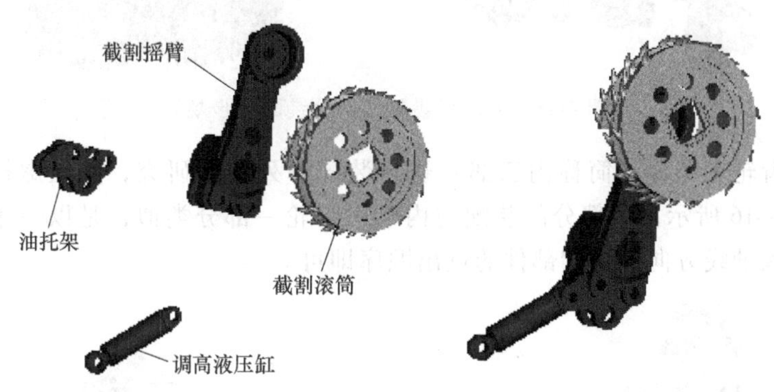

图 4-12　截割部装配初步规划

别进行装配研究，最后将其组装到一起。

对外牵引进行装配序列初步研究，并在虚拟场景中对其进行布局，如图 4-13 所示。外牵引的装配比较简单，但需要注意的是必须在齿轮装配完成后才能够进行端盖的装配。

图 4-13　外牵引装配初步规划

对内牵引齿轮一部分（简称内一部）进行装配序列初步研究，并在虚拟场景中对其进行布局，如图 4-14 所示。从图中可以看出，内牵引齿轮一部分的装配主要是按一条轴线进行的，在装配时只需注意该条轴线方向上两端部件的进出顺序即可。

图 4-14 内牵引齿轮一部分装配初步规划

对内牵引齿轮二部分（简称内二部）进行装配序列初步研究，并在虚拟场景中对其进行布局，如图 4-15 所示。从图中可以看出，该部分的装配是按两条轴线进行的，在装配时除了需要注意每条轴线方向两端部件的进出顺序，还要避免两条轴线上进出的部件发生干涉。

图 4-15 内牵引齿轮二部分装配初步规划

对内牵引齿轮三部分（简称内三部）进行装配序列初步研究，并在虚拟场景中对其进行布局，如图 4-16 所示。该部分的装配与内牵引齿轮一部分类似，是以一条轴线进行装配的，只需注意该轴线方向上两端部件的进出顺序即可。

图 4-16 内牵引齿轮三部分装配初步规划

对整个采煤机牵引部进行装配序列初步研究，并在虚拟场景中对其进行布局，如图 4-17 所示。从图中可以看出，外牵引是与内牵引的齿轮一部分连接的，三个齿轮部分相接组成内牵引。

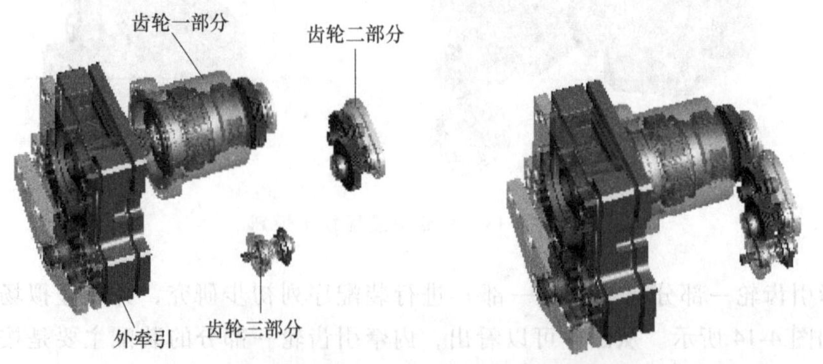

图 4-17 牵引部装配初步规划

4.3.2　动画演示

3ds Max 是一种具有强大功能的三维设计软件，集建模、动画制作、渲染等为一体，是建模软件与虚拟现实环境之间的枢纽。一般应用功能如下：

（1）文件格式转换　从 UG、Pro/E 等 CAD 建模软件导入虚拟现实环境需要通过 3ds Max 软件进行转换。

（2）文件效果制作　需要在 3ds Max 中进行材质的设定，该系统设置的大都是具有金属质感的材质，以便后续导入虚拟现实环境中有一个较好的效果。

（3）动画制作技术　在 3ds Max 中通过对导入的模型按照需求进行动画制作，利用软件提供的帧动画、样条线 IK 解算器进行制作，具体是虚拟装配模块按照拆卸等方式的最佳路径制作。

虚拟演示流程图如图 4-18 所示。

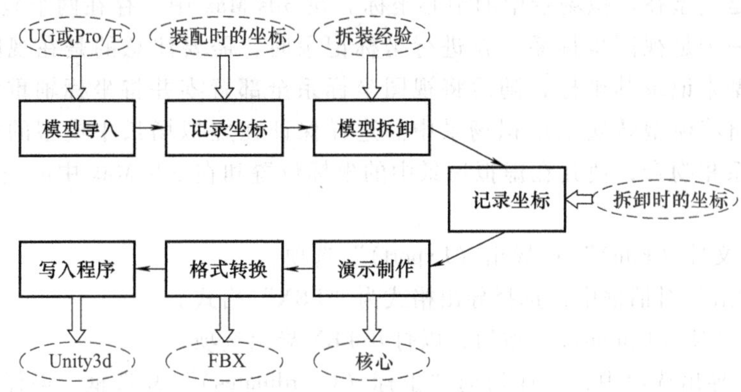

图 4-18　虚拟演示流程图

模型是由三维设计软件 UG 或者 Pro/E 导入 3ds Max 中的。在 3ds Max 中记录下装配完成后各个零部件的坐标，再将模型进行拆卸，拆卸之后，再次利用相同的方法记录处于分散状态的各个零部件的坐标。再进行演示动画的制作，经过格式转换，在 Unity3d 中显示。

在 UG 或 Pro/E 等三维建模软件中完成模型的建模及装配，导出为 3ds Max 可识别的文件格式，注意将单位设置为 mm。导入时，将 3ds Max 的系统单位和显示单位均设置为 mm。

模型装配动画其实是基本的关键帧移动动画。完全拆卸的状态为 0 帧，完全装配的状态为 A 帧，其中可以将部分装配次序一致的零件设置为同一个小于 A 的帧，形成分步装配的效果。

首先要创建一个相机，为其设置长宽值，如图 4-19 所示。设置完成后打开视口安全框，即可显示出动画界面大小。根据显示框大小调整模型的位置和大小，确保可以完全清晰地显示动画。

例如设置 0~100 帧的动画。选中第 25 帧位置，用鼠标框选第一步装配的零件，单击“设置关键点”按钮（图 4-20），形成一个关键帧，该关键帧即此零件装配完成的状态。然后回归第 0 帧位置，将第一个装配的零件移动至分散状态的位置，单击“设置关键点”按钮，设置移动过程并记录移动的偏移量。播放 0~25 帧即显示第一步装配零件的装配过程。

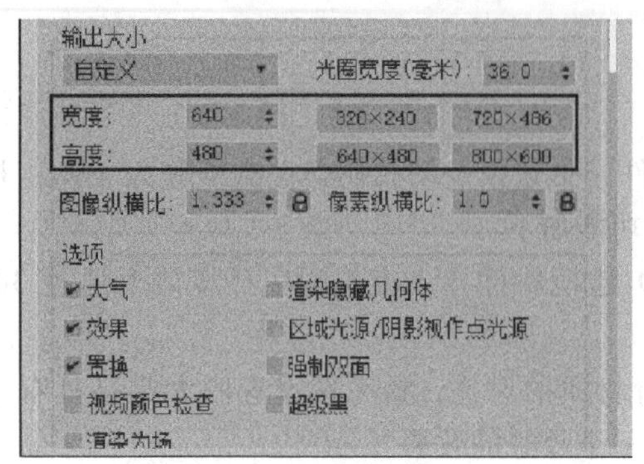

图 4-19 相机长宽设置

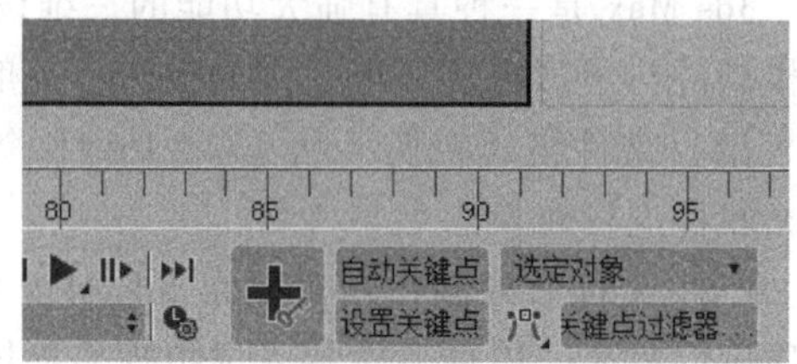

图 4-20 设置关键点

依照上述步骤，完成其余零件的装配动画，再根据实际情况对关键帧的位置进行调整。

在将模型导入 Unity3d 虚拟环境前，需要在 3ds Max 中对每个模型的坐标进行记录，记录的坐标就是模型在虚拟场景中的中心坐标。在 3ds Max 中，存在两个坐标系，一个是世界坐标系，一个是视图坐标系。在进行坐标记录时，需要注意的是在视图坐标系的条件下，单击模型来记录其坐标，随后将视图坐标系全部置零并将坐标轴重置，使两个坐标系相重合，再将模型转换至虚拟场景中。这样保证在虚拟场景中模型的中心坐标和虚拟场景的坐标系相吻合，使其在虚拟场景中的坐标位置和在 3ds Max 中的完全一致，然后进行导出。

1）选择“文件（File）”→“导出（Export）”选项。

2）在“导出”对话框中，选择导出格式为“FBX”格式。

3）单击“选项（Options）”按钮，以打开 FBX 导出选项。

4）在 FBX 导出选项中，确保勾选“坐标（Coordinates）”复选框，以保留模型的坐标信息。

5）确定导出选项后，选择导出文件的路径和名称，然后单击“保存（Save）”按钮。

3ds Max 将导出模型为带有坐标信息的 FBX 文件。保存的文件可以在 Unity3d 中导入，并应用正确的位置和坐标。

在传统机械装配中，装配过程规划是一个复杂的任务，需要综合考虑多个因素，如零部件特性、装配顺序、工装设计、质量控制等。通过系统地进行装配过程规划，可以确保装配过程的顺利进行，并提高装配的效率和质量。装配序列预规划的具体实施方式取决于具体的装配环境和需求。在实践中，常常需要综合考虑装配时间、成本、资源利用率等多个因素，并结合实际情况进行调整和优化。

下面以掘进机后支撑腿液压缸为例，介绍自动虚拟装配制作流程。

1）将 UG 导出的模型导入到 3ds Max 中，由于在 UG 中已装配完成，中间格式 STL 记录了原 UG 的坐标，因此在导入 3ds Max 中时仍然处于装配好的位置关系，但是仅仅是一个位置坐标上的正确关系，UG 中原有的零件约束已经丢失，此时状态如图 4-21 所示。

图 4-21 导入 3ds Max 的初始状态

2）在 3ds Max 中规划路径，先简单按照拆卸顺序对各个零件进行摆放位置预估，例如位于一根轴上的零件应按直线摆放，在装配时避免装配物体的互相阻挡和装配路径的复杂化，每个零件之间的距离设置为 200，并做记录，大概估算出每个零件的位置，在动画设置栏打上一个动画标记，此时状态如图 4-7a 所示。

3）其他的零件也按照上述方式进行制作，制作完成后，在结束帧处多加 100 帧，给操作者视角一个停留，便于操作者接受和感知整个装配过程。

4）装配动画制作完成后，开始制作“拆卸动画”，把时间条的范围扩展一倍（原有时间条范围为 0~400 帧，改为 0~800 帧），接着把每一个零件的帧动画以 400 为对称点，进行复制，350 帧复制到 450 帧、300 帧复制到 500 帧。

5）把时间条移到 0 帧，单击“播放”按钮，对制作的动画进行测试，如果有错误应及时修改更新。

6）再次把时间条范围变为 0~400，单击“导出”按钮，选择格式为 FBX，导出自动装配动画；把时间条范围变为 400~800，单击“导出”按钮，选择格式为 FBX，导出自动拆卸动画，此时，3ds Max 动画制作界面如图 4-22 所示。

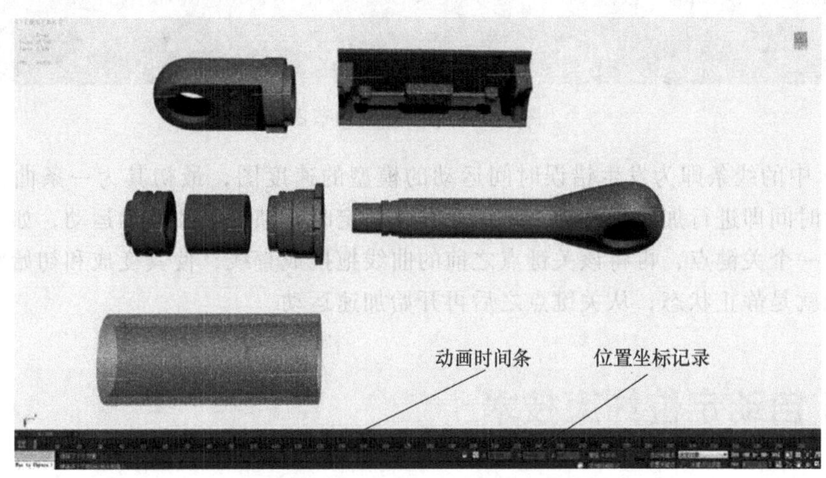

图 4-22　3ds Max 动画制作界面

移动时间工具栏，选择相对应的模型，记录其装配坐标与拆卸坐标，以便后续工作中使用。在 3ds Max 中，动画演示是通过帧动画来完成的，需要在时间上进行设置，具体配置见表 4-1。

表 4-1　时间配置表

项目	方式	项目	方式
帧速率	PAL	速度	1×
时间显示	帧	开始时间	0
播放	实时	关键点步幅	使用轨迹栏
方向	向前	长度	S

为了获得逼真的视觉效果和细致的装配过程，根据场景中零部件的数量，对动画帧数展开计算，计算公式如下：

$$S=(N-X+2)\times 50$$

式中，S 为制作该组件装配动画所需的总帧数；N 为场景中有必要实施装配的零部件的个数；X 为场景中固定不移动的零部件个数；2 为起始和结束画面的预留帧数目；50 为一个零部件的平均移动过程帧数。

需要注意的是，3ds Max 默认的物体运动方式为加速运动，这就会造成场景中后装配的零部件可能会在初始运动时间上超过应该在其前面装配的零部件的错误，造成虚拟演示过程混乱，不能清楚地表达零部件的正确装配序列。因此，在制作完成动画之后，需要对每个模型的图形编辑器的轨迹视图进行调整，如图 4-23 所示。

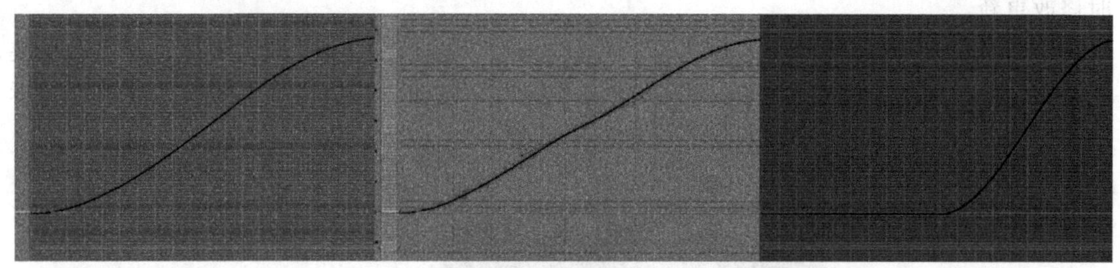

图 4-23　装配动画调节图

图 4-23 中的线条即为发生错误时间运动的模型的速度图，最初其为一条曲线，说明该模型从初始时间即进行加速运动，为了保证其在规定时间帧数上才开始运动，如中间图在该帧数上添加一个关键点，再将该关键点之前的曲线拖拽成直线，使其变成和初始状态一样匀速运动，也就是静止状态，从关键点之后再开始加速运动。

4.4 自动定位约束技术

利用传统的 UG 或 Pro/E 软件进行装配时，都清楚地设定了零部件之间的基于点、线、面的约束关系，而将装配体经过一系列的转换并导入虚拟场景之后，原有的约束关系已不再显示，所以需要对装配约束加以讨论。

在虚拟装配子系统中，可以通过鼠标或键盘来操纵模型；而在三维空间中，位姿感较差，单纯地靠用户的观察和感受对模型进行装配具有很大的模糊性和不确定性，很可能在装配时产生间隙，很难完全将模型装配到正确位置。因此，必须借助一定的精确定位方法来判断零部件是否安装到位。

在 Unity3d 中操纵模型到目标装配位置附近，并判断模型位置与目标位置的距离，如果距离小于一定值，模型自动移动至目标位置，具体实现步骤如下：

（1）环境设置与模型导入　在 Unity3d 中创建一个项目，并导入需要的 3D 模型。将模型放置在场景中，并确保它们具有适当的 Collider 组件和 Rigidbody 组件，以便进行交互。模型设置如图 4-24 所示。

（2）编写 C#脚本　创建一个新的 C#脚本来实现上述功能。这个脚本将负责处理输入、

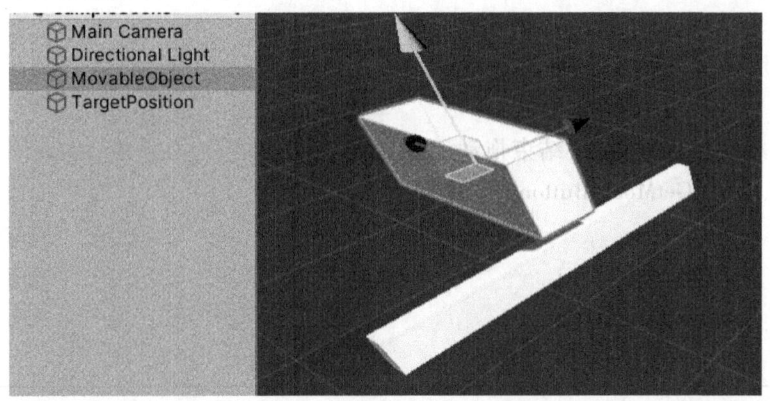

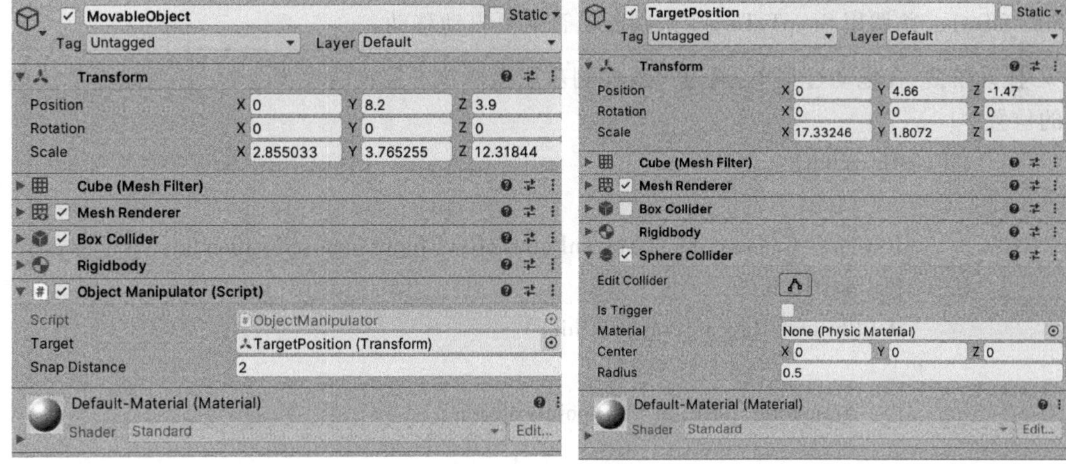

图 4-24　模型设置

模型移动以及距离判断。

1）处理输入。通过 Input. GetMouseButtonDown 检测鼠标左键是否按下，使用射线检测 Raycast 判断是否单击到模型。如果单击到模型，开始拖动（isDragging = true），并记录单击点与模型位置的偏移量（offset）。

```
// 按下鼠标左键时,开始拖动模型
        if (Input. GetMouseButtonDown(0))
        {
            Ray ray = Camera. main. ScreenPointToRay(Input. mousePosition);
            RaycastHit hit;
                if (Physics. Raycast(ray,out hit))
                {
                    if (hit. transform = = transform)
                    {
                        isDragging = true;
                        offset = transform. position-hit. point;
```

```
                }
            }
        }
        // 松开鼠标左键时,结束拖动
        if (Input.GetMouseButtonUp(0))
        {
            isDragging = false;
            SnapToTarget();
        }
```


2）模型移动。通过 Input. GetMouseButtonUp 检测鼠标左键是否松开，结束拖动（isDragging=false），并调用 SnapToTarget 来判断是否需要自动移动。

```
// 拖动模型:在拖动过程中,通过射线检测获取鼠标单击位置的世界坐标,并据此更新模型的位置
        if (isDragging)
        {
            Ray ray = Camera.main.ScreenPointToRay(Input.mousePosition);
            RaycastHit hit;
            if (Physics.Raycast(ray, out hit))
            {
                transform.position = hit.point + offset;
            }
        }
```

3）距离判断。计算当前模型位置与目标位置之间的距离，如果小于预设的阈值（snapDistance），则自动将模型移动到目标位置。

```
    void SnapToTarget()
    {
        float distance = Vector3.Distance(transform.position, target.position);
        if (distance < snapDistance)
        {
            transform.position = target.position;
            Debug.Log("Snap to target position.");
        }
        else
        {
            Debug.Log("Current distance:" + distance);
        }
    }
```

（3）挂载脚本　将上述脚本挂载到需要操纵的模型上，并在 Inspector 面板中设置目标位置（Target）和自动移动的阈值距离（Snap Distance），如图 4-25 所示。

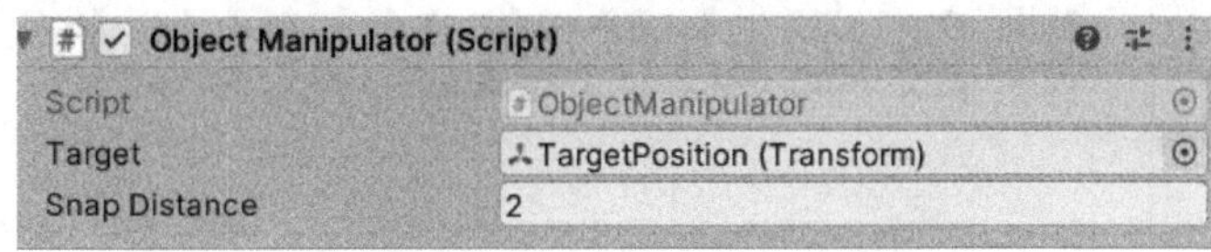

图 4-25　设置 Target 和 Snap Distance

（4）调整相机和碰撞体　确保相机的视角能够覆盖模型和目标位置（图 4-26），方便进行鼠标拖动操作。同时，给模型和地面等相关物体添加碰撞体，以便进行射线检测。

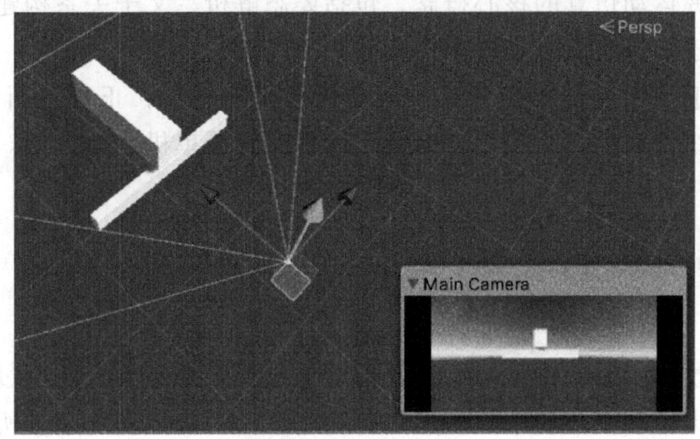

图 4-26　相机位置

（5）测试与优化　运行场景，通过鼠标拖动模型，观察是否能够实现预期的功能。根据需要调整 snapDistance 的值以及其他参数，确保模型能够准确移动到目标位置。

通过上述步骤，用户可以在 Unity3d 中操纵模型到目标装配位置附近，并判断模型位置与目标位置的距离，自动将模型移动至目标位置。这种方法适用于各种需要精确装配的虚拟场景，提高了操作的准确性和效率。

思考题

4-1　虚拟装配技术在工艺规划中的应用有哪些优势？请举例说明。

4-2　初始 Transform 组件在虚拟装配中的作用是什么？并解释其基本属性和数学相关概念。

4-3　装配模型操控技术包括哪些基本方法？试简要描述每种方法的作用。

4-4　什么是模型路径记录与回放？它在虚拟装配中的作用是什么？

4-5　虚拟装配演示的主要内容包括哪些方面？试解释装配序列与路径规划的概念。

4-6　动画演示在虚拟装配中的作用是什么？举例说明动画演示的应用场景。

4-7　自动定位约束技术在虚拟装配中的作用是什么？试解释其基本原理。

4-8　试列举一个实际的案例研究，并说明虚拟装配技术在该案例中的应用和效果。

4-9　在你所了解的领域中，你认为虚拟装配技术还可以如何创新和应用？请提出你的想法和建议。

第 5 章 装备运动仿真关键技术

知识目标：掌握运动仿真的核心概念，包括姿态解析、父子关系构建、运动指令编写等技术要点，以及基于解析法的运动虚拟仿真方法。

能力目标：能够运用所学知识，进行运动仿真思路规划，正确分析装备姿态及运动关系，灵活调整装备组件间的父子关系，结合实际情况编译单机运动脚本。

5.1 运动仿真的总体思路

在虚拟现实场景中，装备模型的所有基础动作或行为都是人为地通过编写脚本代码等方法实现。而且由于虚拟现实环境中默认不具备物理意义上的运动约束，所以要想实现运动仿真首先就要对装备模型进行姿态解析。根据其工作运动原理，分析并揭示其运动过程中不同部件之间角度、长度等一系列参数变化的规律，以此运动解析为基础，再编写控制脚本。

为了更好地实现控制效果，还要根据部件之间运动的先后和从属层级关系，对不同部件进行父子关系的构建。根据姿态分析和父子关系构建的初期工作，再对应地编写出单机运动的控制脚本。

总的来说，对于各种机械装备的虚拟仿真，其操作思路大体一致，具体步骤如下：

1）对装备的父子关系进行构建。首先分析机械装备的工作运动原理，寻找结构中各部件之间的影响关系，得出合适的父子关系构建逻辑，在 Unity3d 编辑器中将其实例化。

2）姿态解析。根据机械装备的运动原理，分析其各个工况条件下的运动参数的变化规律，求解主动件运动量和从动件运动量之间如角度、长度等参数的数量关系。

3）控制脚本的撰写。根据前两步对其运动原理及其姿态变化的分析，找出控制变量，并在 C#环境下进行编程求解，通过代码获取虚拟空间的物体上挂载的 Transform 组件，并控制其运动，实现对模型运行的精确控制。

本章主要以综采三机为例，并以矿山机械中的液压支架为主，简述以姿态解析法为基础的运动虚拟仿真方法。

5.2 父子关系

为了对虚拟现实环境中的模型进行精确控制，需要对模型进行父子关系的构建与实例化。在 Unity3d 中，父子关系（Parent-Child Relationship）是层级（Hierarchy）视图中的基本组织结构，它是指一个对象附属于另一个对象。一个父物体可以附带多个子物体。父子关系在 Unity3d 中的作用主要体现在变换继承、层级组织、局部坐标系、批量操作等方面。合理利用父子关系可以使得机械装备的虚拟仿真更加结构化、易于管理和高效。

5.2.1　父子关系的功能

引入父子关系的概念，是因为父子关系具有在虚拟仿真中很需要的几大功能。

1）继承性。在父子关系中，子对象会继承父对象的变换（Transform）属性，包括移动、旋转和缩放。这意味着，当父对象移动、旋转或缩放时，子对象会相应地随之移动、旋转或缩放。可以通俗地理解为，若将物体 A 作为物体 B 的父物体，单独控制物体 A 时，物体 B 也会跟着运动并保持与物体 A 的相对静止。

2）局部独立性。子对象的移动和旋转是相对于其父对象的局部坐标系，而不是全局坐标系。这种局部坐标系的概念使得处理对象相对位置变得更加简单。也可以通俗地理解为，若将物体 A 作为物体 B 的父物体，在物体 B 跟随物体 A 一起运动的情况下，若再单独控制物体 B，则可以使物体 B 进行与物体 A 相对的运动但并不影响物体 A。

3）层级性。可以对多个物体进行批量化管理和操作。例如，车辆型机械装备的车身可以作为一个父对象，然后将操作杆、方向盘等作为其子对象。这种组织方式使得激活/禁用整个装备变得简单，只需激活/禁用父对象即可。

Unity3d 中的父子关系功能有助于机械装备虚拟仿真工作的实现，使得对装备中各零部件的运动控制更便捷、更高效。在“Hierarchy”窗口中搭建各部件的父子关系，再通过 C# 语言采用面向对象编程的思想来编写控制脚本，实现控制虚拟环境中的模型运行。

以下是两物体构建父子关系前后的简单示意说明。在虚拟空间中摆放两物体，一个正方体（Cube），一个球体（Sphere），两物体摆放如图 5-1 所示，建立父子关系前的两物体坐标如图 5-2 所示。

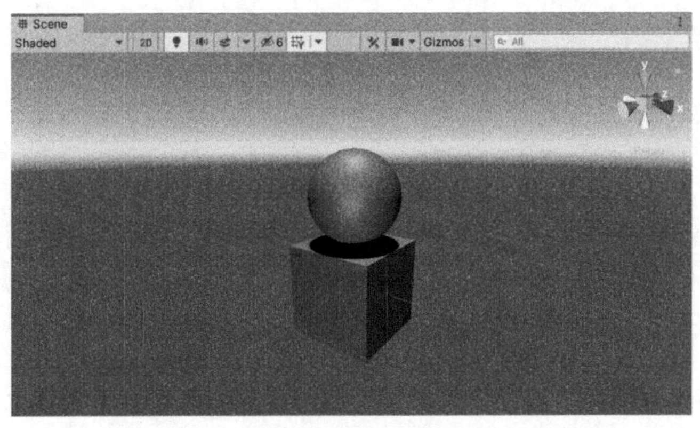

图 5-1　虚拟空间中两物体摆放示意图

在不改变两物体位置的情况下，将 Sphere 作为 Cube 的子物体，建立父子关系后的两物体坐标如图 5-3 所示。对比两图可以看出，在父物体 Cube 的坐标不变的情况下，子物体 Sphere

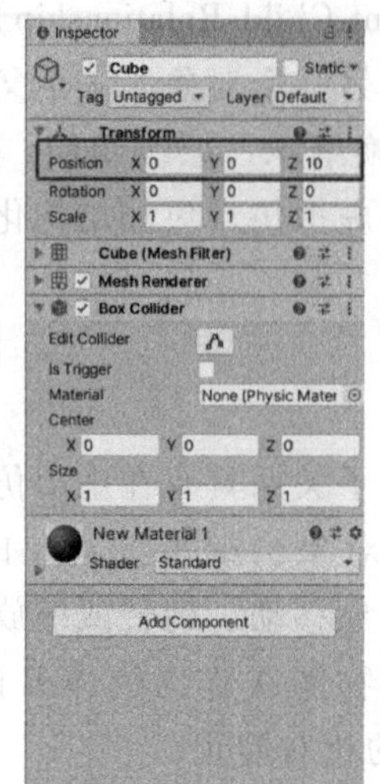
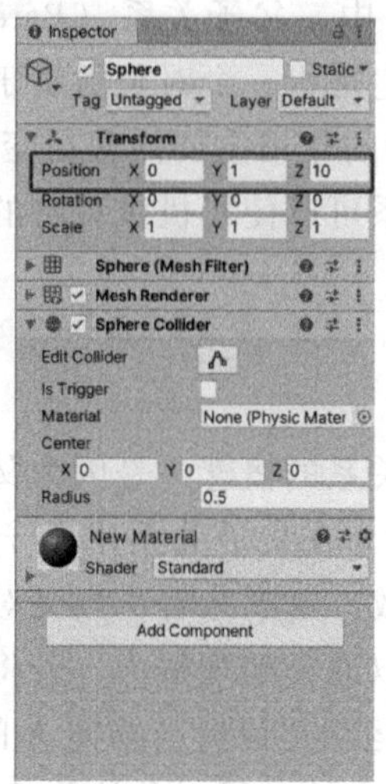

图 5-2 建立父子关系前的两物体坐标

的坐标由世界坐标系下的（0，1，10）变为以 Cube 坐标（0，0，10）为基准的（0，1，0）。

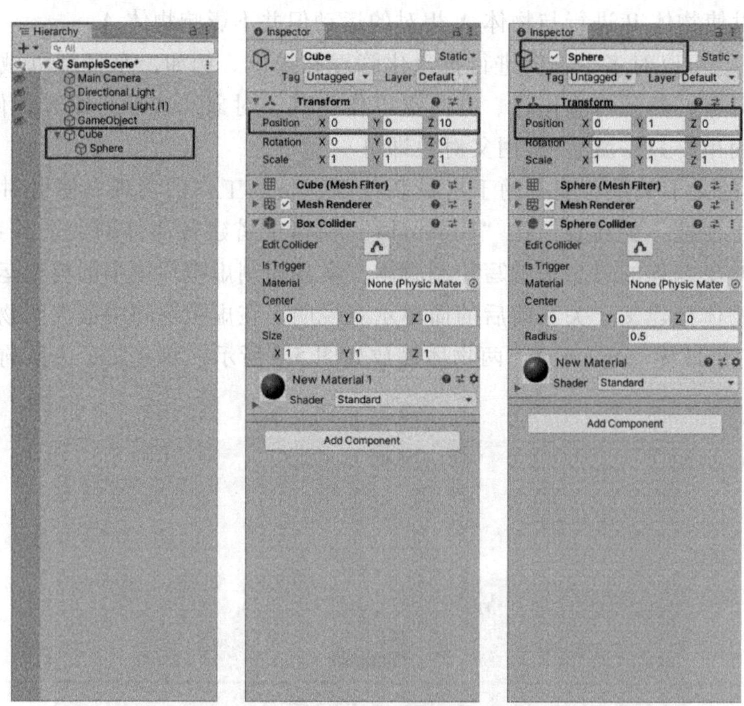

图 5-3 建立父子关系后的两物体坐标

通过对父物体进行操作，其操作效果可以同时添加在其所有子物体上。通过更改父物体的姿态可同时影响所有子物体的姿态，可以对父物体进行移动、旋转、缩放，从而使得整个父物体下的所有子物体也发生同样的变化。例如，在构建场景时，对液压支架的所有部件构建成父子关系，使得移动或旋转某台支架时，其内部所有部件可以在保持部件之间相对位置不变的情况下一起移动到另一新位置。

5.2.2 父子关系的构建方法

在 Unity3d 中，构建父子关系的方式有多种，既可以在编辑器中通过界面操作，也可以通过脚本来实现。

1. 在编辑器中构建父子关系

1）打开层级视图（Hierarchy）。在 Unity3d 编辑器中，单击“Hierarchy”窗口。

2）选择子对象。在层级视图中，单击选中需要设置为子对象的物体。

3）拖动子对象到父对象上。按住鼠标左键拖动子对象到你想要设置为父对象的物体上。释放鼠标左键后，子对象将成为父对象的子对象。

2. 通过脚本构建父子关系

```
// 创建一个新的父对象
GameObject parentObject=new GameObject("ParentObject");
// 创建一个新的子对象
GameObject childObject=new GameObject("ChildObject");
// 将子对象的父级设置为父对象
childObject.transform.SetParent(parentObject.transform);
```

在脚本中需要对场景中有运动关系的部件声明变量，并在初始化 Start( ) 函数中通过程序语句建立场景中的物体与程序中操作数的关系，实现场景物体的实例化。

5.2.3 父子关系的脱离

当需要在 Unity3d 中实现物体在运动过程中父子关系的脱离时，父子关系脱离和父子关系建立的方法类似，其应用场景和建立的条件恰恰相反，是为了让某个物体不再沿着相对于父物体的本地坐标系，而是沿着世界坐标系下方向进行运动。脱离父子关系，也有多种方法可以采用。

其一，可以直接在“Hierarchy”窗口中以拖拽的形式使物体不再具有父子关系。这种形式简单明了，但是在处理大量物体或者需要频繁进行操作时可能会比较繁琐和耗时。而且，手动操作容易导致人为的错误，如误操作、拖拽错误等，特别是在复杂场景中容易出现混乱或者错误的父子关系设置。在直接拖拽脱离父子关系后，也很难追踪修改的历史记录，特别是在多人协作开发的场景下，很难知道父子关系是如何被修改和调整的。

其二，可以通过程序化控制的方法解除父子关系。相较于直接拖拽脱离父子关系，通过代码进行程序化控制和自动化处理，更适合在运行时需要动态调整父子关系的场景下。有多种代码的形式可以实现这一功能，以下是一些举例。

1）使用 Transform 组件的 SetParent 方法，将一个对象的父对象设置为 null，从而断开父子关系。

2）使用 GameObject 的 transform 属性。可以直接访问游戏对象的 transform 属性，并将其父对象设置为 null，从而断开父子关系。

3）使用调用当前物体的 DetachChildren( ) 方法，断开当前物体下所有子物体的父子关系。调用这个方法后，当前物体（即调用方法的物体）的所有子物体都将成为场景中的顶级对象，不再受当前物体的影响。该方法的应用场景通常是，当需要在脚本中动态地断开一个物体下的所有子物体与当前物体的父子关系时。这种情况下，不需要逐个操作子物体的SetParent 方法，而是直接调用当前物体的 DetachChildren( )方法即可。

```
(1)transform. SetParent(null);
//使用 SetParent 方法使父物体为空
(2)gameObject. transform. parent=null;
//获取 Transform 的 parent 属性并使父物体为空
(3)transform. DetachChildren();
//使用 DetachChildren 方法断开父物体的所有子物体
```

除了单纯地解除父子关系，可能还需要做一些记录分离时刻位置的工作。例如在解除父子关系之前，确保记录子对象相对于父对象的位置和旋转信息。这样可以在脱离父子关系后，保持子对象在世界空间中的位置和旋转。或者是重新设置位置和旋转，在脱离父子关系后，将子对象的位置和旋转重新设置为之前记录的相对位置和旋转信息。


```
Vector3 originalLocalPosition=transform. localPosition;
//记录当前状态下的位置信息
Quaternion originalLocalRotation=transform. localRotation;
//记录当前的旋转信息
transform. localPosition=originalLocalPosition;
//将当前位置信息设置为记录的原位置信息
transform. localRotation=originalLocalRotation;
//将当前旋转信息设置为记录的原旋转信息
```

也可以确保在脱离父子关系后，适当地控制子对象的运动状态。这可能包括停止所有运动、应用惯性或者重新应用特定的运动逻辑。

```
// 停止所有运动
Rigidbody rb=GetComponent<Rigidbody>();
rb. velocity=Vector3. zero;
rb. angularVelocity=Vector3. zero;
```

通过以上步骤，可以在 Unity3d 中实现物体在运动过程中父子关系的脱离。这种方法可以应用于各种场景，例如动态生成物体、在运动过程中改变父子关系等情况。应确保在实现时综合考虑到物体的位置、旋转以及其他属性的正确性，以达到预期的效果。

5.3 液压支架的运动仿真

5.3.1 液压支架父子关系的建立

液压支架各部件的运动关系如下：底座移动，带动所有部件移动；四连杆旋转，带动掩护梁运动，掩护梁又会影响顶梁的姿态；前后立柱升降，推动顶梁绕顶梁销轴旋转；顶梁运动，带动护帮板移动；护帮板绕护帮板销轴旋转。液压支架的父子关系如图 5-4 所示。

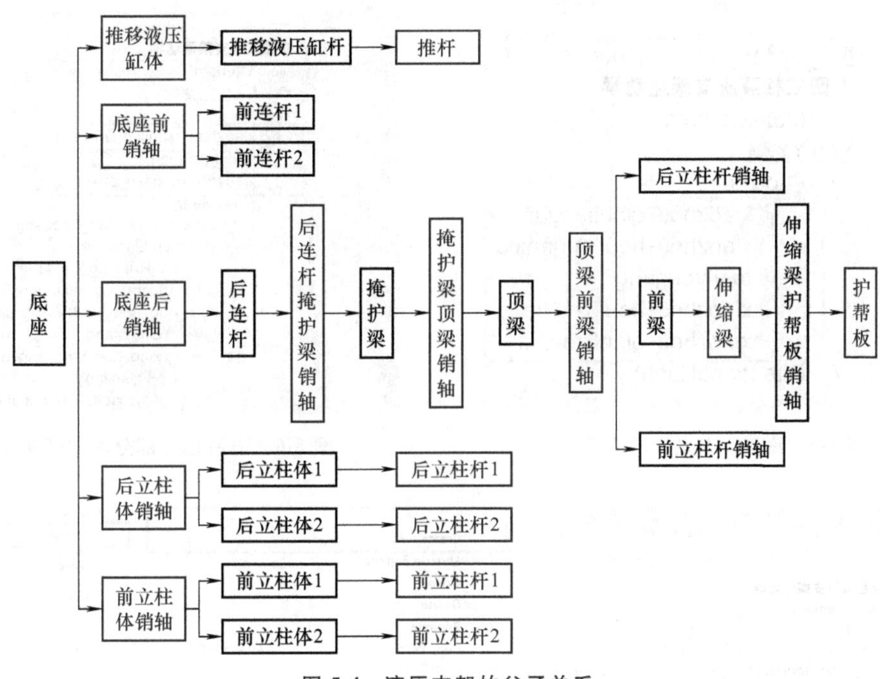

图 5-4　液压支架的父子关系

以图 5-5 为例，特此说明“Hierarchy”窗口中各物体表示含义：“YYZJ”表示液压支架整机，其层级下的物体“dizuo”“tuiyiyougang”[⊖]“xiaozhou-houlianganxia”分别表示液压支架中的底座、推移液压缸、后连杆销轴，即各个物体的命名方式均为其汉语拼音全拼，后续涉及的物体也均以此法命名，望读者悉知。

在虚拟环境中，液压支架的父子关系由底座展开，主要控制整机的移动等动作；再经由底座连接立柱、连杆等销轴，控制前后立柱以及前后连杆绕销轴的旋转动作。在图 5-5 所示的层级窗口中“dizuo”表示液压支架底座，可以看出其层级关系高于下侧框选的如“xiaozhou-qianlianganxia”等表示的各销轴。

在构建父子关系过程中，前连杆销轴只需连接到前连杆，但是后连杆销轴则要根据运动关系连接到顶梁位置，具体是从后连杆销轴依次连接后连杆、后连杆上销轴（连接掩护梁）、掩护梁、掩护梁顶梁销轴、顶梁、顶梁前梁销轴、前梁、护帮板销轴、护帮板，如图 5-6 所示。

前后立柱部分和推移液压缸部分的父子关系构建方法类似，构建完成的父子关系如图 5-7 所示。

液压支架父子关系的构建，可采用多种方法来实现。其一，在“Hierarchy”窗口中直接拖动一个物体到另一物体上；其二，通过脚本编写 C#代码，调用 Unity3d 引擎中构建父子关系的特定方法实现。

首先在“Project”窗口空白处右击，选择“Create”选项，新建一个 C#脚本（图 5-8），

⊖ 在程序命名及软件界面中，“推移液压缸”按“tuiyiyougang”。

并命名为“SiLiZhu. cs”，拖动将其赋给液压支架模型的最高级父体 YYZJ 上。

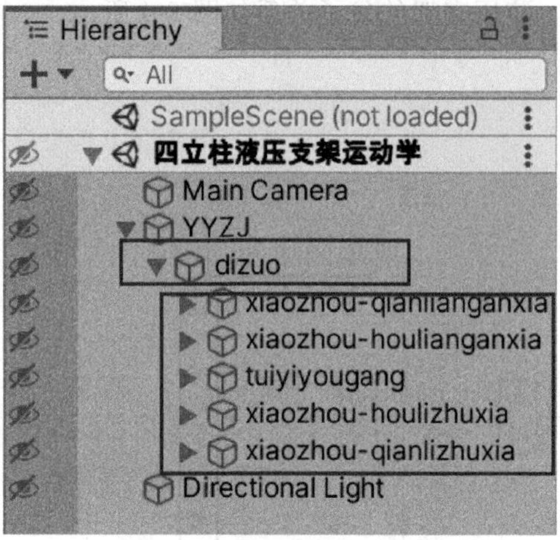

图 5-5 底座部分的父子关系

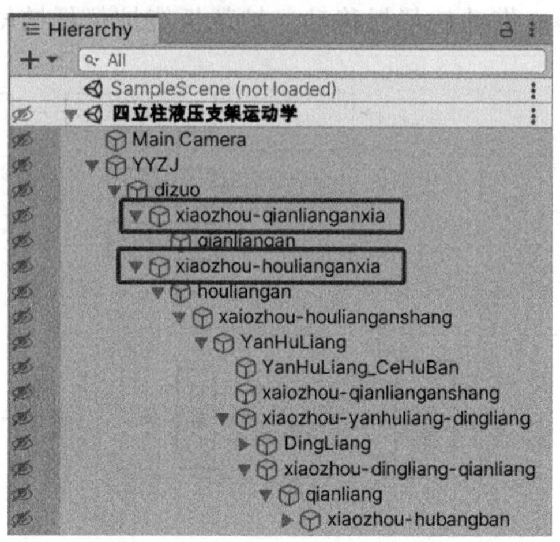

图 5-6 前后连杆部分的父子关系

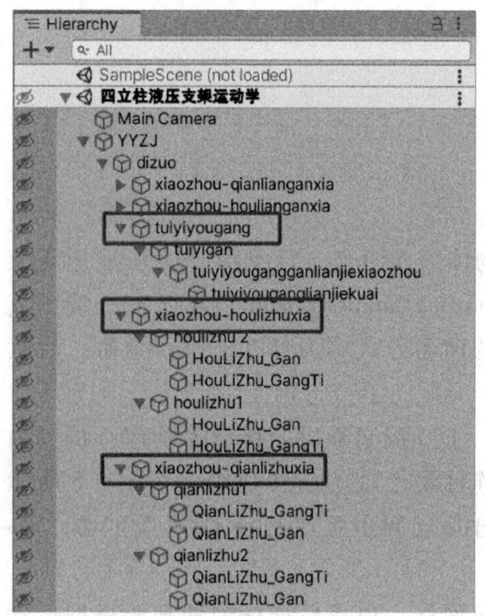

图 5-7 立柱和推移液压缸部分的父子关系

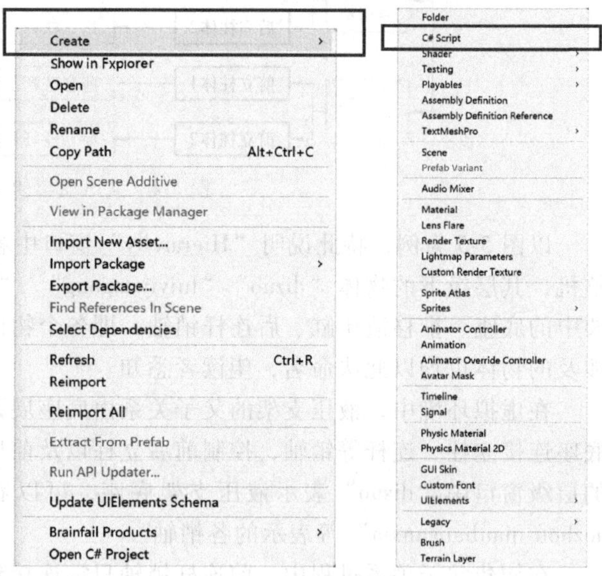

图 5-8 新建 C#脚本

通过脚本构建父子关系，本质上是调用 Unity3d 引擎中物体上的 Transform 组件，所以需要先声明支架各部分的 Transform 组件，部分代码如下：

```
//声明底座
public Transform dizuo;
//声明前连杆相关
public Transform xiaozhou_qianliangan;
public Transform qianliangan;
//声明后连杆相关
public Transform xiaozhou_houliangan;
```

```
public Transform houliangan;
public Transform xiaozhou_yanhuliang;
public Transform YanHuLiang;
public Transform yanhuliang_CeHu;
public Transform xiaozhou_qianlianganshang;
public Transform xiaozhou_dingliang;
public Transform DingLiang;
public Transform xiaozhou_houlizhushang;
public Transform xiaozhou_qianlizhushang;
```

然后将声明的各部件 Transform 组件和部件实体一一对应，具体方法是单击挂载了该脚本的 YYZJ 物体，此时在“Inspector”窗口中就可以看到该脚本，再依次拖动 Hierarchy 层级下的部件实体到脚本中本是 None 的位置，即可实现物体和 Transform 组件的绑定，绑定物体前后的对比如图 5-9 所示。

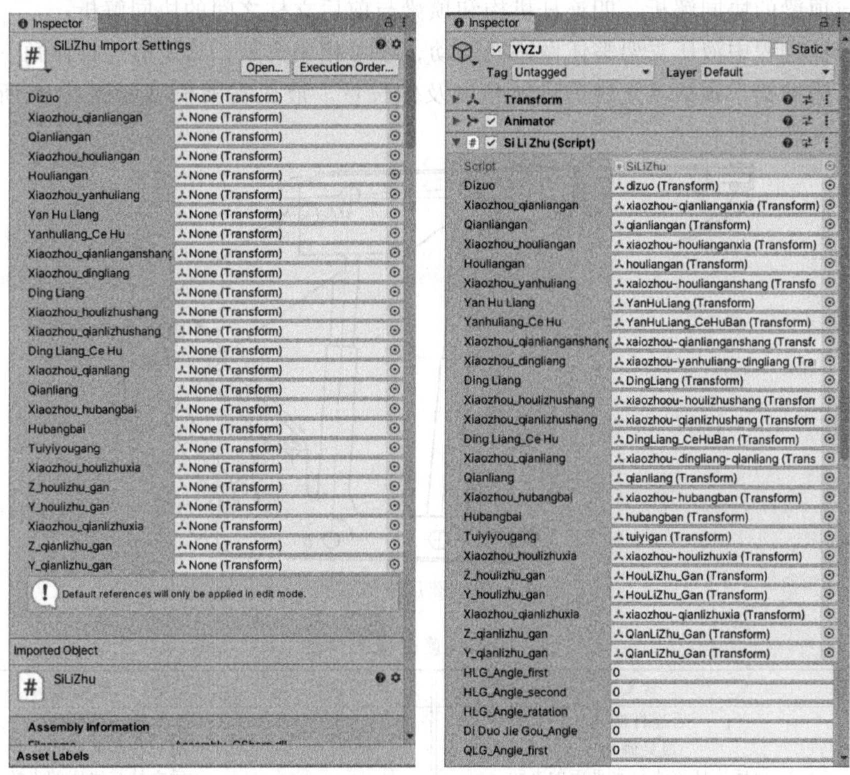

图 5-9　绑定物体前（左图）后（右图）的对比

完成上述步骤之后，再在脚本中编写代码，将某一物体的 Transform 组件作为另一子物体 Transform 的子级，此处需要使用特定的代码形式。该代码涉及的部分语句如下：

```
public Transform dizuo;
//定义底座 Transform 组件变量
```

```
public Transform xiaozhou—houlianganxia;
//定义后连杆销轴 Transform 组件变量
public Transform xiaozhou—qianlianganxia;
//定义前连杆销轴 Transform 组件变量
xiaozhou—qianlianganxia = dizuo. transform. GetChild(0). transform;
//前连杆销轴作为液压支架底座的第一个子物体
xiaozhou—houlianganxia = dizuo. transform. GetChild(1). transform;
//后连杆销轴作为液压支架底座的第二个子物体
```

5.3.2 液压支架的姿态解析

液压支架型号为 ZZ4000/18/38，支护方式为即时支护，其动作包括收护帮板→降柱→拉架→升柱→伸护帮板→推溜。液压支架的姿态解析主要为液压支架四连杆机构的解析、四连杆机构与顶梁的协同解析、四连杆机构和顶梁与前后立柱之间的协同解析。

升、降柱过程中液压支架整体做协同运动，参考相关文献，给定后连杆倾角，可分别得到前连杆、掩护梁、顶梁及立柱的旋转角度及伸长量。液压支架模型如图 5-10 所示。角度变量的含义见表 5-1。

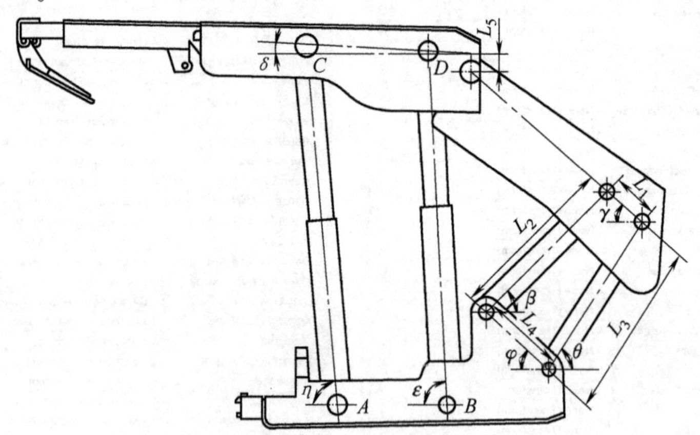

图 5-10　液压支架模型

表 5-1　角度变量的含义

符号	含义	符号	含义
θ	后连杆倾角	γ	掩护梁倾角
δ	顶梁倾角	η	前立柱与底座的夹角
φ	前后连杆连线与水平面的夹角	ε	后立柱与底座的夹角
β	前连杆倾角		

已知 L_1、L_2、L_3、L_4、L_5、θ 和 φ 等结构参数，对于 ZZ4000/18/38 支架，$L_1 = 379.6\text{mm}$，$L_2 = 1375.4\text{mm}$，$L_3 = 1400\text{mm}$，$L_4 = 686.4\text{mm}$，$L_5 = 190.5\text{mm}$，求 β 和 γ。

由图中关系分析可知：

$$\begin{cases} L_2\sin\beta + L_4\sin\varphi = L_1\sin\gamma + L_3\sin\theta \\ L_2\cos\beta + L_1\cos\gamma = L_4\cos\varphi + L_3\cos\theta \end{cases}$$

解得

$$\gamma=\arcsin\left(\frac{c}{\sqrt{a^2+b^2}}\right)+\arccos\left(\frac{a}{\sqrt{a^2+b^2}}\right)$$

$$\beta=\arccos\left(\frac{L_4\cos\varphi+L_3\cos\theta-L_3\cos\gamma}{L_2}\right)$$

其中，中间变量 a、b、c 分别为

$$a=2L_1(L_3\sin\theta-L_4\sin\varphi)$$

$$b=-2L_1(L_3\cos\theta+L_4\cos\varphi)$$

$$c=L_2^2-L_1^2-(L_3\cos\theta+L_4\cos\varphi)^2-(L_3\sin\theta-L_4\sin\varphi)^2$$

加上顶梁倾角 δ，分别对顶梁和底座结构进行解析，就可以确定前立柱销轴点 C、后立柱销轴点 D、前立柱体销轴点 A 和后立柱体销轴点 B 在底座坐标系（以后连杆销轴点为原点）中的坐标。

这样就可以求出前立柱与底座的夹角 η，以及立柱在此过程中伸缩的长度 $L_{伸长}$，有

$$\eta=-\arcsin\frac{Y_{AC}}{X_{AC}}$$

$$L_{伸长}=\sqrt{X_{AC}^2+Y_{AC}^2}-L_{AC原始}$$

5.3.3　液压支架的脚本逻辑

1. 局部坐标系与全局坐标系的建立

由于所有部件与底座相对位置保持不变，所以必须利用局部坐标系进行运动分析。

推移液压缸的运动运用 localPosition 函数，运动前的坐标为（0.12，-6.41，0）。

TuiYiYouGangShenChang 为推移液压缸伸长量变量，用以下代码实现：

```
TuiYiYouGangGan.localPosition=new Vector3(0.12f,-6.41f-TuiYiYouGangShenChang,0);
//Vector3 代码中数字部分与物体坐标对应,分别表示 X、Y、Z 三个方向的向量分量,由物体的 Transform 组件读取到,后续代码中相似语言结构同理,不再赘述
```

伸缩梁护帮板销轴控制护帮板的旋转运动，运用 localRotation 函数，在 Unity3d 中用四元数（Quaternion）来表示旋转：

$$\text{Quaternion}=(xi+yj+zk+w)=(x,y,z,w)$$

$$Q=\cos(\alpha/2)+i[x\sin(\alpha/2)]+j[y\sin(\alpha/2)]+k[z\sin(\alpha/2)]\ (\alpha\text{ 为旋转角度})$$

利用以下代码实现：

```
HuBangBanXiaoZhou.localRotation = new Quaternion(0, 0, Mathf.Sin(HuBangBanJiaoDu * Mathf.PI/360),Mathf.Cos(HuBangBanJiaoDu * Mathf.PI/360))
//基于四元数方法实现物体旋转,其中 HuBangBanJiaoDu 为角度变量
```

2. 液压支架各动作的实现

液压支架的一次支护动作涉及多个阶段，因此引入有限状态机的概念。有限状态机（Finite State Machine，FSM）是表示有限个状态以及在这些状态之间的转移和动作等行为的

数学模型。将一个事件分成多个完整的状态，每个状态通过输入和输出进入下一个状态。例如可将家用风扇划分为关、一档、二档、三档等状态。

根据液压支架支护时执行的具体动作，可对液压支架构建状态 State ｛推溜（0）、收护帮板（1）、降柱（2）、移架（3）、升柱（4）、伸护帮板（5）｝。再根据动作编写该状态独立的控制代码，实现在不同状态情况下液压支架随着工艺阶段变化而自动切换各自的运行状态 State。

将一件事拆分为多件事，为每一件事赋予一个名字，这个名字就被称为 FSM 中的状态。因其状态有限，所以 FSM 被称为有限状态机。

3. 运动速度求解

以 XR-WS1000 型乳化液箱驱动 ZZ4000/18/38 型液压支架运动为例进行速度求解分析。该乳化液箱的基本参数：公称压力为 31.5MPa，公称容量为 1000L，公称流量为 125L/min。按照理想状态，以立柱为例，进行液压缸动作速度的计算。

立柱无杆腔直径为 200mm，有杆腔直径为 85mm，前后立柱总数量为 4，假设降柱高度为 200mm。

无杆腔速度为

$$v_1 = Q_1/A = \frac{125\times10^3}{3.14\times0.1^2\times10^4\times4}\text{cm/min} = 99.52\text{cm/min} = 16.6\text{mm/s}$$

伸长时间为

$$\frac{200\text{mm}}{16.6\text{mm/s}}\times1.2 = 14.46\text{s}$$

Unity3d 可以对每秒刷新的帧数进行设置，将“Edit”→“Project Setting”→“Quality“中的“V Sync Count”选项改为“Don't Sync”选项，然后添加修改帧数代码：

```
Application.targetFrameRate = target FrameRate;
//targetFrameRate = 10 表示程序每秒执行 10 帧，对应的 Update 函数执行 10 次
```

假设升柱过程中，顶梁上升 200mm，根据前面的位姿解算结果，对应的后立柱上升 201.834mm，计算可得，升柱过程时间为 14.46s，所以每帧增量为 201.834mm/(14.46×10) = 1.39mm。后立柱倾角由 86.8°变到 86.6°，然后通过下列循环实现液压缸伸长：

```
if (DiZuoHouLiZhuShenChang< 201.834f)//行程判断条件使用 if 语句，后续代码中同理，不再赘述
{
    DiZuoHouLiZhuShenChang+ = 1.39f;
}
```

4. 顶梁抵消掩护梁转动角度

顶梁作为掩护梁的子物体，会随着掩护梁的转动而转动，因此应该对顶梁在掩护梁转动的反方向进行相应的角度补偿，以保证顶梁姿态正确。顶梁倾角由顶梁倾角变量独自驱动，并在掩护梁动作过程中消除掩护梁角度变化影响，由如下代码实现：

```
YanHuDingLiangXiaoZhou.localRotation = new Quaternion(0,0,Mathf.Sin
((DingLiangRotAngle-YanHuLiangQingJiaoAngle) * Mathf.PI/360),
Mathf.Cos((DingLiangRotAngle-YanHuLiangQingJiaoAngle) * Mathf.PI/360));
//受父子关系影响，顶梁在掩护梁的作用下也会跟随转动，所以真实角度应为 DingLiangRo-
tAngle-YanHuLiangQingJiaoAngle
```

5. 移架与推溜过程的父子关系变换

移架过程中，顶梁与顶板进行分离，以刮板输送机为支点拉液压支架，而在推溜时，顶梁与顶板紧密接触，以液压支架为支点推移刮板输送机，所以在 VR 环境下，在移架时，推移液压缸不随支架运动，在推溜完毕后，必须将推移液压缸杆和推移液压缸体的父子关系暂时分离，用以下代码实现：

```
TuiYiYouGangTi.transform.DetachChildren();
```

在移架完毕后，再次将推移油缸杆的父物体设置为推移液压缸体，并再次跟随父物体一起运动：

```
TuiYiYouGangGan.transform.parent=TuiYiYouGangTi;
```

6. 实际工况下的液压支架姿态

在液压支架的实际工作过程中，底座存在横向倾角、纵向倾角以及歪架等情况。定义采煤机的俯仰角、横滚角和偏航角为综采工作面的俯仰角（Pitch Angle）、横滚角（Roll Angle）和偏航角（Yaw Angle）。这三个角度的变化代表液压支架实际工作过程中的变化，同时也表明综采工作面地形条件发生的变化，用以下代码实现：

```
transform.eulerAngles=new Vector3(RollAngle,YawAngle,PitchAngle);
```

7. 完整的代码环节实现过程

首先是在 Start（）函数前声明各级变量，其中包括物体 Transform 组件和一些计算变量。

Transform 组件的定义：

```
//推移液压缸
public Transform tuiyiyougang;
//后立柱
public Transform xiaozhou_houlizhuxia;
public Transform Z_houlizhu_gan;
public Transform Y_houlizhu_gan;
//前立柱
public Transform xiaozhou_qianlizhuxia;
public Transform Z_qianlizhu_gan;
public Transform Y_qianlizhu_gan;
……
```

计算变量的定义：

```
//底座位置更新变量
float DiZuo_New;
//后连杆解算变量
public float HLG_Angle_first;        //后连杆初始角度
public float HLG_Angle_second;       //后连杆解析角度(已知)
```

```
public float HLG_Angle_rotation;          //旋转角度
//前连杆解算变量
public float DiDuoJieGou_Angle;
public float QLG_Angle_first;             //前连杆初始角度
public float QLG_Angle_second;            //前连杆解析角度
public float QLG_Angle_rotation;          //旋转角度
//掩护梁解算变量
public float YHL_Angle_first;             //掩护梁初始角度
public float YHL_Angle_second;            //掩护梁解析角度
public float YHL_Angle_rotation;          //旋转角度
……
```

完成所需变量的声明后，在 Start( ) 函数中进行变量的初始化赋值，以便后续用解析法进行液压支架的位姿计算，部分代码如下：


```
State=0;
HLG_Angle_first=57.2f;
DiDuoJieGou_Angle=42.1f;
QLG_Angle_first=44.53833f //前连杆初始角度
YHL_Angle_first=40.80717f;      //掩护梁初始角度
DingLiang_Angle_first=0f;
DingLiang_Angle_second=0f;
HLG_Angle_second=57.2f;
HLZ_first=86.33349f;
QLZ_first=84.66643f;
TuiYiDistance=0;
YiJiaDistance=0;
HuBangBanFirst=0;
HuBangBanSecond=-70;
HuBangBan_Rotation=0;
```

然后编写液压支架的控制方法，如移架、推溜等支架动作，写在 Start( ) 和 Update( ) 函数之后，并在 Update( ) 中对该方法进行调用，部分代码如下：

```
//推溜控制函数
void TuiLiu(float TuiYiDistance)
{
    tuiyiyougang.transform.localPosition=new Vector3(-0.1473389f,760.0865f+
    TuiYiDistance,-0.02116013f);
}
```

```
//移架控制函数
void YiJia(float YiJiaDistance)
{
    //底座位置每推溜一次均需要更新,但只需更新 Z
    dizuo.localPosition = new Vector3(0f,0f,DiZuo_New-YiJiaDistance);
    tuiyiyougang.localPosition = new Vector3(-0.1473389f,760.0865f+TuiYiDistance-
    YiJiaDistance,-0.02116013f);
}
```

在实现支架动作的函数中，四连杆解析函数相对较为复杂，不过其本质还是解析法的计算过程以代码的形式呈现，部分代码如下：

```
HLG_Angle_rotation = HLG_Angle_second-HLG_Angle_first;
QLG_Angle_rotation = QLG_Angle_second-QLG_Angle_first;
YHL_Angle_rotation = YHL_Angle_second-YHL_Angle_first+HLG_Angle_rotation;
DingLiang_Angle_rotation = DingLiang_Angle_second-DingLiang_Angle_first-YHL_Angle_second+
YHL_Angle_first;
ZhongJianBianLiangA = 2 * 379.6f * (1400 * Mathf.Sin(HLG_Angle_second * Mathf.Deg2Rad)
-686.4f * Mathf.Sin(DiDuoJieGou_Angle * Mathf.Deg2Rad));
ZhongJianBianLiangB = - 2 * 379.6f * (1400 * Mathf.Cos(HLG_Angle_second *
Mathf.Deg2Rad)+686.4f * Mathf.Cos(DiDuoJieGou_Angle * Mathf.Deg2Rad));
//代码中 379.6、1400、686.4 表示支架的结构参数,与 L1、L3、L4 的长度对应
```

完成上述代码的编写后，需要用 Update( )函数完成上述方法的调用，支架根据 State 状态量来判别工艺状态，从而进行相对应的动作，部分代码如下：

```
if (State = = 0)    //推溜
{
    if (TuiYiDistance < 600)
    {
        TuiLiu( TuiYiDistance);
        TuiYiDistance+ = 5;
    }
    else
    {
        YiJiaDistance = 0;
        State = 1;
        DiZuo_New = dizuo.localPosition.z;
    }
}
```

5.4 采煤机的运动仿真

5.4.1 采煤机父子关系的建立

采煤机各部件的运动关系如下：机身移动，带动所有零件移动；调高液压缸活塞伸缩时，会绕着液压缸销轴做微小旋转，同时推动摇臂绕摇臂销轴旋转，摇臂带动滚筒实现上升与下降。采煤机的父子关系如图 5-11 所示。

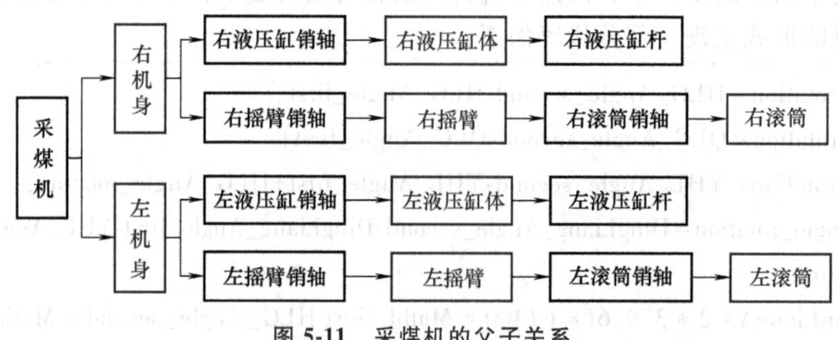

图 5-11　采煤机的父子关系

建立 Cmj. cs 脚本，并将其赋给采煤机模型的最高级父体采煤机。在脚本中对采煤机中有运动关系的部件进行变量声明，并在 Start（）函数中通过程序语句建立采煤机各部件与程序中变量的关系。部分语句如下：

```
public Transform JiShen;
//定义采煤机机身变量
YouJiShen=CaiMeiJi. transform. GetChild(0). transform;
//右机身是采煤机的第一个子物体
```

5.4.2 采煤机的姿态解析

采煤机单机运动情况分析：在端头摇臂升降至指定位置后，沿煤壁正向运行割煤，至端尾处摇臂反向升降至指定位置后再反向运行割煤，其间一直伴随着滚筒的旋转。实际工作中是调高液压缸为摇臂升降提供动力，而且调高液压缸与摇臂协同运动，因此对二者进行姿态解析。仿真过程中，调节摇臂升降角度，按解析关系控制液压缸的运动。

1. 摇臂升降角的确定

最大采煤高度为

$$M_{\max}=h-\frac{C}{2}+L\sin\alpha_{\max}+D/2$$

最大卧底深度为

$$X_{max}=h-C/2-L\sin\beta_{max}-D/2$$

式中，h 为采煤机高度；C 为机身箱体厚度；L 为摇臂长度；α_{max} 为摇臂上升最大摆角；β_{max} 为摇臂下降最大摆角；D 为滚筒直径。

由采煤机型号 MG250/600-WD 可得公式中各参数，代入得摇臂升降角范围为-10°~37°。

2. 调高液压缸姿态解析

采煤机姿态解析如图 5-12 所示。站在采煤区面向综采“三机”，以左摇臂为研究对象，C 点为摇臂销轴，A 点为调高液压缸销轴，B（B_0、B_1、B_2、B_3）点为活塞销轴，摇臂初始位置时活塞销轴处于 B_0，摇臂降到最低点时活塞销轴处于 B_1，摇臂升到最高点时活塞销轴处于 B_3，取摇臂在任意位置时活塞销轴为 B。随着摇臂的升降，活塞销轴以固定长度 CB 为半径，以摇臂销轴 C 为圆心旋转。

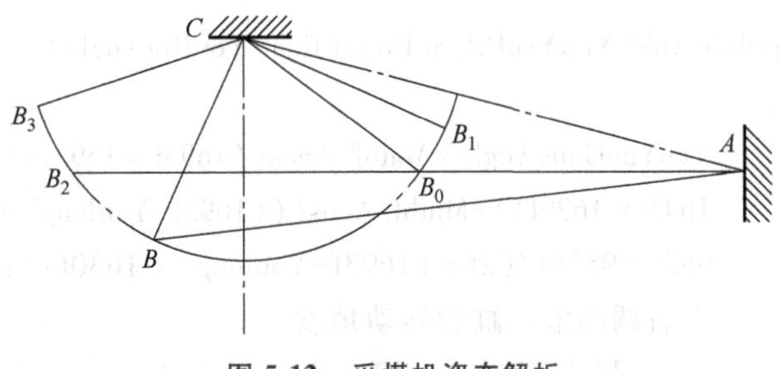

图 5-12　采煤机姿态解析

通过分析，$\angle B_0CB$ 为摇臂摆角，记为 α；$\angle B_0AB$ 为调高液压缸摆角，记为 β。当 B 处于 $B_0\sim B_1$ 段时左摇臂降，$\alpha<0$、$\beta<0$；当 B 处于 $B_0\sim B_2$ 段时左摇臂升，$\alpha>0$、$\beta>0$；当 B 处于 $B_2\sim B_3$ 段时左摇臂升，$\alpha>0$、$\beta<0$。

给定摇臂摆角 α，若想知道调高液压缸的运行轨迹，则需求出 β 与 AB。

在△ABC 中，应用余弦定理得

$$AB^2=BC^2+AC^2-2BC\cdot AC\cdot\cos(\alpha+\angle 1)$$
$$BC^2=AB^2+AC^2-2AB\cdot AC\cdot\cos(\beta+\angle 2)$$

解得

$$\begin{cases}AB=\sqrt{AC^2+BC^2-2BC\cdot AC\cdot\cos(\alpha+\angle 1)}\\ \beta=\arccos\dfrac{AC-BC\cdot\cos(\alpha+\angle 1)}{AB}-\angle 2\end{cases}$$

由上述公式即可根据摇臂摆角 α，计算出调高液压缸的摆角 β 及伸长量 $|AB-AB_0|$。

5.4.3　采煤机的脚本逻辑

采煤机主要完成以下工艺：首先滚筒开始旋转，采煤机摇臂在调高机构的作用下运动到指定位置；然后采煤机开始向前移动，摇臂根据煤层的起伏不断调整位置，滚筒不停地旋转进行割煤；当采煤机移动到工作面的一端时，摇臂进行调整，前摇臂向下旋转成为后摇臂，后摇臂向上旋转成为前摇臂，采煤机运动方向改变，开始反向割煤。

采煤机的主要动作有机身的变速移动，摇臂的旋转，调高液压缸的伸长、收缩与旋转，滚筒的旋转。在 Unity3d 中，通过在脚本中编入有关变量的计算公式来对变量进行计算，并调用 Update()函数对变量不断地更新，以实现各部件的运动。部分代码如下：

```
YouRotAngle = Mathf.Acos((985f * 985f + 1630f * 1630f - (1693f - Youlong) * (1693f - Youlong))/(2f * 985f * 1630f)) - Mathf.Acos((985f * 985f + 1630f * 1630f - 1693f * 1693f)/(2f * 985f * 1630f));
//基于推导公式计算摆角 α,代码中 985、1630、1693 分别表示 BC、AC、AB 基于实物尺寸测量得到的长度
```

```
//右摇臂的转动角度
if (Youlong < 699f)
{
    YouYaoBiLianDong(YouRotAngle);
    Youlong+=Youinc;
}
public void YouYaoBiLianDong(float YouRotAngle)
{
    YouYouGangAngle=Mathf.Acos((1693f*1693f+1630f*1630f-985f*985f)/(2f *
    1693f*1630f))-Mathf.Acos(((1693f-Youlong) * (1693f-Youlong)+1630f*1630f-
    985f*985f)/(2f*(1693f-Youlong) * 1630f));
    //右调高液压缸的转动角度
    youyaobixiaozhou.localRotation=new Quaternion(0,0,Mathf.Sin(-0.5f*YouRotAngle),
    Mathf.Cos(-0.5f * YouRotAngle));
    //右摇臂销轴的转动角度
    youtuiyiyougangxiaozhou.localRotation=new Quaternion(0,0,
    Mathf.Sin(0.5f*(-YouYouGangAngle)),Mathf.Cos(0.5f*(-YouYouGangAngle)));
    //右调高液压缸销轴的转动角度
    youtuigan.localPosition=new Vector3(-13f+Youlong/100f,0f,0f);
    //控制右调高液压缸推杆伸缩量
}
```

5.5 刮板输送机的运动仿真

5.5.1 刮板输送机父子关系的建立

刮板输送机各部件的运动关系如下：前边中部槽推溜时，会带动随后几节中部槽绕各自销轴旋转并移动，以此类推，刮板输送机会形成形状为“S”的弯曲段。刮板输送机的父子关系如图 5-13 所示。

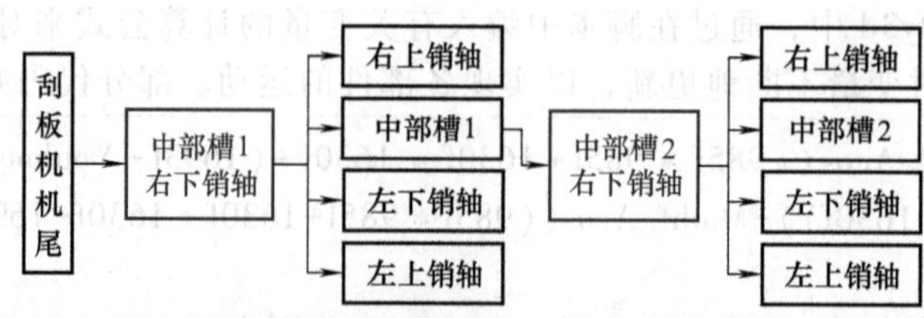

图 5-13 刮板输送机的父子关系

建立 Gbj. cs 脚本，并将其赋给刮板输送机的最高级父体机尾。在脚本中对刮板输送机中有运动关系的部件进行变量声明，并在 Start( ) 函数中通过程序语句建立刮板输送机各部件与程序中变量的关系。部分语句如下：

```
public Transform JiWei;
//定义刮板机机尾变量
JiWeiXiaoZhou1 = CaiMeiJi. transform. GetChild(0). transform;
//机尾销轴 1 是刮板机的第一个子物体
```

5.5.2　刮板输送机的姿态解析

1. 姿态解析

SGZ764/630 型刮板输送机，各节中部槽通过套环连接，在液压支架的推动下可在水平面形成形状为“S”的弯曲段，如图 5-14 所示。中部槽有承载货物和刮板链条导向的功能，工作面刮板输送机的溜槽还有承受液压支架推拉载荷的作用，以及支撑和导向采煤机的功能。

给中部槽添加右上、右下、左上、左下、中部（1、2）、后部七个关键点销轴（中部两个销轴用于以后采煤机的路径跟踪，此处不用）。经分析，所有的中部槽弯曲均分为三种不同运动：①第一个弯曲段的实现，即前九个中部槽的运行；②最后弯曲段的消失，即后九个中部槽由弯曲到移直；③中间部分的弯曲。

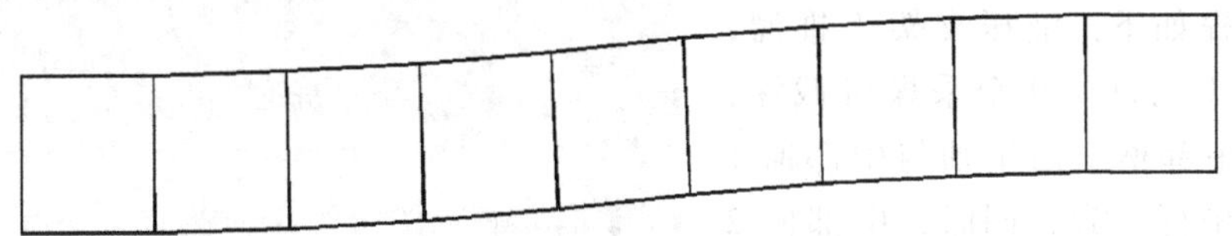

图 5-14　刮板输送机弯曲段

2. 弯曲量计算

先对刮板输送机弯曲段进行分析，查阅资料可得弯曲段的曲率半径为

$$R=\frac{L_0}{2\sin\dfrac{\alpha'}{2}}=85.94\text{m}$$

式中，L_0 为每节溜槽的长度，取值 1.5m；α'为相邻溜槽间的偏转角度（°），采用套环连接取值 1°~2°。

弯曲段长度为

$$L_w=\sqrt{4aR-a^2}=14.35\text{m}$$

式中，a 为刮板输送机一次推移步距（m），取值 0.6m。

弯曲段对应的中心角为

$$\alpha=2\arcsin\frac{a}{\sqrt{L_w^2+a^2}}=0.08357\text{rad}=4.788°$$

式中，α 为用弧度表示的中心角（rad）。

弯曲段的溜槽数为

$$N=\frac{2R\alpha}{L_0}=9.6(\text{节})$$

式中符号与上面公式中符号的意义相同，α 采用弧度制。

由几何画图分析可知，N 值取奇数，即 $N=9$（节）。

根据刮板输送机弯曲区间长度的详细计算方法，当中部槽的长度为 1.5m，各节中部槽之间的转角为 1°~2°时，弯曲段的曲率半径为 85.94m，弯曲段长度为 14.35m，弯曲段对应的中心角为 4.788°，弯曲段的中部槽数目取为 9 节，一个弯曲段推溜的距离为一个采煤机截深。

5.5.3 刮板输送机的脚本逻辑

对场景中的中部槽编号，并给每一节中部槽添加如图 5-15 所示的销轴。在刮板输送机的弯曲过程中，各节中部槽绕销轴做微小转动，为每个销轴定义变量数组，通过对销轴数组变量的操作，实现刮板输送机的弯曲。在 Gbj. cs 脚本中对销轴变量进行赋值，编写 QianDuan ()、HouDuan () 函数，控制刮板输送机的前九节中部槽及九节以后的中部槽弯曲。

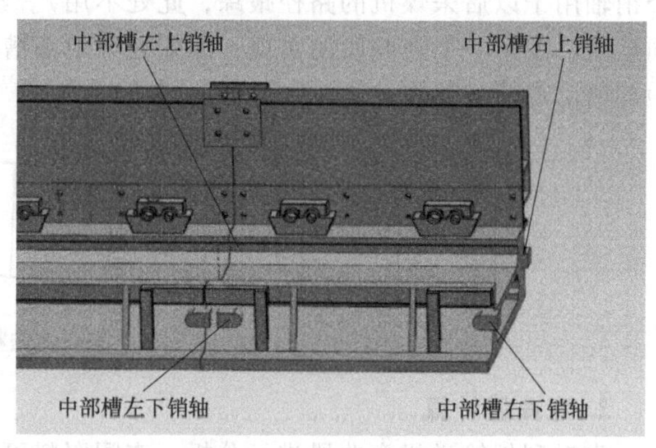

图 5-15 修补后的中部槽

虚拟刮板输送机弯曲段的形成：声明函数 QianDuan()，用于控制刮板输送机前九节中部槽推溜，形成第一个弯曲段。弯曲过程如下：液压支架 1 推溜，推动中部槽 1 前进 1/9 个采煤机截深，与之相连的中部槽 2 前销轴与中部槽 1 后销轴销轴坐标一致，同时，中部槽 2 绕父物体旋转；液压支架 2 推溜时，中部槽 1 继续向前推溜 1/9 个采煤机截深，中部槽 2 与中部槽 3 的连接处销轴坐标一致，同时，中部槽 3 绕父物体旋转；以此类推，直到九个中部槽形成“S”弯曲段。设置相邻中部槽的弯曲角度为 1°，并将弯曲段分成前后两部分，前五节中部槽为前部分，各节中部槽的父物体为右下销轴，并使推溜中部槽右下销轴坐标等于上一节中部槽左下销轴坐标，同时绕父物体右下销轴旋转 1°；后四节中部槽为后部分，各节中部槽的父物体为右上销轴，并使推溜中部槽的右上销轴坐标等于上一节中部槽左上销轴坐标，同时绕父物体右上销轴旋转-1°。部分代码如下：

```
cao[0].transform.Translate(Vector3.right * 0.6f/9);
//中部槽 1 推溜
yx[1].position=zx[2].position;
//前半部分中部槽 2 的右下销轴与中部槽 3 的左下销轴坐标一致
```

```
cao[1].transform.RotateAround(yx[1].position,Vector3.up,1);
//前半部分中部槽 2 绕父物体右下销轴旋转 1°
ys[5].position=zs[6].position;
//后半部分中部槽 6 的右上销轴与中部槽 7 的左上销轴坐标一致
cao[5].transform.RotateAround(ys[5].position,Vector3.up,-1);
//后半部分中部槽 6 绕父物体右上销轴旋转-1°
```

弯曲传递过程：声明新的函数 HouDuan()，用于控制九节以后的中部槽弯曲，即将形成的弯曲段“S”形传递下去。液压支架每推溜一节，新的“S”弯曲段形成，每节中部槽经历摆正、弯曲段前部分、弯曲段后部分、再次摆正阶段，故弯曲段的中部槽的父体也在改变。

建立如图 5-16 所示的刮板输送机弯曲段简图，在初始化过程中各节中部槽的父体为右下销轴，在进入弯曲段前部分时需要将父体改为右上销轴。设刚进入推溜的中部槽编号为 a，其父体为右下销轴，则处于弯曲段后部分第一节中部槽编号为 $a+5$，该节的父子关系将发生变化，父体由右下销轴转换为右上销轴，旋转角由 1°变为-1°。随着 a 的增大，弯曲段向下传递，中部槽父子关系不断改变。部分代码如下：


```
cao[a+5].transform.DetachChildren();
//中部槽解除原有父子关系
cao[a+5].transform.parent=ys[a+5];
//中部槽父体变为右上销轴
```

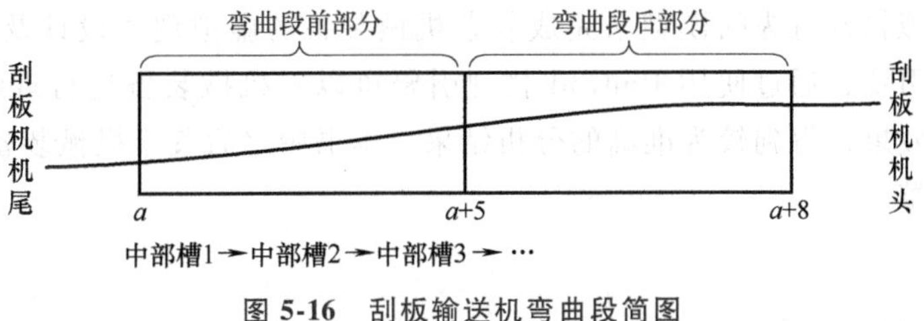

图 5-16　刮板输送机弯曲段简图

思考题

5-1　在 Unity3d 中进行运动仿真包括哪些步骤？

5-2　构建父子关系的作用是什么？

5-3　父子关系的构建方法有哪些？

5-4　假设世界坐标系下有两个物体 $A(0,\ 0,\ 10)$ 和 $B(0,\ 1,\ 10)$，保持位置不变的条件下，若将 B 作为 A 的子物体，试分析物体 B 的坐标会如何显示。

5-5　有哪些方法可以实现父子关系的脱离？

5-6　在运动仿真中，如何合理设置部件之间对应的父子关系？

5-7　姿态解析中应考虑计算哪些姿态参数？

第 6 章　基于物理引擎的仿真

知识目标：掌握物理引擎的概念、组件与应用；熟悉 Unity3d 中的物理引擎组件，了解它们的作用和使用方法；掌握碰撞检测的原理以及如何在 Unity3d 中实现碰撞检测和碰撞反应；学习如何使用触发器来检测虚拟装备对象之间的交互并触发相应的事件。

能力目标：能够通过刚体组件（Rigidbody）和碰撞体组件（Collider）实现零部件之间的基本物理碰撞和交互，包括碰撞检测、碰撞反应；能够利用 Unity3d 物理引擎模拟真实世界的物理效果，如重力、摩擦力、空气阻力等，使得虚拟装备中的零部件表现出真实的物理行为；能够设计并实现复杂的物理场景，包括机械部件之间的连接、约束、旋转关系等，以及利用物理引擎模拟各种物理现象。

在前述的章节中，介绍了模型的建立与转换、场景布置与渲染、装备虚拟装配以及装备运动仿真等知识。经过一系列的学习之后，能够完成简单的机械装备虚拟现实设计及分析。但是，在机械生产过程中，机械装备的复杂程度通过简单的模型以及姿态解析表达不出来，因此需要一种模拟物理行为的模型来完成复杂机械装备的虚拟现实设计及分析。Unity3d 中提供了一种物理引擎，通过使用 Unity3d 物理引擎可以对机械装备进行近物理系统的仿真，达到更加真实的效果，得到较为准确的分析结果。本书中之后关于机械装备的仿真分析，皆会使用到物理引擎。

6.1　物理引擎概述

物理引擎是一种计算机程序，它模拟物理系统的行为，包括但不限于刚体动力学、碰撞检测、关节系统以及物理合成。这些引擎使用质量、速度、力、扭矩、弹性等物理属性来模拟物体的运动，如重力、碰撞、摩擦力等，从而使得模拟中的物体运动符合现实世界的物理定律。在虚拟现实系统开发中，开发人员可以使用物理引擎与渲染引擎相结合的方法，不但可以缩短开发周期，而且可以产生良好的效果。另外，随着虚拟现实技术的发展，物理引擎开始广泛应用在动画、电影和军事模拟等诸多领域。

综采装备虚拟现实仿真中的采煤机与刮板输送机、刮板输送机与液压支架群以及上述三机与煤层之间的耦合都需要重力、碰撞体和触发器等参数或组件的物理仿真，以前依靠代码控制两者的相互运动，采煤机与刮板输送机只能按照预设的轨迹运行，这个过程显得相当刻板化。当出现误差时，随着时间的推移，误差累积会达到不能满足实际的情况。物理引擎能实现三机配套与煤层的耦合运行，大大提升虚拟现实仿真的可靠性。所以本章将介绍物理引擎组件，通过添加物理引擎组件到虚拟采煤机、刮板输送机、液压支架群以及煤层中，设置其物理引擎参数，实现采煤机在刮板输送机上的平稳运行以及刮板输送机和液压支架群在煤层上的顺利推进，并能够借助重力、铰链、关节等物理引擎实现三机装备的自适应平稳运行。

常见的物理引擎有老牌的 Havok，新兴的 NovodeX，开源的 Bullet、ODE、TOKAMAK、Newton 以及国产的 Simple Physics Engine。本书中所介绍的物理引擎隶属于 Unity3d 物理引擎。Unity3d 物理引擎是一个高性能 C#物理引擎的实现，它基于 DOTS 设计思想，包含了物理刚体的迭代计算与碰撞检测等查询。相比传统的物理引擎，Unity3d 物理引擎实现起来更简单与高效，同时能满足大部分的需求。

6.2 物理引擎组件介绍

Unity3d 物理引擎功能强大，具有碰撞检测、模拟真实物理现象等功能。当在 Unity3d 中创建一个虚拟场景之后，添加机械装备并使其能够按照物理规律运行时，需要将物理引擎中的组件添加至该模型对象中。

在 Unity3d 中，添加物理引擎组件的方法有两种：①选中所要添加物理引擎的零部件，单击菜单栏的“Component”→“Physics”选项，再单击所需要的物理引擎组件即可添加成功，如图 6-1 所示；②在所要添加物理引擎的零部件的“Inspector”窗口中，单击“Add Component”→“Physics”选项，再单击所需要的物理引擎组件即可添加成功，如图 6-2 所示。

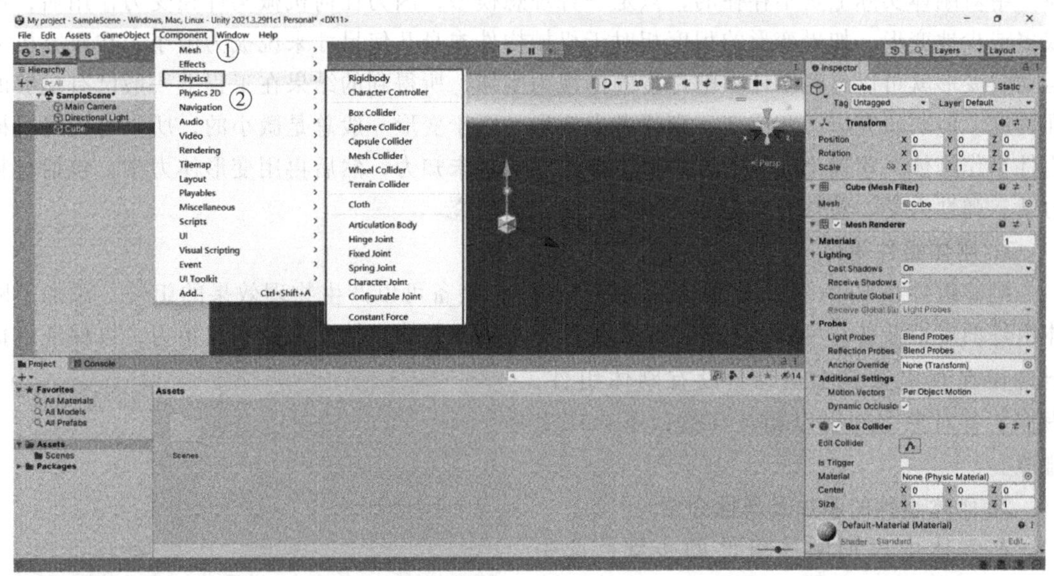

图 6-1　添加物理引擎组件方法一

在选择“Physics”选项之后，系统将弹出 Unity3d 物理引擎组件类型，包括刚体组件（Rigidbody）、碰撞体组件（Collider）、触发器组件（Trigger）、恒定力组件（Constant Force）和关节组件（Joint）等，如图 6-3 所示。

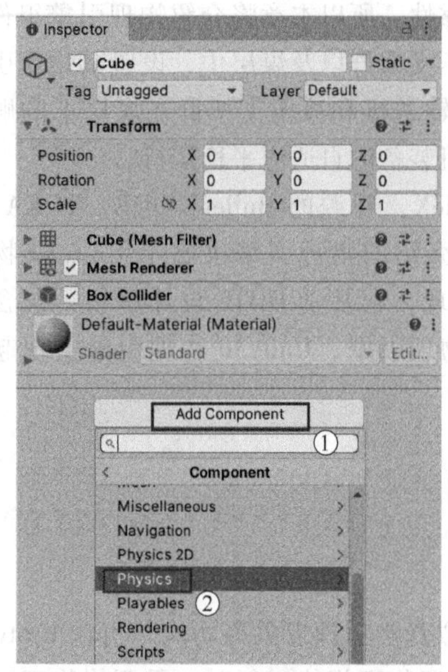

图 6-2 添加物理引擎组件方法二

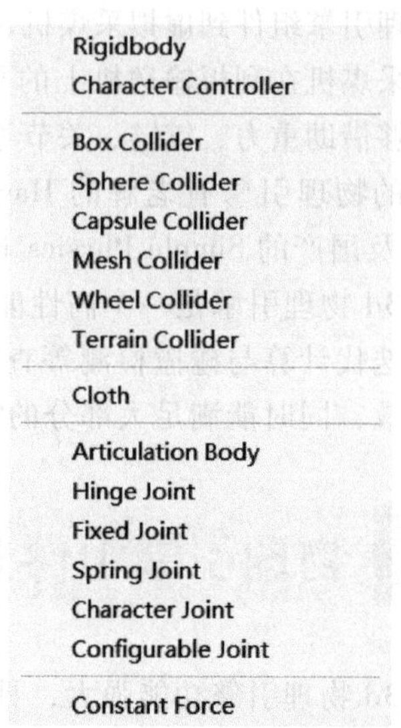

图 6-3 Unity3d 物理引擎组件类型

6.2.1 刚体组件的简介和属性

刚体是指在运动中和受力作用后，形状和大小不变，而且内部各点的相对位置不变的物体。绝对刚体实际上是不存在的，只是一种理想模型，因为任何机械构件在受力作用后，都或多或少地变形，如果变形的程度相对于机械构件本身几何尺寸来说极为微小，在研究机械运动时变形就可以忽略不计。把许多固体视为刚体，所得到的结果在工程上一般已有足够的准确度，但要研究应力和应变，则须考虑变形。由于变形一般总是微小的，所以可先将机械构件当作刚体，用理论力学的方法求得加给它的各未知力，然后再用变形体力学，包括材料力学、弹性力学、塑性力学等的理论和方法进行研究。

1. 刚体组件简介

刚体组件在 Unity3d 中就是通过碰撞体让虚拟装备可以产生物理效果的组件。添加了刚体组件的虚拟装备，可以在物体系统的控制下运动，刚体可接受外力和扭矩力，以保证虚拟装备像在真实世界中运动。没有刚体组件，虚拟装备对象之间可以相互穿透，不会产生碰撞。

2. 刚体组件的添加及属性介绍

在实体中添加刚体组件的步骤：选中 Unity3d 场景中的机械装备零部件，单击菜单栏的“Component”→“Physics”→“Rigidbody”选项，将在机械装备零部件右侧“Inspector”窗口显示图 6-4 所示的刚体组件设置。刚体组件的主要属性见表 6-1。

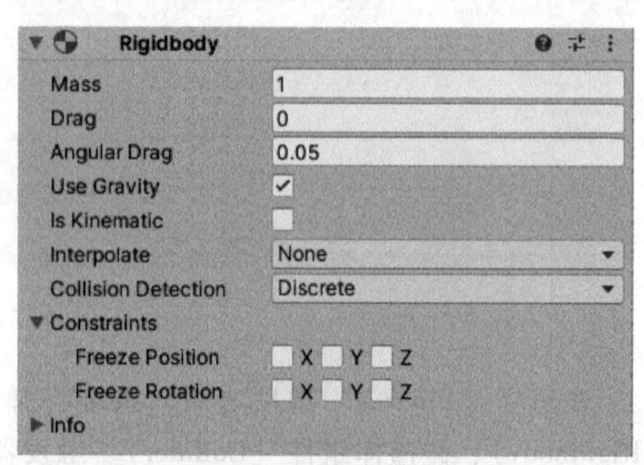

图 6-4 刚体组件设置

表 6-1　刚体组件的主要属性

属性	功能
Mass	质量，设置虚拟装备对象的质量，也就是重量
Drag	阻力，当对象受力运动时受到的空气阻力，用来表示虚拟装备对象因受阻力而速度衰减的状态
Angular Drag	角阻力，当对象受扭矩力旋转时受到的空气阻力，用于模拟虚拟机械零部件因旋转而受到的各方面的影响的现象
Use Gravity	使用重力，表示虚拟装备是否受到重力影响
Is Kinematic	是否开启动力学，该属性表示对象是否遵循牛顿运动学物理定理，其数据类型是 boolean，初始值为 false。如果该属性设置为 true，表示该装备零部件运动状态不受外力、碰撞和关节的影响，而只受动画以及附加在装备零部件上的脚本影响，但是该零部件仍然能改变其他零部件的运动状态，例如虚拟装备中放置在煤层上的刮板输送机，就是利用这个属性
Constraints	约束，该项用于控制对刚体运动的约束 Freeze Position：冻结位置。勾选状态时，刚体对象在世界坐标系中的 X、Y、Z 轴方向上的移动将无效 Freeze Rotation：冻结旋转。勾选状态时，刚体对象在世界坐标系中的 X、Y、Z 轴方向上的旋转将无效

6.2.2　碰撞体组件的简介和属性

1. 碰撞体组件简介

在所构建的虚拟仿真系统中，虚拟模型运动时需要与其他模型进行物理交互，此时需要为各虚拟模型添加碰撞体组件。在 Unity3d 中，需要为虚拟模型同时添加碰撞体组件和刚体组件才能引起碰撞。常见的碰撞体组件有 Box Collider（盒碰撞体）、Sphere Collider（球碰撞体）、Capsule Collider（胶囊碰撞体）以及 Mesh Collider（网格碰撞体）等，如图 6-5 所示。在仿真过程中，可以根据实际需要选用不同类型的碰撞体并将其进行相应的组合。

2. 碰撞体的添加方法、类型及适用场合

碰撞体的添加方法：首先选中 Unity3d 场景中的机械装备零部件，然后单击菜单栏的 “Component”→“Physics”→“×Collider” 选项，即可为虚拟装备零部件添加不同类型的碰撞体。

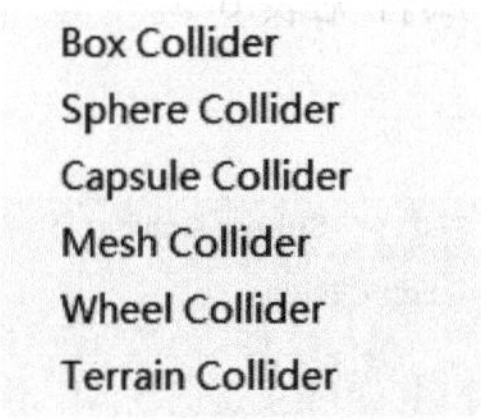

Box Collider
Sphere Collider
Capsule Collider
Mesh Collider
Wheel Collider
Terrain Collider

图 6-5　常见的碰撞体组件

Unity3d 提供了多种类型的碰撞体资源，当虚拟装备对象中的碰撞体组件被添加后，其属性面板中会显示相应的属性设置选项，每种碰撞体的属性稍有不同。本书主要使用的碰撞体为 Box Collider、Sphere Collider、Capsule Collider 和 Mesh Collider，其余的碰撞体在机械装备虚拟仿真中使用较少甚至不使用，如果需要，读者可以自行学习。

（1）Box Collider（盒碰撞体）　Box Collider 是最基本的碰撞体，是一个立方体外形的基本碰撞体。在综采装备虚拟现实仿真中，Box Collider 应用最为广泛，如煤壁、煤层等，也可以用于机械结构的外壳。机械虚拟装备一旦添加了 Box Collider，将在 Inspector 面板中出现对应的盒碰撞体设置，如图 6-6 所示。盒碰撞体的属性见表 6-2，其中涉及的触发器将在 6.2.3 节中介绍。

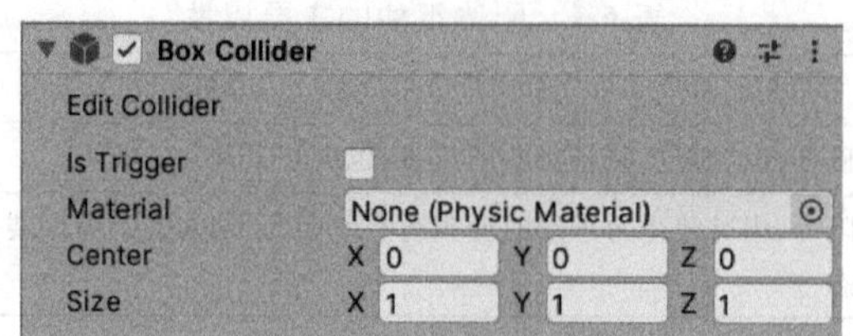

图 6-6　盒碰撞体设置

表 6-2　盒碰撞体的属性

属性	功能
Is Trigger	是否为触发器,如果启用,则碰撞体用于触发事件,会由物理引擎忽略
Material	材质,引用可确定此碰撞体与其他碰撞体的交互方式的物理材质
Center	中心,碰撞体在对象局部坐标空间中的位置
Size	碰撞体在 X、Y、Z 轴方向上的大小

（2）Sphere Collider（球碰撞体）　Sphere Collider 是球体形状的碰撞体。它是一个基于球体的基本碰撞体，Sphere Collider 的三维大小可以按同一比例调节，但不能单独调节某个坐标轴方向的大小。若机械虚拟装备零部件的物理形状是球体，则使用球碰撞体，如落煤等场景对象。图 6-7 所示为球碰撞体设置。

同 Box Collider 一样，Sphere Collider 也有自己的属性，且两者都具有 Is Trigger、Material 和 Center 三个属性。与 Box Collider 不同的是，Sphere Collider 还具有 Radius 属性。Radius 表示半径，即球碰撞体的碰撞半径，它决定了碰撞体的大小。

（3）Capsule Collider（胶囊碰撞体）　Capsule Collider 由一个圆柱体和两个半球组合而成，其半径和高度都可以单独调节，可用在角色控制器或与其他不规则形状的碰撞结合起来使用。通常添加至 Character 等对象的碰撞属性。胶囊碰撞体设置如图 6-8 所示。胶囊碰撞体的属性见表 6-3。

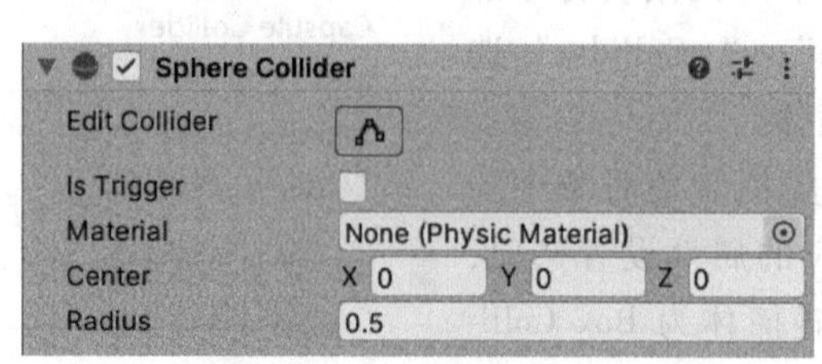

图 6-7　球碰撞体设置

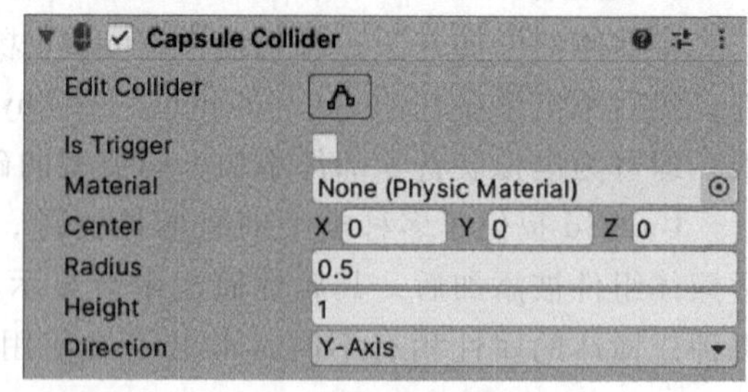

图 6-8　胶囊碰撞体设置

表 6-3　胶囊碰撞体的属性

属性	功能
Is Trigger	是否为触发器,如果启用,则碰撞体用于触发事件,会由物理引擎忽略
Material	材质,引用可确定此碰撞体与其他碰撞体的交互方式的物理材质
Center	中心,碰撞体在对象局部坐标空间中的位置

（续）

属性	功能
Radius	半径，控制碰撞体半球的半径大小
Height	高度，控制碰撞体圆柱的高度
Direction	方向，对象局部坐标中胶囊的纵向所对应的坐标轴，默认为 Y 轴

同样的，与 Box Collider 相比，增加了 Height 和 Direction 属性。这两个属性和 Radius 属性共同决定了 Capsule Collider 的形状。

（4）Mesh Collider（网格碰撞体）　Mesh Collider 根据 Mesh 形状产生碰撞体，与 Box Collider、Sphere Collider 和 Capsule Collider 相比，Mesh Collider 更加精确，但会占用更多的系统资源，它专门用于复杂网格所生成的模型。网格碰撞体设置如图 6-9 所示。一般来说，在使用网格碰撞体时，通常只需将碰撞体添加至虚拟零部件或煤层中即可，其属性不需要额外更改。

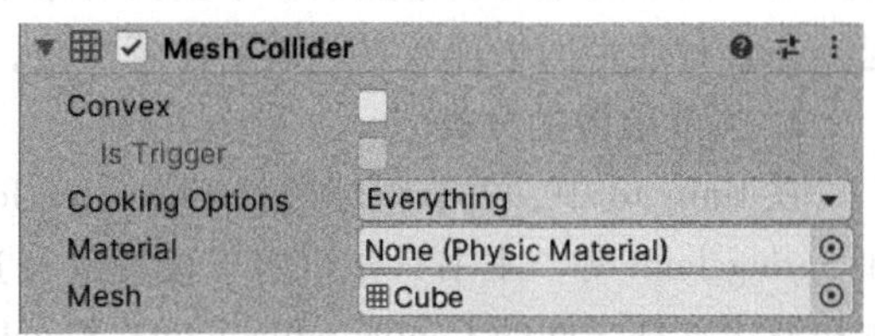

图 6-9　网格碰撞体设置

6.2.3　触发器组件简介

在 Unity3d 中，检测碰撞发生的方式有两种：①利用碰撞体；②利用触发器。

在很多 Unity3d 引擎或工具中都有触发器，它被用来触发事件。碰撞体与触发器的区别在于：碰撞体是触发器的载体，触发器只是碰撞体的一个属性，如果既想要检测到物理的接触，又不想让碰撞检测影响机械装备的移动，或者要检测一个虚拟装备零部件是否经过控件中的某个区域，就可以使用触发器。例如，碰撞体适合模拟煤岩被截割、采煤机行走的效果，而触发器适合模拟采煤机靠近液压支架护帮板的位置时护帮板自动收缩的效果。

6.2.4　恒定力组件的简介和属性

恒定力组件（Constant Force）可用于快速向刚体添加恒定力。如果希望某些一次性对象不是以较大的速度开始而是逐渐加速（如采煤机），则很适合使用恒定力组件。恒定力组件的属性见表 6-4。

表 6-4　恒定力组件的属性

属性	功能
Force	力，在世界坐标空间中应用的力的向量。设定在世界坐标系中使用的力，用向量表示
Relative Force	相对力，在对象局部坐标空间中应用的力的向量
Torque	扭矩，在世界坐标空间中应用的扭矩的向量。对象会围绕此向量开始旋转，此向量越长，旋转越快
Relative Torque	相对扭矩，在对象局部坐标空间中应用的扭矩的向量。对象会围绕此向量开始旋转，此向量越长，旋转越快

当用恒定力使虚拟零部件运动时，若要使对象向上运动，则可以添加具有+Y值 Force 属性的恒定力；若要使对象向前行走，则可以添加具有+Z值 Relative Force 属性的恒定力。

6.2.5 关节组件的简介和分类

1. 关节组件简介

在 Unity3d 中，物理引擎内置的关节组件能够使虚拟装备零部件模拟具有关节形式的连带运动。关节对象可以添加至多个虚拟对象中，添加了关节的虚拟对象将通过关节连接在一起，并具有连带的物理效果。需要注意的是，关节组件的使用必须依赖刚体组件。

2. 关节组件的分类

在 Unity3d 中，关节组件包括 Character Joint、Configurable Joint、Fixed Joint、Hinge Joint 和 Spring Joint 等。本书只介绍用于设置刚性连接体之间的 Character Joint，用于设置液压缸体和液压缸杆之间的 Configurable Joint、Fixed Joint 以及用于设置定轴旋转的 Hinge Joint，对其他使用较少或不使用的关节不做介绍。关节组件分类见表 6-5。

表 6-5 关节组件分类

类型	功能
Character Joint	角色关节，模拟球窝关节，例如臀部或肩膀。沿所有线性自由度约束刚体移动，并实现所有角度自由度。连接到角色关节的刚体围绕每个轴进行定向并从共享原点开始转动
Configurable Joint	可配置关节，模拟任何骨骼关节，例如采煤机中的摇臂。可以配置此关节以任何自由度驱动和限制刚体的移动
Fixed Joint	固定关节，限制刚体的移动，但应跟随所连接的其他刚体移动。当需要一些可以轻松相互分离的刚体，或者想连接两个刚体的移动而无须在 Transform 层级视图中进行父级化时，可以使用这种关节来实现
Hinge Joint	铰链关节，在一个共享原点将一个刚体连接到另一个刚体或空间中的一个点，并允许刚体从该原点绕特定轴旋转。用于模拟机械部件之间的旋转运动

3. 关节组件的属性

（1）Hinge Joint（铰链关节） 铰链关节的重要属性见表 6-6。

表 6-6 铰链关节的重要属性

属性	功能
Connected Body	对关节所依赖的刚体的引用（可选）。如果未设置，则关节连接到世界
Anchor	连接体围绕摆动的轴位置。该位置在局部空间中定义
Axis	连接体围绕摆动的轴方向。该方向在局部空间中定义
Auto Configure Connected Anchor	如果启用此属性，则会自动计算连接锚点（Connected Anchor）位置，以便与锚点属性的全局位置匹配。这是默认行为。如果禁用此属性，则可以手动配置连接锚点的位置
Connected Anchor	手动配置连接锚点位置
Use Limits	如果启用此属性，则铰链的角度将被限制在 Min 到 Max 值范围内
Enable Collision	选中此复选框后，允许关节连接的连接体之间发生碰撞

（2）Fixed Joint（固定关节）　固定关节的重要属性见表 6-7。

表 6-7　固定关节的重要属性

属性	功能
Connected Body	对关节所依赖的刚体的引用（可选）。如果未设置，则关节连接到世界
Break Force	为破坏此关节而需要施加的力
Break Torque	为破坏此关节而需要施加的扭矩
Enable Collision	选中此复选框后，允许关节连接的连接体之间发生碰撞

（3）Character Joint（角色关节）　角色关节的重要属性见表 6-8。

表 6-8　角色关节的重要属性

属性	功能
Connected Body	对关节所依赖的刚体的引用（可选）。如果未设置，则关节连接到世界
Anchor	关节在虚拟装备对象的局部空间中旋转时围绕的点
Axis	扭转轴。用橙色的辅助图标椎体可视化
Auto Configure Connected Anchor	如果启用此属性，则会自动计算连接锚点（Connected Anchor）位置，以便与锚点属性的全局位置匹配。这是默认行为。如果禁用此属性，则可以手动配置连接锚点的位置
Connected Anchor	手动配置连接锚点位置
Swing 1 Limit	限制围绕定义的摆动轴（Swing Axis）的一个元素的旋转（用辅助图标上的绿色轴可视化）
Swing 2 Limit	限制围绕定义的摆动轴的一个元素的移动

（4）Configurable Joint（可配置关节）　可配置关节的重要属性见表 6-9。

表 6-9　可配置关节的重要属性

属性	功能
Bounciness	值为 0 将不会反弹，值为 1 将在反弹时不产生任何能量损失
Spring	用于将两个对象保持在一起的弹簧力
Damper	用于抑制弹簧力的阻尼力
Contact Distance	用于设置为了避免抖动而限制的接触距离

6.3　物理引擎组件的应用

在综采工作面中，采煤机与刮板输送机之间存在着紧密耦合的运行关系，其中采煤机负责采出煤炭，而刮板输送机则承担将煤炭连续、高效地运输到指定地点的任务。两者在动力学行为、运行条件和工作原理上相互依赖、协同工作，通过匹配的工作原理和适应性的运行条件，确保综采工作面的高效运行。深入研究这种耦合关系有助于发现潜在问题并进行优化改进，从而进一步提升综采工作面的整体性能和效率。本节将通过在复杂底板条件下采煤机与刮板输送机之间的耦合关系，对 Unity3d 物理引擎中的各个组件进行说明。

复杂底板条件下，采煤机与刮板输送机以及煤层底板之间会形成较为复杂的耦合关系。

其中，刮板输送机直接与煤层底板接触，在采煤机截割之后的底板上能够稳步推进。受到煤层底板平整度的影响，刮板输送机由于重力的影响而贴合在煤层底板上，并且由于刮板输送机中各节中部槽之间的机械连接，又能够形成类似链条形状的柔性运输体。而采煤机通过其自身的支撑滑靴和导向滑靴，能够借与刮板输送机之间的机械结构实现约束，达到在刮板输送机上行走的目的，如图 6-10 所示。

图 6-10　采煤机与刮板输送机协同运行

6.3.1　采运机械装备碰撞体实例

在 Unity3d 中，基于前面章节所建立的模型、场景布置和装配步骤，创建采煤机与刮板输送机协同运行场景。采煤机在向前行走的过程中，其左支撑滑靴与刮板输送机上的铲煤板进行接触，根据采煤机与刮板输送机协同运行时的空间位置关系，以第一节中部槽中板中心为原点构建如图 6-11 所示的采煤机与刮板输送机协同运行示意图。

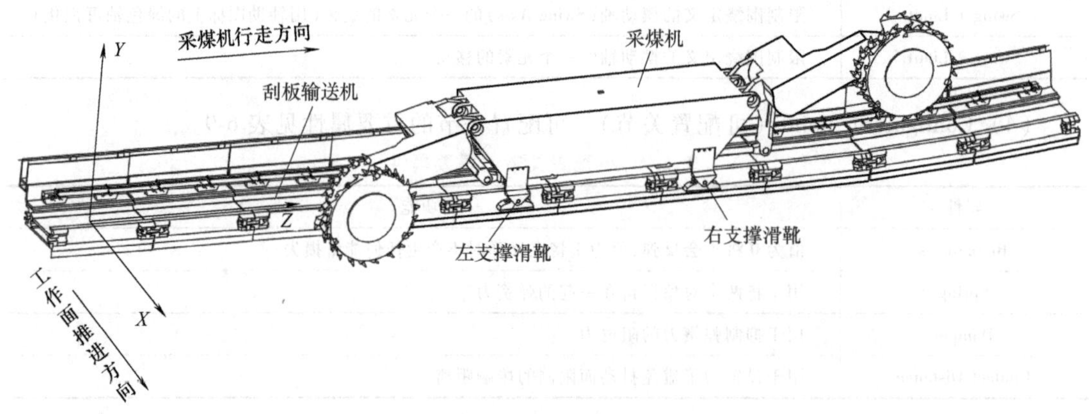

图 6-11　采煤机与刮板输送机协同运行示意图

当建立刮板输送机与煤层底板之间的耦合关系时，刮板输送机受到重力的作用，能够自适应贴合到煤层底板上。而在 Unity3d 中，刮板输送机自适应贴合煤层底板铺设的动作主要是受物理引擎的作用而实现，通过在各节中部槽之间添加关节组件实现相邻中部槽的连接。具体步骤如下：

1）将刮板输送机模型导入 Unity3d 中后，为各节中部槽添加 Rigidbody（刚体）组件，并对质量、阻力、角阻力以及是否受重力影响进行参数设置，如图 6-12 所示。

2）为各节中部槽添加盒碰撞体和胶囊碰撞体，根据刮板输送机的结构特点以及所实现的动作，选用盒碰撞体构成刮板输送机的碰撞接触面，并选用胶囊碰撞体构成刮板输送机的前端，以确保煤层不平整时也能顺利通过，如图 6-13 所示。其中，盒碰撞体和胶囊碰撞体的参数设置分别如图 6-14 和图 6-15 所示。

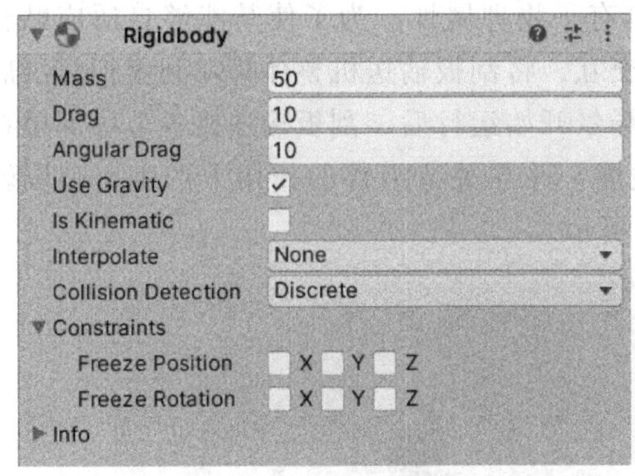

图 6-12　刮板输送机刚体组件的参数设置

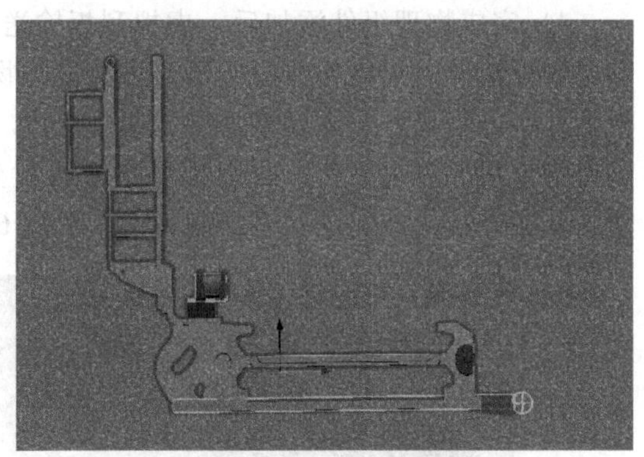

图 6-13　刮板输送机碰撞体

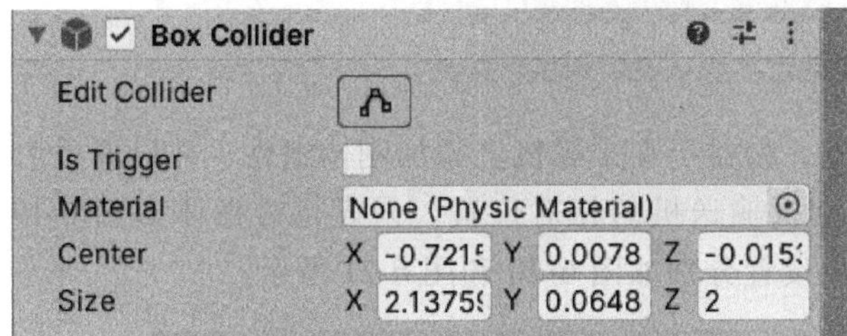

图 6-14　刮板输送机盒碰撞体的参数设置

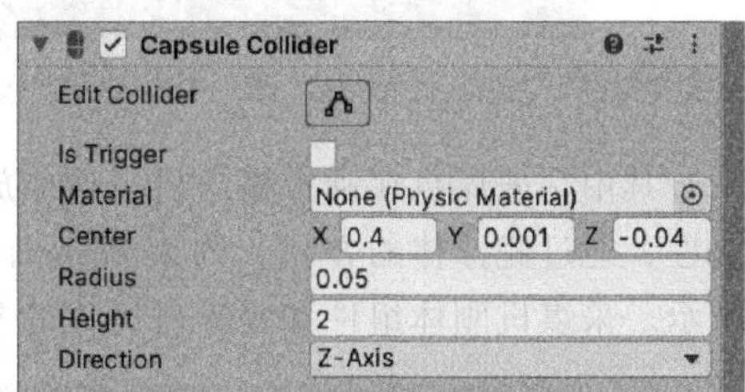

图 6-15　刮板输送机胶囊碰撞体的参数设置

3）由于刮板输送机在水平面与竖直面内都会发生弯曲，因此需在各节中部槽之间添加如图 6-16 所示的角色关节（Character Joint），并根据刮板输送机的弯曲性能设置其扭曲范围和摆动范围。刮板输送机角色关节的参数设置如图 6-17 所示。

图 6-16　刮板输送机的角色关节

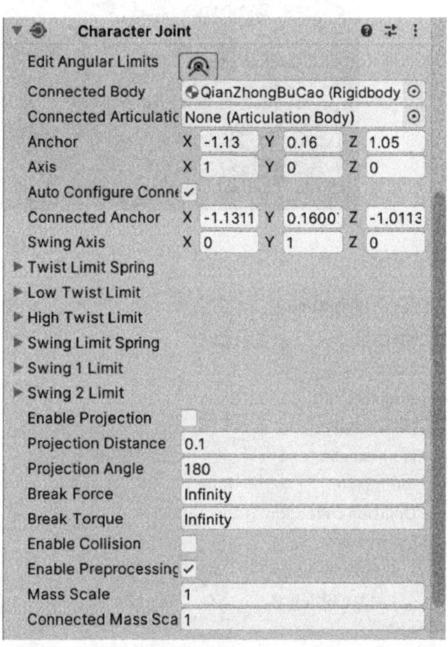

图 6-17　刮板输送机角色关节的参数设置

4）完成物理组件添加后，虚拟刮板输送机具有了物理属性。为了使其能够自适应贴合煤层底板铺设，并使各节中部槽与煤层进行物理交互，将刮板输送机整体移动到虚拟煤层底板上方一定距离，并为虚拟煤层添加碰撞体。当场景开始运行后，刮板输送机各节中部槽在重力的作用下自由下落，与虚拟煤层底板发生碰撞，并在关节组件的作用下产生小范围转动，从而自适应地铺设在煤层底板上，如图 6-18 所示。

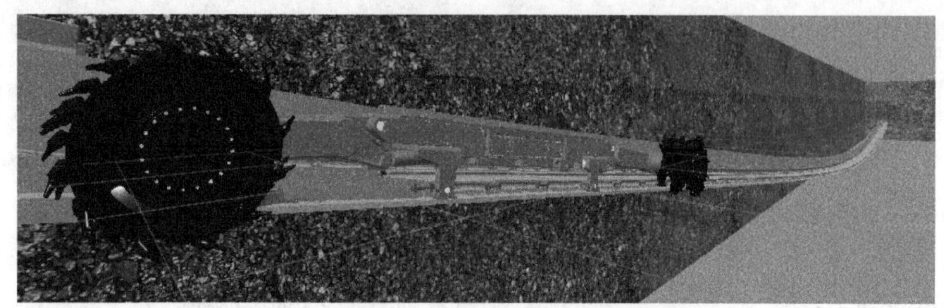

图 6-18　自适应贴合煤层底板铺设的刮板输送机

其中，采煤机在刮板输送机自适应放置，得益于在采煤机上添加刚体组件，并设置重力属性，通过碰撞体的方式，约束采煤机与刮板输送机的相对位置。采煤机碰撞体如图 6-19 所示。采煤机刚体组件和胶囊碰撞体的参数设置分别如图 6-20 和图 6-21 所示。

图 6-19　采煤机碰撞体

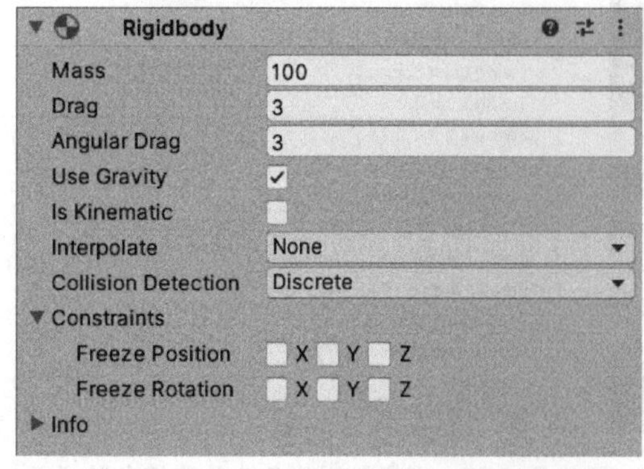

图 6-20　采煤机刚体组件的参数设置

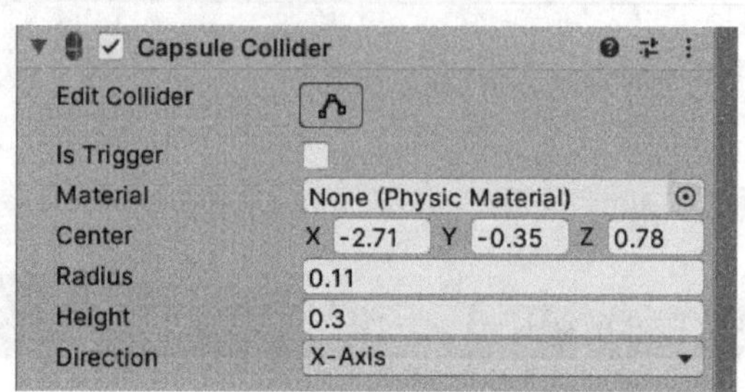

图 6-21　采煤机胶囊碰撞体的参数设置

6.3.2 采运机械装备触发器实例

在虚拟采煤机运行过程中，需要实时获取采煤机位于刮板输送机的位置，可以使用 Unity3d 物理引擎中的触发器。通过在刮板输送机中部槽上添加触发器，实时触发，以获取采煤机位置。

若要在 Unity3d 中实现触发检测，则需要满足以下条件：两个虚拟机械零部件都具有碰撞体组件（Collider）；至少一个虚拟机械零部件拥有刚体组件（Rigidbody）；至少有一个虚拟机械零部件的碰撞体组件（Collider）勾选“Is Trigger”复选框。因此，在进行采煤机与刮板输送机的触发时，需要设置两者的属性。两者均添加刚体组件（Rigidbody），在采煤机中勾选“Is Kinematic”复选框，如图 6-22 所示；在刮板输送机中勾选“Is Kinematic”复选框，如图 6-23 所示；并在刮板输送机盒碰撞体（Box Collider）中勾选“Is Trigger”复选框，如图 6-24 所示。若采煤机碰到 Trigger，则给刮板输送机绑定 TriggerTest 脚本，即可收到触发事件。TriggerTest 脚本代码如下，触发检测过程 Console 输出结果如图 6-25 所示。

```
if (other. name == "zhongbucao" +i)
{
Debug. Log("采煤机位于第" +JiShenWeiZhi+" 节中部槽");
}
```


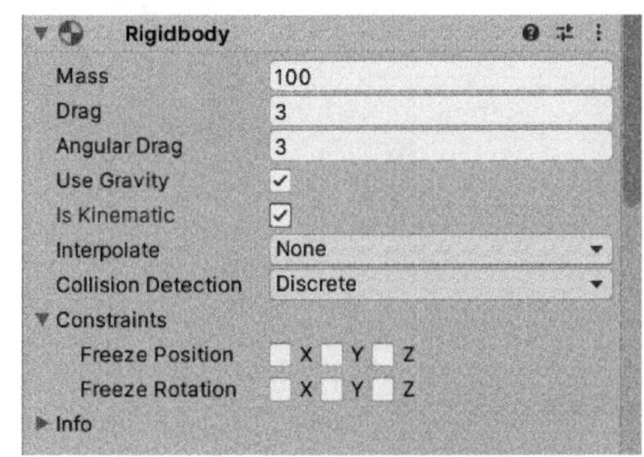

图 6-22　采煤机刚体组件设置

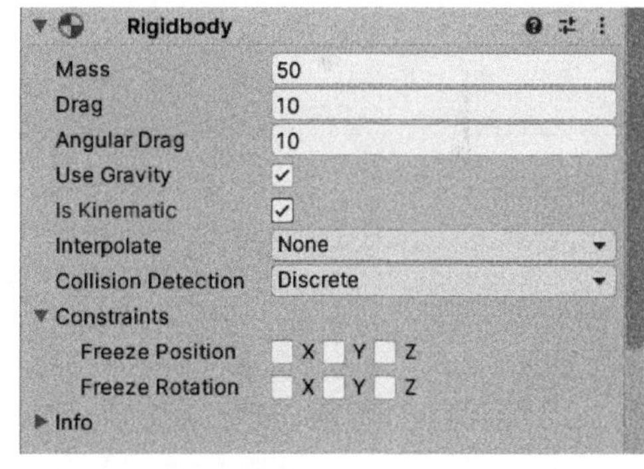

图 6-23　刮板输送机刚体组件设置

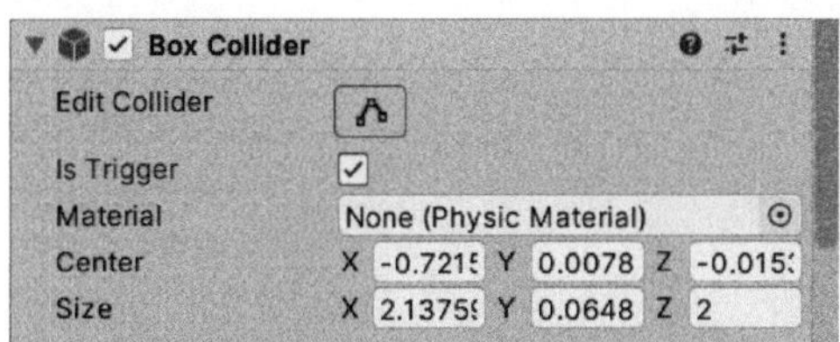

图 6-24　刮板输送机盒碰撞体设置

图 6-25　触发检测过程 Console 输出结果

思考题

6-1　什么是碰撞检测？在 Unity3d 中如何实现碰撞检测？

6-2　碰撞体的类型有哪些？它们在碰撞检测中的作用是什么？

6-3　试给出刚体在物理引擎中的定义，并说明它和非刚体之间的区别。

6-4　什么是关节和约束？在 Unity3d 中如何使用关节组件来实现约束？

6-5　什么是触发器？它在物理引擎中的作用是什么？

第 7 章　多机运动仿真关键技术

知识目标：学习运动规律拟合法、空间运动学这两种装备运动机理解析方法，掌握浮动连接机构的运动特性与解析过程；深入学习多机运动虚拟感知的方法，包括虚拟传感器的构建方法以及运动过程中装备各结构间、装备与环境间的接触和碰撞关系，通过相关物理引擎实现约束关系的构建。

能力目标：能够利用运动规律拟合法、空间运动学对具有旋转、平移等特性的运动机构进行运动学解析；能够在分析传感器检测机理的前提下，在 Unity3d 中利用 Transform、Raycast 类等组件进行虚拟传感器的构建，并根据装备的运动特性添加相关碰撞体，以实现运动时的虚拟约束。

7.1 概述

通过装备的运动仿真，不但可以对整个机械系统进行运动模拟、验证设计方案是否正确合理、运动和力学性能参数是否满足设计要求、运动机构是否发生干涉等，而且可以及时发现设计中可能存在的问题。以推移机构运动仿真为例，推移机构是一个将液压支架与刮板输送机进行连接的浮动机构（这里简称为“浮动连接机构”），其主要组成部分包括液压缸、活塞杆、推移杆、连接头；其运动包括活塞杆的伸长、推移杆的俯仰运动和偏航运动、连接头的偏航运动。图 7-1 所示为液压支架与中部槽的连接，由图可以看出浮动连接机构的运动与液压支架和刮板输送机（简称综采支运装备）的相对位姿息息相关，相反，综采支运装备的相对位姿也受浮动连接机构运动姿态的影响，对浮动连接机构空间运动的研究分析是对

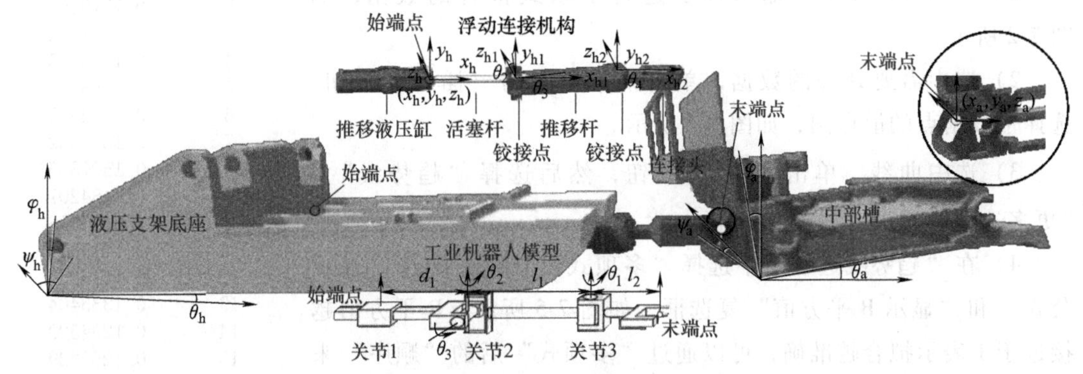

图 7-1　液压支架与中部槽的连接

综采支运装备协同运动进行研究的关键。因此，本节以综采支运装备的关键连接结构——浮动连接机构为例进行多机运动仿真关键技术研究。

7.2 复杂运动连接关系的机理解析与虚拟应用

通过对装备运动机理的深入分析，可以更准确地了解设备的工作原理和运动特性，从而找出潜在的性能瓶颈和改进空间，有助于优化生产流程；通过对设备运行状态的实时监控和分析，可以及时发现生产过程中的异常情况，也可进一步对生产流程进行针对性的调整和优化，减少生产过程中的浪费和损失，提高生产率，同时可以预测设备可能出现的故障类型和原因，并提前采取相应的预防措施。

7.2.1 装备运动机理的获取

对综采装备进行运动机理分析时，需要对关键设备进行解析，包括液压支架、采煤机、刮板输送机，由于刮板输送机没有主动驱动元件，因此不需要对其进行额外的运动学分析。装备运动机理的解析方法主要有运动规律拟合法和空间运动学。

1. 运动规律拟合法

运动规律拟合法是一种通过数学和统计方法，对物体的运动规律进行拟合和描述的技术。它基于观测到的运动数据，通过选择合适的数学模型和参数，模拟物体的真实运动过程。常用的运动规律拟合法包括多项式拟合、傅里叶级数拟合、神经网络拟合等。这些方法各有特点，适用于不同的应用场景。多项式拟合适用于描述简单且连续的运动规律，傅里叶级数拟合适用于描述周期性运动规律，而神经网络拟合则具有更强的适应性和非线性处理能力。

由于综采装备运动过程中存在开采工艺上的约束，运动简单且连续，因此常采用多项式拟合的方式，找到一个多项式函数，使其能够尽可能准确地包含所有的数据点，这里选用 Excel 进行离散数据的拟合，以连续移架时 15s 内的底座俯仰角的采集值为例，拟合过程如下。

1）打开 Excel 表，输入需要进行多项式拟合的数据，如图 7-2 所示。

2）选中需要处理的数据，单击菜单栏中的“插入”按钮，选择带数据点的散点图，如图 7-3 所示。

3）选中曲线，单击“+”按钮，然后选择“趋势线”→“更多选项”选项，如图 7-4 所示。

4）在“趋势线选项”中选择“多项式”选项，勾选“显示公式”和“显示 R 平方值”复选框，如图 7-5 所示，R 平方值越接近于 1 表示拟合越准确，可以通过“多项式”后的“顺序”来调整多项式阶数。

时间	底座俯仰角值
1	0.1562628
2	0.1579106
3	0.1567178
4	0.1558555
5	0.1543515
6	0.1524809
7	0.1522532
8	0.1507335
9	0.1484207
10	0.1456556
11	0.1417073
12	0.1374853
13	0.1335404
14	0.1294529
15	0.1255329

图 7-2 输入数据

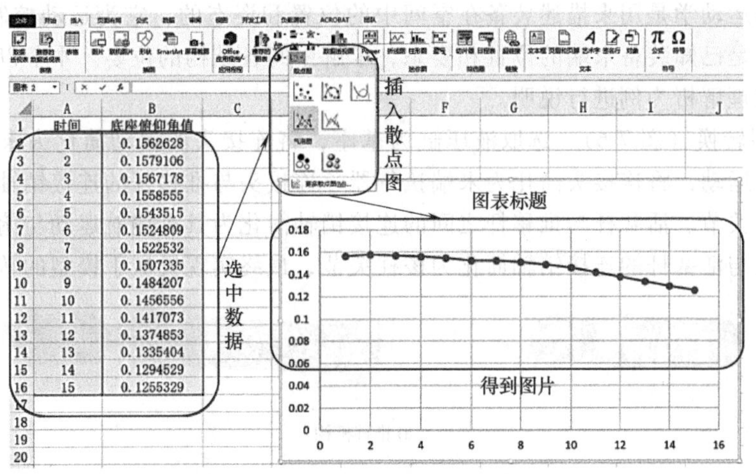

	A	B
1	时间	底座俯仰角值
2	1	0.1562628
3	2	0.1579106
4	3	0.1567178
5	4	0.1558555
6	5	0.1543515
7	6	0.1524809
8	7	0.1522532
9	8	0.1507335
10	9	0.1484207
11	10	0.1456556
12	11	0.1417073
13	12	0.1374853
14	13	0.1335404
15	14	0.1294529
16	15	0.1255329

图 7-3　插入散点图

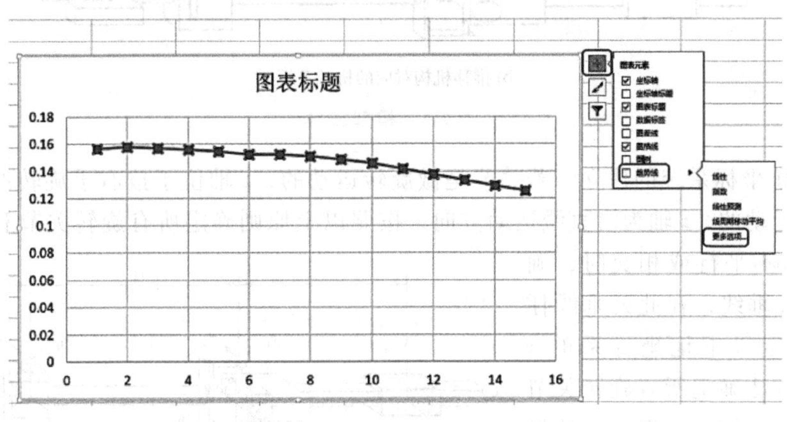

图 7-4　拟合过程

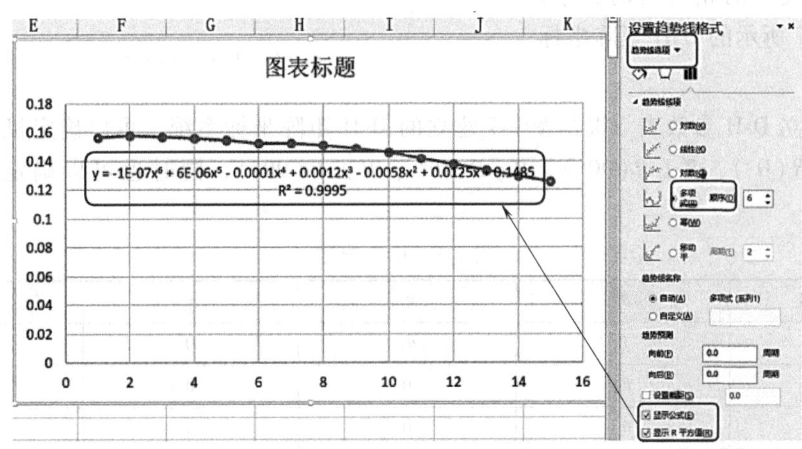

图 7-5　拟合参数设置

2. 空间运动学

空间运动学用来对装备在空间中的位置和姿态进行描述，分为正向运动学与逆向运动学两部分，正向运动学是用来描述装备在空间中的位置和姿态的，它为运动控制提供了基础；而逆向运动学是已知装备末端的位置和姿态，求解中间各结构的位姿。本节以连接浮动连接机构的运动机理解析为例进行说明。

（1）模型转换（图 7-6） 选取液压缸为基座，将连接头的运动简化为末端执行器绕着手腕处的偏转运动，将连接头简化为末端执行器、连接头与推移杆的连接销轴简化为具有偏航运动的旋转关节、活塞杆与推移杆之间的连接销轴简化为具有偏航运动与俯仰运动的旋转关节，液压缸与活塞杆的连接销轴简化为棱柱关节，最终实现机械手模型的转换。

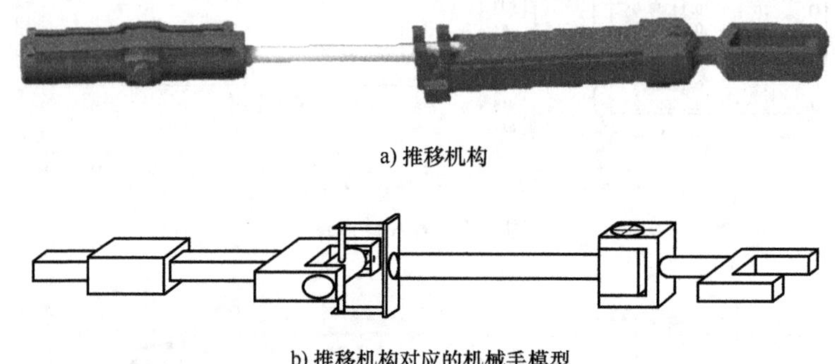

a) 推移机构

b) 推移机构对应的机械手模型

图 7-6 模型转换

（2）D-H 坐标系统的建立 若关节是做旋转运动的，z 轴位于按右手旋转的方向；若关节是做平移运动的，z 轴为沿直线运动方向，按照以上原则确定所有旋转关节和棱柱关节的 z 轴；当关节不平行或相交时，确定两 z 轴的公垂线，在此公垂线任意两方向上定义本地坐标系的 x 轴，按照此方法确定所有旋转关节和棱柱关节的 x 轴。根据确定的机械手模型各关节的相对运动关系，建立如图 7-7 所示的 D-H 矩阵坐标系统。

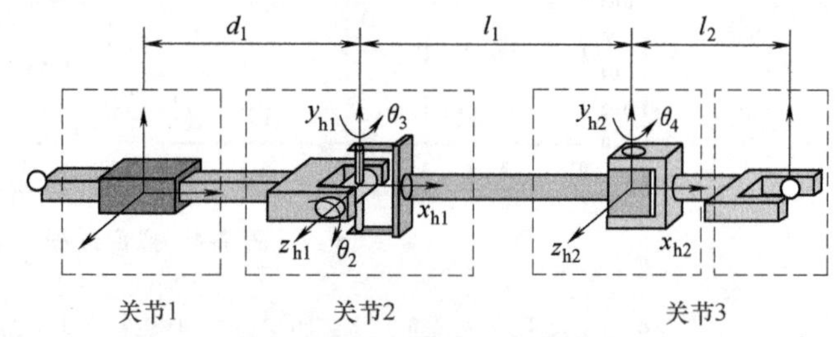

图 7-7 D-H 矩阵坐标系统

（3）建立 D-H 参数表 根据图 7-7 建立的 D-H 矩阵坐标系统，可以确定机械手模型的连杆是 $P/\!/R(0°)$，$R\perp R(90°)$，$R/\!/R(0°)$，$R\perp P(90°)$，同时也可以确定 D-H 参数，见表 7-1。

表 7-1 D-H 参数

关节序号	θ_i	d_i	a_i	α_i
1	0	d_1	0	0
2	θ_2	0	0	90°
3	θ_3	0	0	90°
4	θ_4	0	l_1	0
5	0	l_2	0	0

各关节变量的含义见表 7-2。

表 7-2　各关节变量的含义

关节变量	含　义
关节角 θ_i	x_{i-1} 轴绕着 x_i 轴所转动的角度
关节距离 d_i	沿着 z_{i-1} 轴时 x_{i-1} 轴与 x_i 轴之间的距离
连杆长度 a_i	沿着 x_i 轴时 z_{i-1} 轴与 z_i 轴之间的距离
连杆扭转角 α_i	z_{i-1} 轴绕着 z_i 轴所转动的角度

（4）通过逆向运动学求解方程　活塞杆的伸长量、推移杆绕连接销轴的偏转角、俯仰角、连接头的偏转角与中部槽位姿之间的关系如下：

$$^{i-1}\boldsymbol{T}_i=\begin{pmatrix}\cos\theta_i & -\sin\theta_i\cos\alpha_i & \sin\theta_i\sin\alpha_i & a_i\cos\theta_i\\ \sin\theta_i & \cos\theta_i\cos\alpha_i & -\cos\theta_i\sin\alpha_i & a_i\sin\theta_i\\ 0 & \sin\alpha_i & \cos\alpha_i & d_i\\ 0 & 0 & 0 & 1\end{pmatrix} \tag{7-1}$$

得到机械手模型的所有变换矩阵：

$$^{0}\boldsymbol{T}_1=\begin{pmatrix}1 & 0 & 0 & 0\\ 0 & 1 & 0 & 0\\ 0 & 0 & 1 & d_1\\ 0 & 0 & 0 & 1\end{pmatrix} \tag{7-2}$$

$$^{1}\boldsymbol{T}_2=\begin{bmatrix}\cos\theta_2 & 0 & \sin\theta_2 & 0\\ \sin\theta_2 & 0 & -\cos\theta_2 & 0\\ 0 & 1 & 0 & 0\\ 0 & 0 & 0 & 1\end{pmatrix} \tag{7-3}$$

$$^{2}\boldsymbol{T}_3=\begin{pmatrix}\cos\theta_3 & 0 & \sin\theta_3 & 0\\ \sin\theta_3 & 0 & -\cos\theta_3 & 0\\ 0 & 1 & 0 & 0\\ 0 & 0 & 0 & 1\end{pmatrix} \tag{7-4}$$

$$^{3}\boldsymbol{T}_4=\begin{pmatrix}\cos\theta_4 & \sin\theta_4 & 0 & l_1\cos\theta_4\\ \sin\theta_4 & -\cos\theta_4 & 0 & l_1\sin\theta_4\\ 0 & 0 & 1 & 0\\ 0 & 0 & 0 & 1\end{pmatrix} \tag{7-5}$$

$$^{4}\boldsymbol{T}_5=\begin{pmatrix}1 & 0 & 0 & 0\\ 0 & 1 & 0 & 0\\ 0 & 0 & 1 & l_2\\ 0 & 0 & 0 & 1\end{pmatrix} \tag{7-6}$$

根据$^{0}\boldsymbol{T}_5={}^{0}\boldsymbol{T}_1\cdot{}^{1}\boldsymbol{T}_2\cdot{}^{2}\boldsymbol{T}_3\cdot{}^{3}\boldsymbol{T}_4\cdot{}^{4}\boldsymbol{T}_5$，建立机械手模型的正向运动矩阵为

$$^{0}\boldsymbol{T}_5=\begin{pmatrix}r_{11} & r_{12} & r_{13} & r_{14}\\ r_{21} & r_{22} & r_{23} & r_{24}\\ r_{31} & r_{32} & r_{33} & r_{34}\\ 0 & 0 & 0 & 1\end{pmatrix} \tag{7-7}$$

式中，r_{ij} 表示正向运动矩阵中的元素（$i=1，2，3，j=1，2，3，4$）。

当末端位置矢量为（x_0，y_0，z_0）时，正向运动矩阵可简化为

$$
{}^0\boldsymbol{T}_5=\begin{pmatrix} r_{11} & r_{12} & r_{13} & x_0 \\ r_{21} & r_{22} & r_{23} & y_0 \\ r_{31} & r_{32} & r_{33} & z_0 \\ 0 & 0 & 0 & 1 \end{pmatrix} \tag{7-8}
$$

当中部槽位姿已知时，通过以下公式可对浮动连接机构各结构的运动进行求解。

$$
\begin{cases} {}^4\boldsymbol{T}_5={}^0\boldsymbol{T}_1{}^{-1}\cdot{}^0\boldsymbol{T}_5 \\ {}^3\boldsymbol{T}_5={}^1\boldsymbol{T}_2{}^{-1}\cdot{}^0\boldsymbol{T}_1{}^{-1}\cdot{}^0\boldsymbol{T}_5 \\ {}^2\boldsymbol{T}_5={}^2\boldsymbol{T}_3{}^{-1}\cdot{}^1\boldsymbol{T}_2{}^{-1}\cdot{}^0\boldsymbol{T}_1{}^{-1}\cdot{}^0\boldsymbol{T}_5 \\ {}^1\boldsymbol{T}_5={}^3\boldsymbol{T}_4{}^{-1}\cdot{}^2\boldsymbol{T}_3{}^{-1}\cdot{}^1\boldsymbol{T}_2{}^{-1}\cdot{}^0\boldsymbol{T}_1{}^{-1}\cdot{}^0\boldsymbol{T}_5 \\ \boldsymbol{I}={}^4\boldsymbol{T}_5{}^{-1}\cdot{}^3\boldsymbol{T}_4{}^{-1}\cdot{}^2\boldsymbol{T}_3{}^{-1}\cdot{}^1\boldsymbol{T}_2{}^{-1}\cdot{}^0\boldsymbol{T}_1{}^{-1}\cdot{}^0\boldsymbol{T}_5 \end{cases} \tag{7-9}
$$

由以上公式得到浮动连接机构等价机械手模型各关节的运动规律，根据关节路径最短的原则确定最优解。

7.2.2 运动机理的虚拟应用

在获得装备运动机理后，为了实现装备自适应运动仿真，在解析得到运动规律后，需要通过 C#语言将所得公式转换为可以控制模型动作的语句。本节以推移机构运动规律的虚拟应用为例进行介绍。

1. 关键点设置

如图 7-8 所示，在推移机构中液压缸与活塞杆交接处标记一个点“标记 1”，作为机械手模型基座的虚拟映射，将其余旋转关节用系列销轴进行标记，末端执行器捕捉位置通过在连接头连接处中心位置的“标记 2”进行虚拟映射；液压支架移架时，机械手模型的末端执行器捕捉刮板输送机推移耳座“移架点”处的关键点；液压支架推溜时，机械手模型的末端执行器捕捉“推溜点”处的关键点。

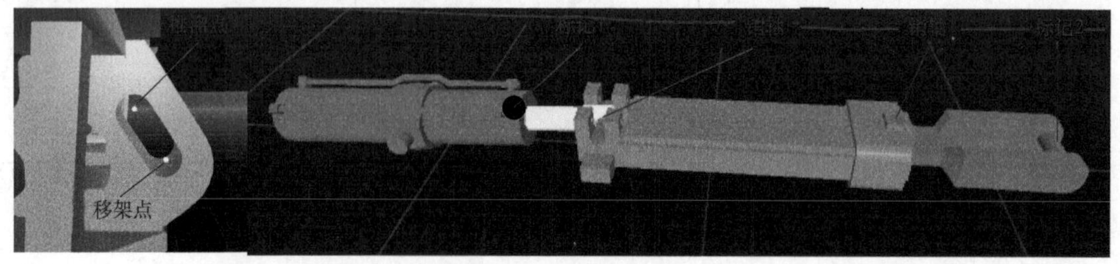

图 7-8 关键点设置

2. 结构层次关系的设置

液压支架移架时会带动整个支架运动，液压支架推溜时会将刮板输送机推移一定的步距，使刮板输送机的位姿发生变化。为了实现以上过程，需要按照图 7-9 所示的父子关系图在虚拟环境下对液压支架底座和刮板输送机的父子关系进行配置。

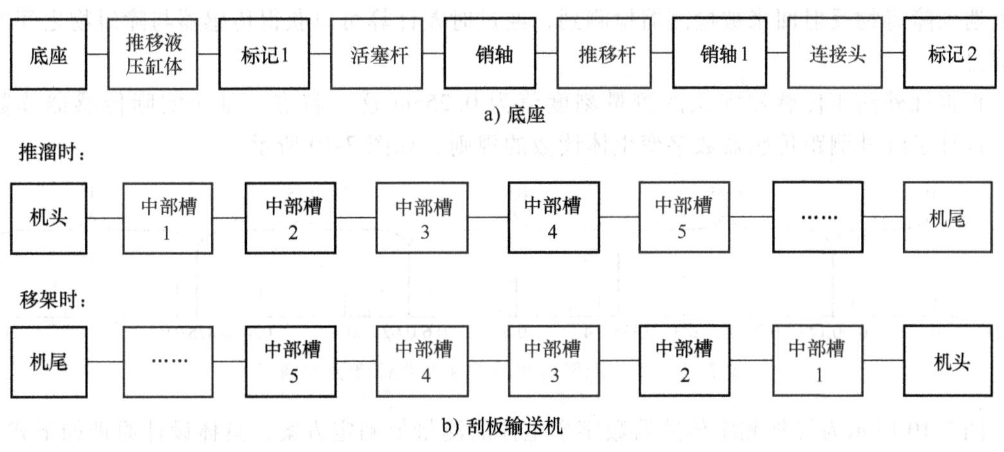

图 7-9　父子关系图

3. 虚拟控制模型的建立

根据获得的浮动连接机构的运动规律，将关节变量 d_1 定义为 Position，θ_2 定义为 ZhuanJiao2，θ_3 定义为 ZhuanJiao3，θ_4 定义为 ZhuanJiao4，把针对不同条件确立的最优解转化为 C# 语言，通过 Position、ZhuanJiao2、ZhuanJiao3、ZhuanJiao4 控制虚拟浮动连接机构相关结构的移动和旋转，实现液压支架的精准推移。

通过以下脚本获得刮板输送机中部槽上推溜点 "BiaoJi1" 的 x 坐标，其余坐标也用相同的方式获得。

```
GameObject. Find("GBJ"). GetComponent<GBJControl>(). BiaoJi1. transform. position. x;
```

若要获取移架点的位置，需用以上方法获得 "BiaoJi2" 的坐标。

将获得的运动规律通过 C#语言的形式编入系统中，实现浮动连接机构的各虚拟关节运动参数的语言转换，以转角 1 为例进行说明。

```
ZhuanJiao1 = Mathf. Atan(dx1/dy1);
```

各虚拟关节的运动通过以下脚本实现，以销轴 1 的转动为例进行说明。

```
XiaoZhou1. transform. localEulerAngles = new Vector3(0,-ZhuanJiao2,0);
```


7.3 多机运动虚拟感知与约束技术

多机运动虚拟感知与约束技术包括两部分，一部分为利用虚拟传感器获得装备位姿，另一部分为实现运动过程中采煤机、刮板输送机及液压支架之间位姿的相互约束。在对液压支架与刮板输送机建立位姿约束时，主要通过在液压支架底座上安装两红外测距传感器来实现。本节将针对液压支架与刮板输送机相对位姿的感知进行说明。

7.3.1 虚拟传感器的建立

1. 虚拟红外测距传感器的建立

(1) 传感器机理分析　激光测距传感器中的发射器按照一定角度向外发射激光光束，

光束遇到障碍物反射回来被检测器检测到，经过时差计算可以获得传感器与障碍物之间的距离信息。

根据红外测距传感器默认的测量刻度值为 0. 25cm 这一特点，基于实际传感器读数原理，设计了红外测距传感器数字孪生体读数的规则，如图 7-10 所示。

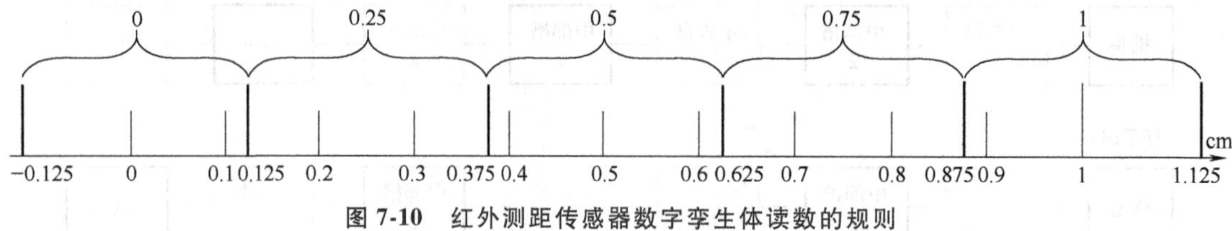

图 7-10　红外测距传感器数字孪生体读数的规则

图 7-10 所示为红外测距传感器数字孪生体的测量值确定方案，具体设计原理如下式：

$$d^{v}=\left\|\frac{d^{a}}{0.25}\right\|\times 0.25 \tag{7-10}$$

式中，d^a 为虚拟射线的具体测量值；d^v 为虚拟红外测距传感器的测量值。

（2）虚拟红外测距传感器的功能实现　在 Unity3d 中，射线检测方法可以实现与激光传感器相同的功能。射线是从世界坐标系中的一个点沿一个方向发射的一条无限长的线，通过设置射线起点、终点、射线检测层序号、射线颜色等参数来创建一条射线。如果射线的轨迹与添加了碰撞体的模型发生碰撞，射线将停止发射并返回信息（图 7-11），Raycast 类用于存储射线与碰撞器碰撞后产生的碰撞信息，包括是否发生碰撞、碰撞点位置、发射点与碰撞点之间的距离等。

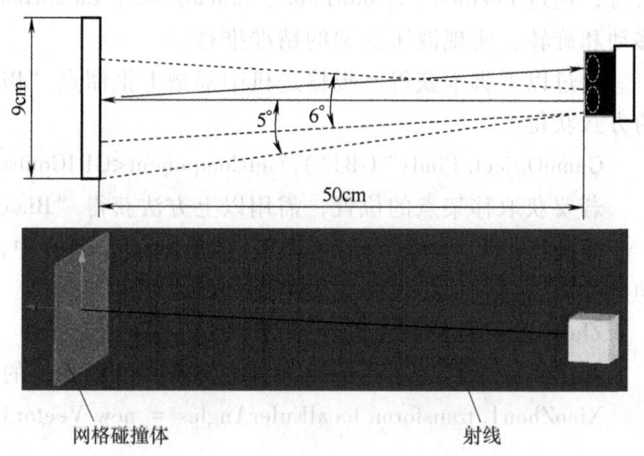

图 7-11　虚拟红外测距传感器

2. 虚拟倾角传感器的建立

在虚拟场景中，虚拟物体的 Transform 组件中的 Rotation 属性可以显示物体在空间中的姿态角。根据这一特点，通过访问虚拟液压支架相关构件的 Transform. rotation 属性，再结合虚拟支架构件的初始角度，可以得到液压支架主体相关构件的角度，从而实现虚拟传感器的角度测量。图 7-12a 所示为虚拟倾角传感器的安装位置，图 7-12b 所示为测量获得的倾角的数值。

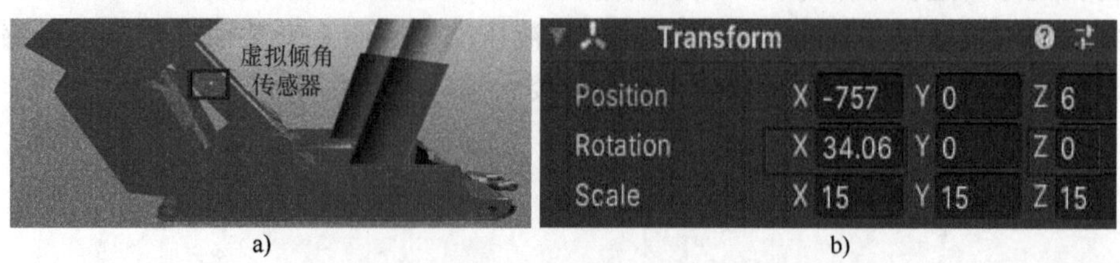

图 7-12　虚拟倾角传感器

7.3.2　装备间虚拟约束关系的构建

在虚拟煤层底板上安装 Mesh Collider 物理组件，依次在刮板输送机各中部槽、液压支架上安装若干 Box Collider 物理组件，可实现煤机装备在虚拟煤层底板上的自适应铺设。

采用 Character Joint 组件连接相邻两中部槽，将其安装于两相邻中部槽的中间位置，以实现弯曲时刮板输送机中部槽受到相邻两中部槽的约束力；根据工业生产要求，刮板输送机相邻两中部槽的最大弯曲角度为 4°，因此分别将 Low Twist Limit 与 High Twist Limit 设置为-4 与 4，最终实现装备间虚拟约束关系的构建，如图 7-13 所示。

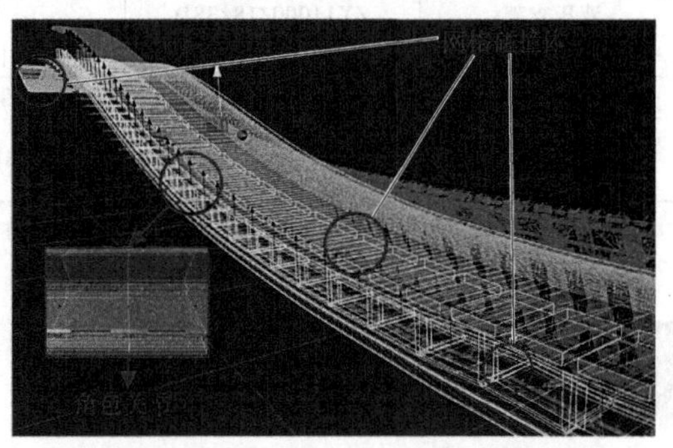

图 7-13　装备间虚拟约束关系的构建

7.4　运动虚拟仿真环境设置

在刮板输送机由静至动滑移的过程中，采煤机在行走过程中洒水以及粉尘等因素的影响，使得装备与煤层底板间的摩擦因数存在一个转换。为了准确描述此摩擦过程，采用 Stribeck 摩擦模型确定中部槽与煤层底板间的摩擦因数。

$$f=f_D+(f_S-f_D)e^{-\left(\frac{v_S}{v_{St}}\right)^2} \tag{7-11}$$

式中，f_D 为动摩擦因数；f_S 为静摩擦因数；v_S 为刮板输送机的运行速度；v_{St} 为临界 Stribeck 速度。这里设置 v_S 的仿真参数值为 1m/s，v_{St} 的仿真参数值为 0.001m/s。

根据装备在推进中的运动与力学特性，可得虚拟装备的设置方案，虚拟参数设置方式及作用见表 7-3。

表 7-3　虚拟参数设置方式及作用

参数	设置方式	作用
摩擦因数	通过 Physical Material 组件，对煤层底板与装备之间的摩擦关系进行模拟	改变虚拟仿真系统中虚拟煤层底板与煤机装备之间的摩擦因数，使摩擦力对推进中装备运动产生影响
装备重力	利用 Rigidbody 组件对各装备的质量值进行修改	保证装备运动过程的力学属性
运行阻力	利用 Rigidbody 组件中 Angular Drag 和 Drag 单元进行中部槽阻力设置	Angular Drag 单元产生阻碍物体旋转的力；Drag 单元的方向与物体的运动方向相反，用来阻碍物体的运动

为了建立虚拟环境与物理环境下煤机装备的映射关系，需要在虚拟环境下对煤机装备进行参数化配置。虚拟环境下水平弯曲阻力与横向弯曲阻力分别为 1.46N 与 2.48N，在 Unity3d 中，设置 Angular Drag 的值为 3.94N；虚拟环境下刮板输送机的总运行阻力即 Drag 值为

19.334N，摩擦因数为0.35，Unity3d与实际空间中的换算比例为100∶1，其他参数配置结果见表7-4。

表7-4　参数配置结果

名称	型号	研究对象	理论值	实际值(Unity3d)
液压支架	ZY11000/18/38D	底座	约为7700kg	约为77kg
刮板输送机	SGZ800/1050	中部槽	153kg	1.53kg
采煤机	MG400/920-WD	采煤机	52000kg	520kg
中部槽间距	—	相邻两中部槽	$l=\dfrac{\delta\pi r}{360}$	0.216cm

注：公式中δ为两中部槽间的最大偏转角，r为中部槽宽。

7.5　实例分析

本节以综采工作面推进过程中综采支运装备协同运动仿真、综采支采装备协同运动仿真、综采采运装备协同运动仿真为例，对综采工作面“三机”间的复杂运动仿真技术进行应用的介绍。

7.5.1　综采支运装备协同运动仿真

1. 推移点位置的确定

将获得的运动规律赋给虚拟液压支架，在刮板输送机推移耳座内标记关键点作为机械手模型末端执行器的最终位置，由于虚拟刮板输送机的姿态是随着虚拟综采工作面的推进不断变化的，因而关键点的位置在虚拟环境下也是实时变化的，通过改变刮板输送机上关键点的位置可确定推溜点与移架点，如图7-14所示。

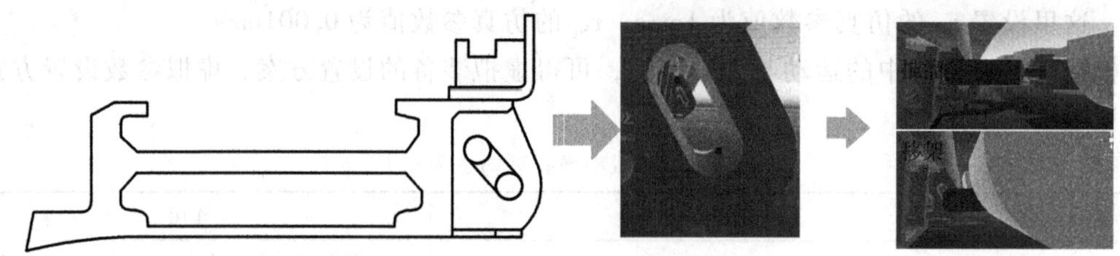

图7-14　推移点位置的确定

在刮板输送机推移耳座上标记推溜与移架的关键点，作为推移机构等价机械手模型末端执行器的捕捉位置，在虚拟环境下得到浮动连接机构各结构的运动变量的具体值，从而实现液压支架的精准推移。在此情况下，销耳间隙的影响可以得到较理想的解决。

2. 刮板输送机运动的虚拟转换

在获得了刮板输送机位置坐标的基础上，需要将其转换为Unity3d环境下可驱动刮板输送机推进的信息，这里选取的驱动因子为相邻两中部槽间的相对偏转角度，因而需要建立位置坐标与偏转角间的转换机制，如图7-15所示。

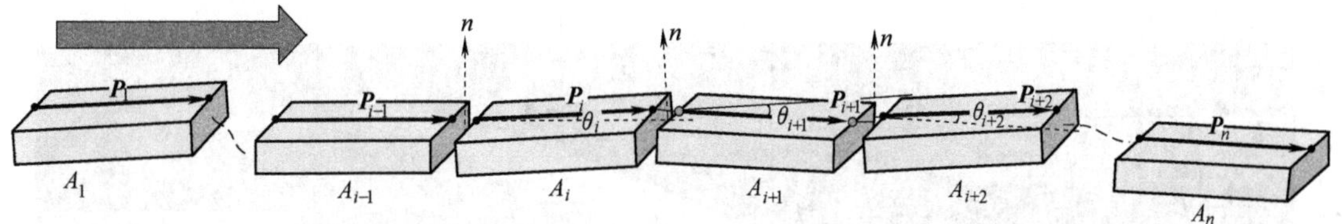

图 7-15　基于 Rodrigues 参数的中部槽虚拟位姿转换

Rodrigues 参数的计算公式如下：

$$\boldsymbol{\phi}=\boldsymbol{n}\tan\frac{\alpha}{2} \tag{7-12}$$

式中，$\boldsymbol{\phi}$ 为 Rodrigues 参数；α 为 $\boldsymbol{P}_i$ 绕旋转轴 $\boldsymbol{n}$ 转动的角度；$\boldsymbol{n}$ 为旋转轴。由公式可以看出，该方法容易产生奇异值（旋转角度为±180°），但是，受开采工况以及刮板输送机结构的限制，中部槽的偏转角度一般不超过 4°，因此选取 Rodrigues 参数对中部槽间的相对偏转角进行求解。

将中部槽 A_i 的位置坐标用向量 $\boldsymbol{P}_i(x_i,\ y_i,\ z_i)$ 表示，通过计算相邻两个向量间的角度值来确定相邻两个中部槽间的相对偏转角。在得到刮板输送机各中部槽位置向量的前提下，利用 Character Joint 组件的 y 轴作为旋转轴 $\boldsymbol{n}$，相邻两中部槽间的相对偏转角度用 $\boldsymbol{P}_i$ 与 $\boldsymbol{P}_{i+1}$ 两个向量间的相对转动情况确定，可由下式表示：

$$\boldsymbol{P}_{i+1}=\boldsymbol{P}_i+\frac{1}{1+\boldsymbol{\phi}^2}[\boldsymbol{\phi}\times\boldsymbol{P}_i+\boldsymbol{\phi}\times(\boldsymbol{\phi}\times\boldsymbol{P}_i)]=\boldsymbol{R}\boldsymbol{P}_i \tag{7-13}$$

其中，$\boldsymbol{\phi}$ 为 Rodrigues 参数，$\boldsymbol{R}$ 为由 Rodrigues 参数表述的从$\boldsymbol{P}_i$ 到$\boldsymbol{P}_{i+1}$ 的旋转矩阵，该旋转矩阵的表达式为

$$\boldsymbol{R}=\frac{1}{1+\boldsymbol{\phi}^2}\begin{bmatrix}1+\phi_x^2-\phi_y^2-\phi_z^2 & 2(\phi_x\phi_y-\phi_z) & 2(\phi_x\phi_z+\phi_y)\\ 2(\phi_x\phi_y+\phi_z) & 1-\phi_x^2+\phi_y^2-\phi_z^2 & 2(\phi_y\phi_z-\phi_x)\\ 2(\phi_x\phi_z-\phi_y) & 2(\phi_y\phi_z+\phi_x) & 1-\phi_x^2-\phi_y^2+\phi_z^2\end{bmatrix} \tag{7-14}$$

设中部槽 A_{i+1} 相对于中部槽 A_i 的欧拉角差值：航向角 $\Delta\varphi$，俯仰角 $\Delta\theta$，横滚角 $\Delta\gamma$，则欧拉角与 Rodrigues 参数之间的关系为

$$\boldsymbol{\phi}=\frac{1}{1+\tan\frac{\Delta\varphi}{2}\tan\frac{\Delta\theta}{2}\tan\frac{\Delta\gamma}{2}}\begin{bmatrix}\tan\frac{\Delta\gamma}{2}-\tan\frac{\Delta\varphi}{2}\tan\frac{\Delta\theta}{2}\\ \tan\frac{\Delta\theta}{2}+\tan\frac{\Delta\varphi}{2}\tan\frac{\Delta\gamma}{2}\\ \tan\frac{\Delta\varphi}{2}+\tan\frac{\Delta\theta}{2}\tan\frac{\Delta\gamma}{2}\end{bmatrix} \tag{7-15}$$

3. 虚拟约束关系的构建

为了简化研究过程，这里仅选取 11 个液压支架、11 节中部槽进行研究。在 Unity3d 创造的虚拟环境下，在图 7-16 所示的虚拟煤层上添加 Mesh Collider 碰撞体；在虚拟刮板输送机、虚拟液压支架上安装 Box Collider 碰撞体和 Rigid body；在刮板输送机各节中部槽铲煤板处安装 Capsule Collider 碰撞体，使其可以通过具有凸起的地形；在相邻两节中部槽之间安装 Character Joint 组件，可以使单节中部槽受到相邻两节中部槽的约束力，参数设置使其与真实物理世界中的物理作用相对应，即综采支运装备可自适应铺设在虚拟煤层上。此时，液压

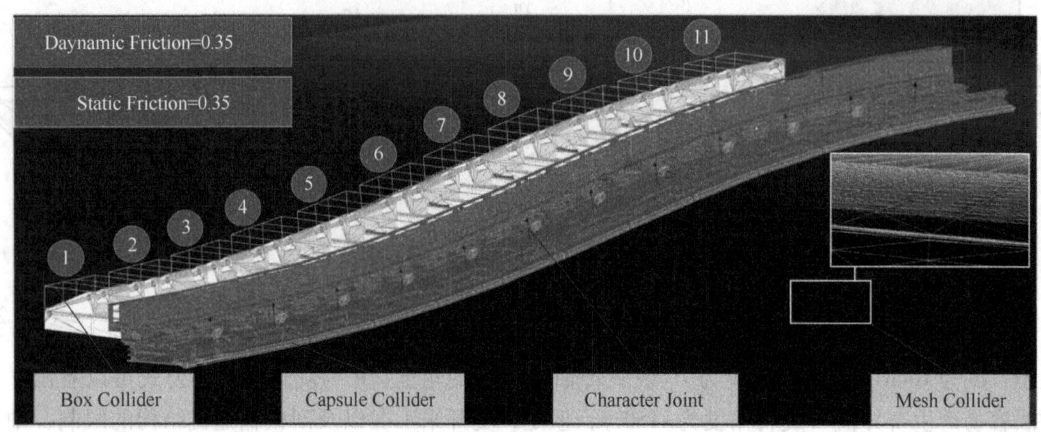

图 7-16 物理引擎设置

支架推溜时，各节中部槽受相邻两中部槽的限制与煤层底板的影响。

4. 装备运动的实现

综采工作面“三机”的型号按表 7-4 选取。在刮板输送机各中部槽上安装 Character Joint 组件后，可对中部槽间的相对偏转运动进行模拟。根据已知的采煤机运行轨迹，将其在水平方向投影得到的轨迹反演至刮板输送机上，根据轨迹的弯曲情况确定各节中部槽的弯曲角度，由 GBJControl. cs 脚本形式表示，并将该脚本安装在刮板输送机中部槽的父物体“GBJ”上，通过以下函数命令控制各节中部槽的转动。


```
this. transform. Rotate( new Vector3( eulerAngles. x ,eulerAngles. y ,eulerAngles. z) ,Space. Self) ;
```

选取底座和刮板输送机为研究对象，在虚拟环境中物理引擎的作用下，煤机装备自适应铺设在虚拟煤层底板上，刮板输送机在脚本的作用下自适应弯曲；基于浮动连接机构的运动规律，液压支架推移机构在脚本的控制下自动捕捉相应中部槽上的关键点，将刮板输送机推移成既定姿态，液压支架移架，从而实现综采支运装备的协同推进，如图 7-17 所示。

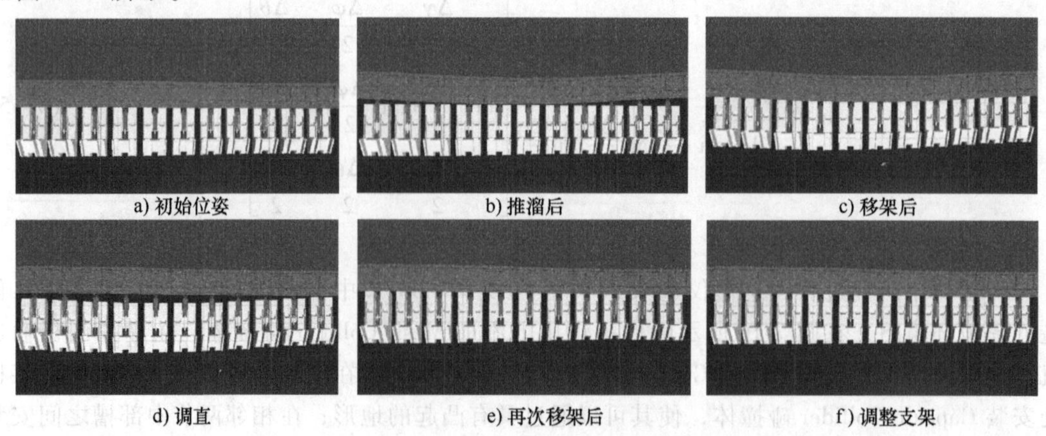

a) 初始位姿　b) 推溜后　c) 移架后

d) 调直　e) 再次移架后　f) 调整支架

图 7-17 综采支运装备的协同推进

7.5.2　综采支采装备协同运动仿真

1. 液压支架运动的虚拟仿真环境设置

分别为液压支架的掩护梁、平衡千斤顶缸体、平衡千斤顶缸杆、立柱、顶梁、后连杆、前连杆、底座等添加 Rigidbody（刚体）组件，如图 7-18 和图 7-19 所示。在为虚拟模型添加 Rigidbody 组件后，虚拟模型将具有相关力学属性，即可在虚拟仿真系统中模拟真实世界里物体所对应的物理行为。

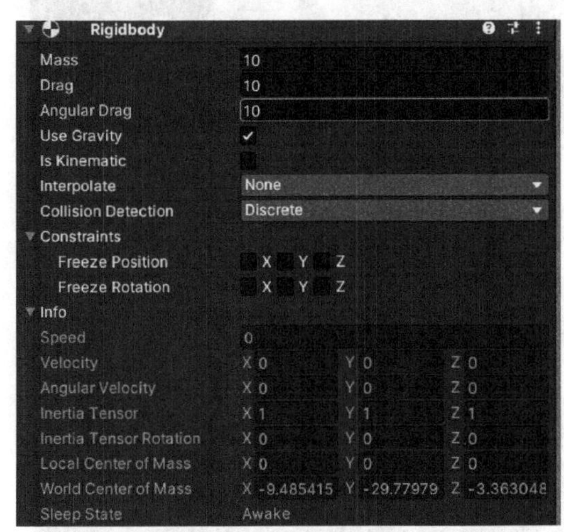

图 7-18　液压支架掩护梁 Rigidbody 设计界面

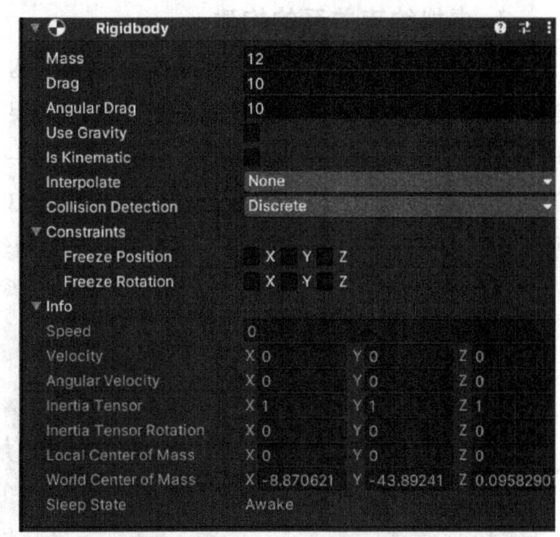

图 7-19　液压支架前连杆 Rigidbody 设计界面

在液压支架底座添加如图 7-20 所示的 Box Collider 碰撞体，使液压支架群与煤层自适应耦合，其参数设置如图 7-21 所示。

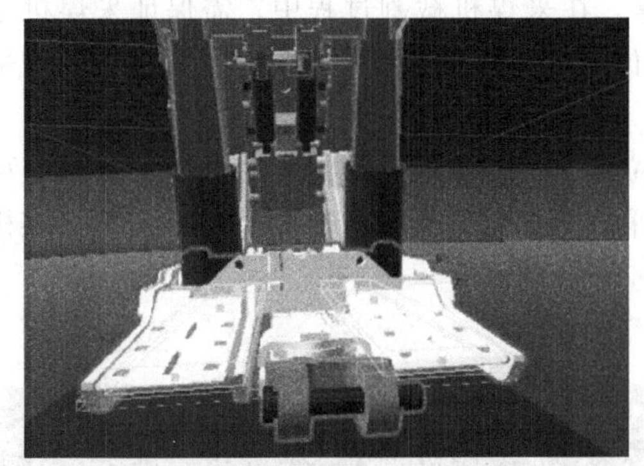

图 7-20　液压支架底座碰撞体

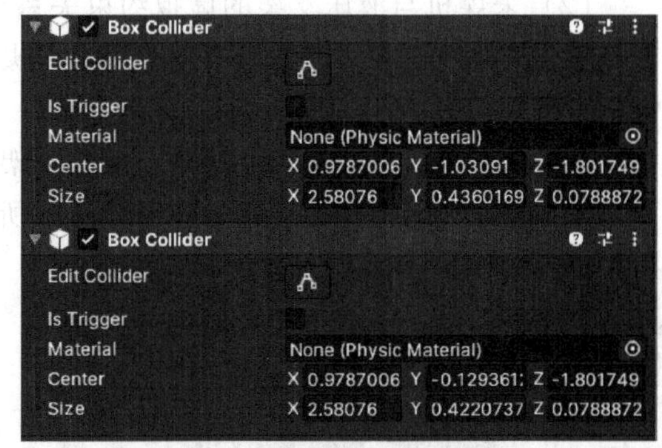

图 7-21　液压支架底座 Box Collider 碰撞体参数设置

2. 虚拟红外定位传感器

通过采煤机机身上的红外发射装置和液压支架上的红外接收装置可以获取采煤机与液压支架的相对位置。在虚拟场景中，射线和射线碰撞检测功能可以实现虚拟红外传感器功能。Unity3d 中，使用 Ray 射线类对采煤机上的红外发射装置进行模拟，使用 Collider 碰撞体模拟液压支架上的红外接收装置，最终可实现虚拟红外定位传感器功能。

如图 7-22 所示，当采煤机的射线与液压支架机身的碰撞体发生碰撞时，LineRender 组件可以将红外射线结果渲染，液压支架上的碰撞检测代码检测到采煤机射线的结果，根据检测红外碰撞信息的液压支架的架数，便可以判断采煤机相对于液压支架的位置。

在虚拟液压支架上添加虚拟红外接收装置，在虚拟采煤机上添加虚拟红外发射装置，并在虚拟采煤机上添加 Linerender 组件用于射线渲染，通过编写射线发射代码和碰撞检测代码来实现虚拟红外信号的解析。

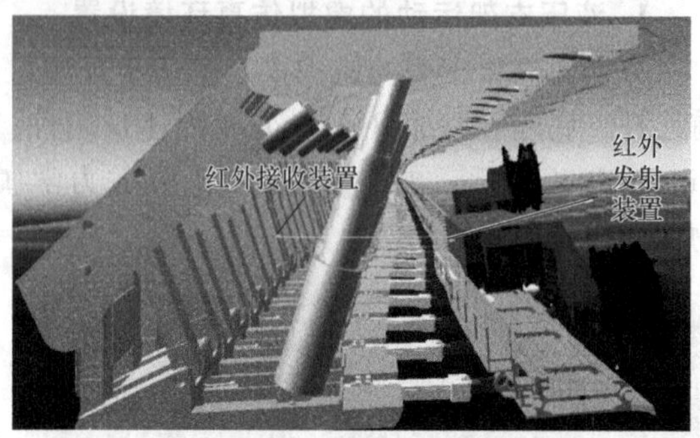

图 7-22　虚拟红外传感器

3. 虚拟约束关系的构建

（1）液压支架间虚拟约束关系的构建　液压支架间的虚拟约束是指虚拟液压支架间发生接触时，液压支架间的相互碰撞，这一关系主要靠液压支架上的碰撞体实现。图 7-23 所示为液压支架侧护板伸出后，各液压支架的约束关系以及液压支架的碰撞体分布情况。

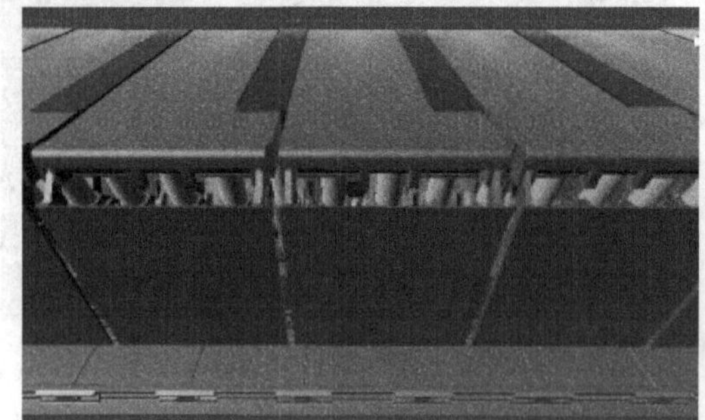
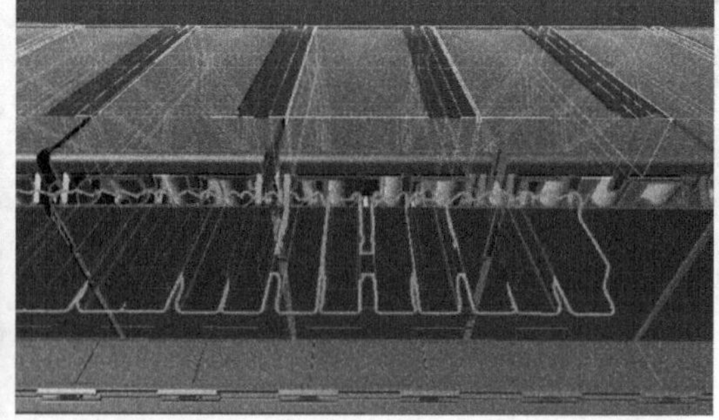

图 7-23　液压支架间的虚拟约束

（2）采煤机与液压支架的虚拟约束关系构建　在采煤机截割过程中，需保证采煤机不与液压支架发生碰撞，在液压支架能根据采煤机位置进行收护帮板的情况下，只需要约束采煤机上滚筒位置。

图 7-24a 所示为采煤机上滚筒与液压支架的位置，根据滚筒与顶梁相对高度的极限值可获取采煤机摇臂倾角的最大值，对图 7-24b 所示采煤机摇臂倾角进行限制，即可实现采煤机

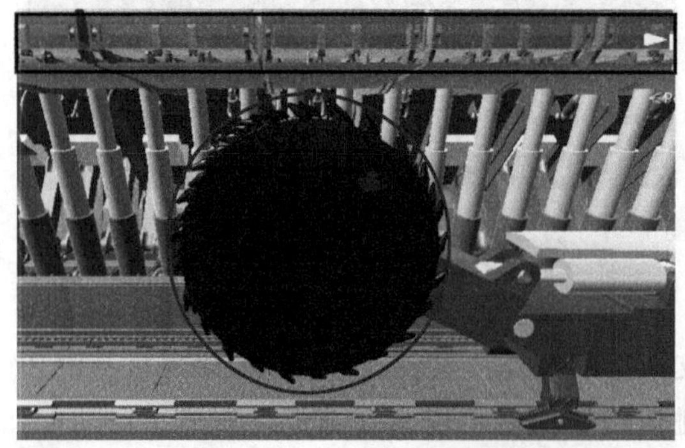

a) 采煤机上滚筒与液压支架的位置

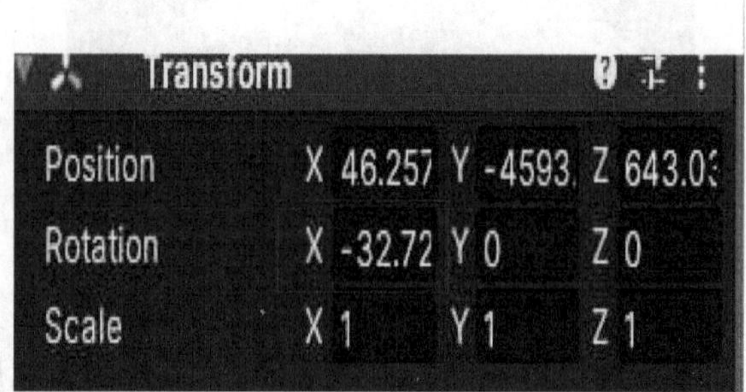

b) 采煤机摇臂倾角

图 7-24　采煤机虚拟约束添加

与液压支架的虚拟约束。

（3）采煤机与液压支架协同运动的实现　每个液压支架均有 YyzzControl. cs 控制脚本，每个采煤机均有 CmjControl. cs 控制脚本。采煤机和液压支架的感知主要通过以下三个规则进行。

规则一：液压支架落后采煤机后滚筒两架，执行降—移—升动作。

规则二：液压支架落后采煤机 10~15m，进行推溜动作。

规则三：液压支架超前采煤机前滚筒两架，执行收护帮板动作。

每个液压支架实时获取采煤机前滚筒和后滚筒的位置。以在顺序移架方式下的动作为例进行分析，由于采煤机与液压支架的脚本不同，需要进行各脚本之间的交互以模拟虚拟物体之间的信息交互，通过 GameObject. Find("脚本所在物体名"). GetComponent<脚本名>(). 函数名()实现。其感知过程如下：

1）如果采煤机向右牵引，标记采煤机运动方向变量 $d_{(i)}$ 为 true，采煤机的前滚筒就是左滚筒，后滚筒就是右滚筒，反之亦然。

2）设定液压支架动作函数 $s_{(i)}$。$s_{(i)}=0$，推溜动作；$s_{(i)}=1$，收护帮板动作；$s_{(i)}=2$，降柱动作；$s_{(i)}=3$，移架动作；$s_{(i)}=4$，升柱动作；$s_{(i)}=5$，伸出护帮板动作。

3）前滚筒与液压支架位置信息比较，满足条件进行收护帮板动作。

4）后滚筒与液压支架位置信息比较，满足规则一进行降柱动作，同时将液压支架的移架任务变量置为 true，激活移架变量，降柱完成后 $s_{(i)}$ 变为 3，代表进行移架动作，移架完成后 $s_{(i)}$ 变为 4，再进行升柱动作。

5）后滚筒与底座信息比较，若满足规则二，则执行推溜动作。

6）采煤机感知液压支架，如果液压支架跟不上采煤机的牵引速度，会导致空顶面积越来越大，当超过规定的支架后，采煤机会自行降低牵引速度，以使支架移架动作慢慢追上采煤机动作。

顺序移架时，采煤机与液压支架的协同动作过程如图 7-25 所示。

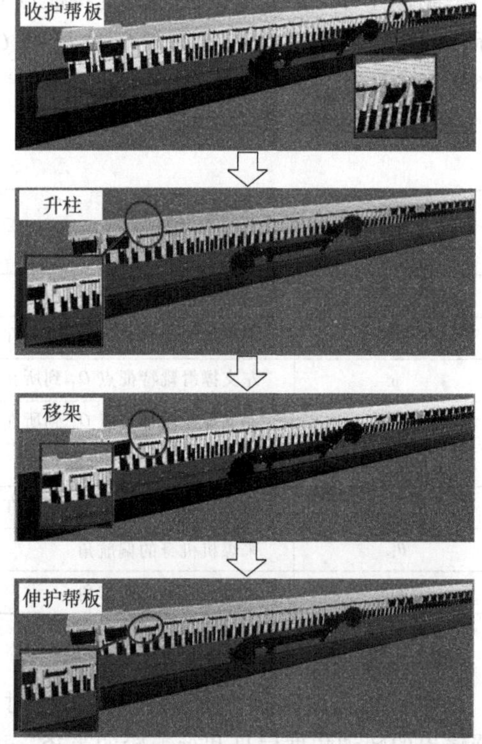

图 7-25　采煤机与液压支架的协同动作过程

7.5.3　综采采运装备协同运动仿真

1. 采运装备协同运动机理分析

如图 7-26 所示，L_M 为左支撑滑靴特征点 O_1 到所在中部槽中板中心沿 x 轴方向的距离，L_h 为左支撑滑靴特征点 O_1 到所在中部槽中板中心沿 y 轴方向的距离。此时，O_1 在这节中部槽的局部坐标系下的坐标值为$\left(L_M,\ L_h,\ \frac{L_z}{2}-p\right)$。

当左支撑滑靴特征点 O_1 位于第 n 节中部槽

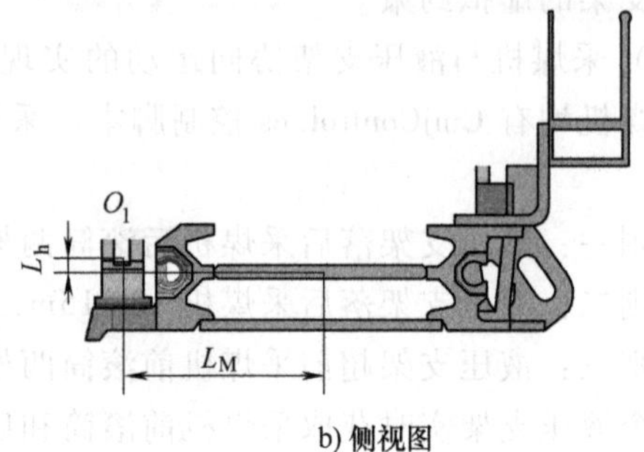

a) 主视图　　b) 侧视图

图 7-26　滑靴与中部槽相对位置

的 p 处时，右支撑滑靴特征点 O_1 位于第 $n+m+1$ 节中部槽的 q 处，此时采煤机左支撑滑靴特征点 O_1 在采煤机与刮板输送机协同运行坐标系下的坐标可以经过坐标转换得到，具体坐标转换过程如下：

$$\boldsymbol{P}_n^{\mathrm{T}}=\boldsymbol{C}\boldsymbol{P}^{\mathrm{T}} \tag{7-16}$$

其中，$\boldsymbol{P}_n$ 为特征点 O_1 在采煤机与刮板输送机协同运行坐标系下的坐标矩阵，$\boldsymbol{P}$ 为特征点 O_1 在中部槽坐标系下的坐标矩阵，$\boldsymbol{C}$ 为坐标系旋转矩阵。

$$\boldsymbol{C}=\begin{pmatrix}\cos\gamma_n & -\cos\alpha_n\sin\gamma_n & \sin\alpha_n\sin\gamma_n\\ \cos\gamma_n & \cos\alpha_n\cos\gamma_n & -\cos\gamma_n\sin\alpha_n\\ 0 & \sin\alpha_n & \cos\alpha_n\end{pmatrix} \tag{7-17}$$

经计算可得采煤机左支撑滑靴特征点 O_1 在采煤机与刮板输送机协同运行坐标系下的坐标。同理可得采煤机右支撑滑靴特征点 O_2 在采煤机与刮板输送机协同运行坐标系下的坐标。

各变量的含义见表 7-5。

表 7-5　各变量的含义

变量	含义
γ_i	第 i 节中部槽的偏航角
α_i	第 i 节中部槽的俯仰角
L_M	左支撑滑靴特征点 O_1 到所在中部槽中板中心沿 x 轴方向的距离
p	左支撑滑靴特征点 O_1 到所在中部槽中板左端沿 z 轴方向的距离
L_h	左支撑滑靴特征点 O_1 到所在中部槽中板中心沿 y 轴方向的距离
L_z	中部槽的长度
q	右支撑滑靴特征点 O_2 到所在中部槽中板左端沿 z 轴方向的距离
θ_{JS}	采煤机机身的偏航角
φ_{JS}	采煤机机身的俯仰角

2. 虚拟传感器的构建

（1）虚拟编码器　物理编码器工作时，可检测得到行走轮的转动角度信息。结合编码器输出的转动角度信息和行走轮的半径，可计算行走行程。根据物理编码器工作原理，计算出行走行程后再结合行走轮半径，通过反向计算得到虚拟编码器转动角度，从而建立虚拟编码器。

如图 7-27a 所示，在 Unity3d 中，在行走轮几何中心添加虚拟编码器，图 7-27b 所示为虚拟编码器所获取的信息，Last Position 和 Current Position 分别存储虚拟编码器上一时刻的位置和当前时刻的位置。

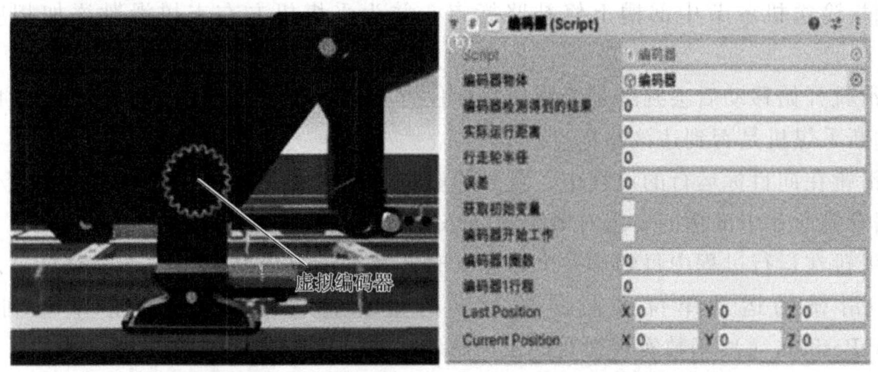

a) 编码器位置　　b) 编码器结果

图 7-27　虚拟编码器

在行走的过程中，使用 Transform. Position（）函数更新 Last Position 和 Current Position 的值，并计算两者的空间距离。将计算得到的空间距离叠加作为行走轮的行走位移，用该位移除以行走轮半径，得到的计算结果作为虚拟编码器的信号结果，并在 GUI 界面中进行结果展示。

（2）虚拟 IMU（惯性测量单元）　虚拟 IMU 具有测量采煤机姿态角的功能。在虚拟场景中，利用虚拟物体的 Transform 组件中的 Eularrotation 属性，便可以获取物体在空间中的姿态角。

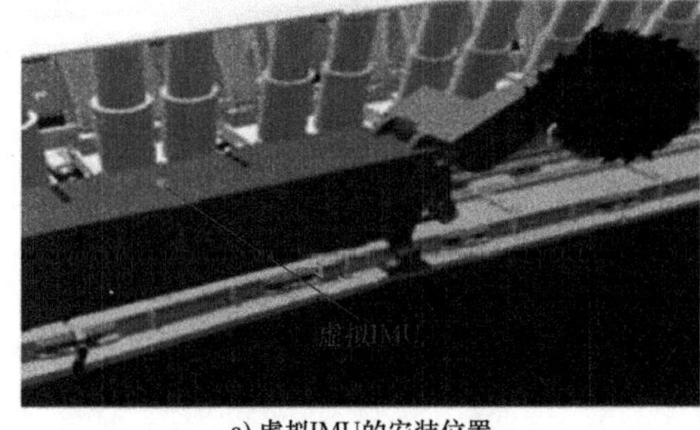

a) 虚拟IMU的安装位置　　b) 虚拟IMU的Transform组件面板

图 7-28　虚拟 IMU（惯性测量单元）

图 7-28a 所示为虚拟 IMU 的安装位置，其位于采煤机机身中心处，在该位置创建虚拟物体作为虚拟惯导。图 7-28b 所示为虚拟 IMU 的 Transform 组件面板，通过访问虚拟 IMU 的 Transform. eularrotation 属性，将其作为采煤机的欧拉角，便可以实现虚拟 IMU 的姿态测量。

3. 采煤机运动虚拟仿真环境的设置

采煤机运动虚拟仿真环境的设置详见 6.3 节。

4. 采运装备协同运动的实现

在实际生产过程中，导向滑靴和销排的啮合关系使采煤机以刮板输送机为轨道行走。采煤机的位姿形态主要受导向滑靴和支撑滑靴位置的影响。为了使采煤机能够更好地沿着刮板输送机行走，这里对模型进行简化，将采煤机左右支撑滑靴作为采煤机位姿形态的定位关键。在刮板输送机各节中部槽上修补路标点，并为采煤机左右支撑滑靴添加相应的巡迹脚本。

1）滑靴开始移动后会判断是否到达目标位置。计算采煤机与中部槽上路标点的相对位置，以判断采煤机是否到达该路标点。

2）滑靴在向目标运行的过程中，自身的姿态会随着所在中部槽的姿态发生变化，因此需要根据滑靴所在中部槽的姿态对滑靴的姿态进行相应的调整。

3）滑靴在运行过程中每到达一个路标点时，都会计算该路标点与下一路标点之间的方向向量，滑靴的运动单位方向向量与该向量保持一致，与速度相乘后利用 rigidbody. MovePosition（）函数实现滑靴的定向移动。

图 7-29 和图 7-30 所示分别为采煤机在煤层起伏较小和煤层起伏较大时的运动情况。

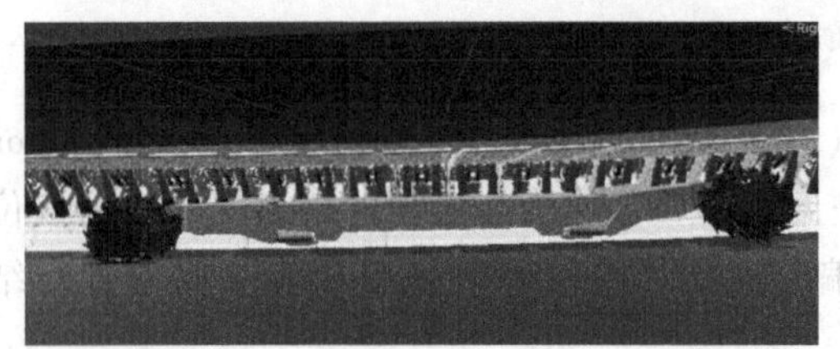

图 7-29　采煤机在煤层起伏较小时的运动情况

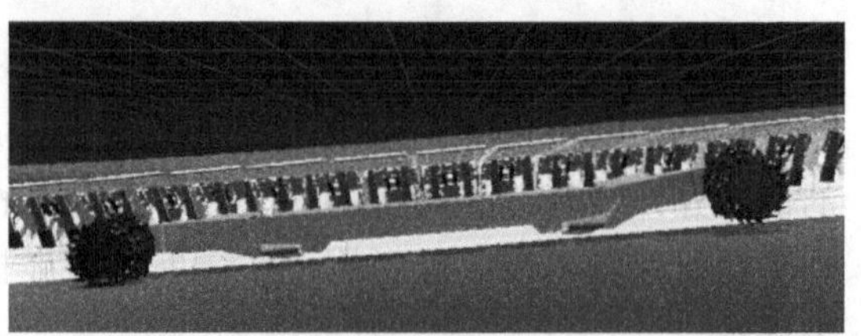

图 7-30　采煤机在煤层起伏较大时的运动情况

思考题

7-1　位姿变换矩阵的基本公式是什么？

7-2　在进行浮动连接机构运动学解析时，正向运动学与逆向运动学的区别是什么？

7-3　在建立综采支运装备的虚拟约束关系时，需要哪些物理引擎的作用？

7-4　在虚拟红外测距传感器的建立时，需要 Unity3d 的哪个类实现其功能？

7-5　在各中部槽上添加 Character Joint 的目的是什么？

3RD PART

第 3 篇

仿真支持

在对机械装备虚拟现实仿真的基础概念、前期准备、单机和多机复杂仿真方法学习的基础上，可以让机械装备依照设计完成高仿真度动作。然而，此时的仿真依赖于脚本控制，无法与机械装备进行交互。因此，需要学习仿真支持的相关内容，在虚拟场景运行的基础上，施加额外指令以完成动态虚拟监控与运维等功能。本篇共包含四章，分别为 GUI 界面设计关键技术、数据处理关键技术、人机交互关键技术以及数据驱动关键技术。

第 8 章介绍 GUI 界面的设计。GUI 是人与计算机中的仿真对象直接进行交互的控件，包括 Unity3d 本身内置的 GUI 以及 UGUI 和 NGUI 等。首先对三种控件逐一进行介绍，总结各控件的特点，然后阐明如何基于开发目标灵活选择合适的控件进行 GUI 设计。

第 9 章介绍 Unity3d 与数据支持工具之间的耦合运行框架。首先通过 XML、CSV 进行数据存储，可以将仿真场景产生的具体数据保存到后台，进而分析整个仿真流程并进行优化；之后与 MATLAB 软件进行双向数据通信与数据交互，可利用 MATLAB 为实时仿真提供计算支持；最后将仿真数据存储到 SQL Server 等数据库中，进行大数据分析。

第 10 章介绍人机交互技术，虚拟现实的 3I 特性中最重要的就是人的沉浸式体验和高效参与，这需要通过人机交互来实现。以市面上最常用的 HTC Vive 设备和 Azure Kinect 设备为例，分别对沉浸式手柄交互和人体跟踪交互的开发流程进行讲解；增强现实是在现实场景中叠加虚拟对象，进而实现虚实融合的技术，介绍如何利用微软 HoloLens 混合现实设备实现机械装备虚拟仿真程序与真实机械装备的叠加，以进一步支持机械装备的虚拟现实设计。

第 11 章是在学习了 GUI 界面设计、数据处理以及人机交互的基础上，紧扣前沿的数字孪生理念，以单片机、计算机控制技术等相关课程为基础，搭建虚拟监控系统，目的是将虚拟现实升级为数字孪生。首先以简单的 Arduino 单片机为例，对倾角、压力、超声、红外等传感器以及电动机、电动推杆等控制模块进行介绍；之后介绍 Unity3d 与 Arduino 单片机的双向交互通道，并以液压支架样机为对象，实现单个机械装备的虚拟监测与控制。

章节知识点
讲解视频

第 8 章 GUI 界面设计关键技术

知识目标：了解 GUI、UGUI、NGUI 的特点和基本控件，熟悉 GUI 的主要控件，掌握选择 UI 的方法。

能力目标：能够熟练运用 UI 选择方法，掌握 UI 界面开发流程，开发一个典型 UI 界面。

8.1 概述

GUI 的全称是 Graphical User Interface，即图形用户界面，图 8-1 所示为某系统的图形用户界面。GUI 的作用是用图形化显示的方式实现人与机器之间的信息交互。一个 UI 系统想要受到广大用户的喜爱，用户与 UI 系统之间的交互是必不可少的，而 GUI 又是 UI 系统中不可或缺的组成部分。本章将要介绍 Unity3d 的 UI 系统，包括 GUI、UGUI 和 NGUI。UGUI 是 Unity3d 在 4.6 版本新增加的 UI 系统。NGUI 是 ArenMook 用 C#编写的 Unity3d 插件，提供了强大的 UI 系统和事件通知框架。

图 8-1　某系统的图形用户界面

8.2 GUI 介绍及使用

8.2.1　GUI 基本介绍及特点

Unity3d 自带的 GUI 系统提供了标签、按钮、文本框、滑块和工具条等控件，开发者通过调用 GUI 类下的静态方法在界面中绘制控件，搭配不同的控件进而实现所需的 GUI 界面。

8.2.2　GUI 基本控件

Unity3d 的 GUI 系统提供了丰富的 GUI 工具类，开发者可以通过搭配不同的控件来实现所需的界面效果。下面对 GUI 的基本控件的功能进行详细介绍。

1. Label 控件

Label 控件用于在界面中绘制一个文本或纹理标签。具体代码如下：

```
void OnGUI( )
{
    GUI. Label( new Rect( Screen. width/10, Screen. height/10,
        Screen. width/5, Screen. height/10) , " Hello World!" ) ;
    }
```

将编写好的脚本挂载到相机上，然后运行项目，如图 8-2 所示。

图 8-2　GUILabel 脚本挂载位置

2. Button 控件

Button 控件用于在界面中绘制一个可按下的按钮，一般当用户按下按钮后会触发相应的事件。具体代码如下：

```
void OnGUI( )
{
    If( GUI. Button( new Rect( Screen. width/10, Screen. height/3,
        Screen. width/5, Screen. height/10) , " Click" |) )
            Debug. Log( " Clicked the button with text" ) ;
    }
```

将编写好的脚本挂载到相机上，然后运行项目，如图 8-3 所示。

图 8-3 GUIButton 脚本挂载位置

3. Text Field 控件

Text Field 控件用于在界面中绘制一个单行文本框，用户可以在这个文本框中编辑文本。具体代码如下：

```
void OnGUI()
{
    stringToEdit = GUI.TextField(new Rect(Screen.width/10,Screen.height/10,
        Screen.width/3,Screen.height/10),stringToEdit,25);
}
```

将编写好的脚本挂载到相机上，然后运行项目，如图 8-4 所示。

图 8-4 GUITxField 脚本挂载位置

4. Vertical Slider 控件

Vertical Slider 控件用于在界面中绘制一个垂直的滑块，用户可以设置相应的阈值。具体代码如下：

```
void OnGUI()
{
    sliderValue=GUI.VerticalSlider(new Rect(20,20,20,100),sliderValue,0.0f,1.0f);

    GUI.Label(new Rect(20,130,100,20),"Slider Value:"+sliderValue.ToString("F2"));
}
```

将编写好的脚本挂载到相机上，然后运行项目，如图 8-5 所示。

创建 Vertical Slider 控件的显示效果如图 8-6 所示。

图 8-5　GUIVerSlider 脚本挂载位置

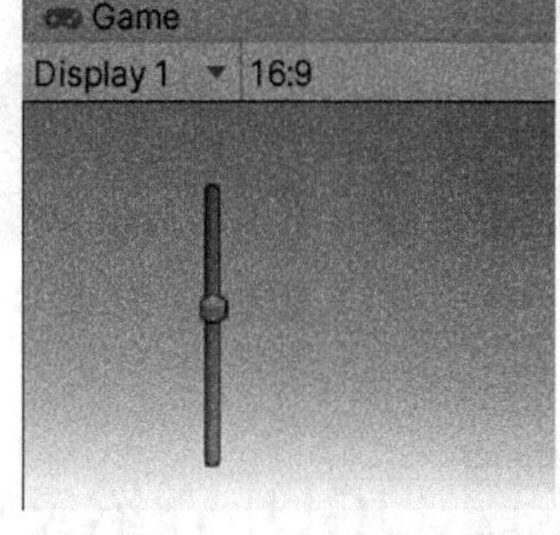

图 8-6　创建 Vertical Slider 控件的显示效果

5. Toolbar 控件

Toolbar 控件用于在界面中绘制一个工具条，可以在其中置入工具按钮。具体代码如下：

```
public int toolbarInt = 0;
pubilc string[ ] toolbarStrings = new string[ ]
{"Toolbar1","Toolbar2","Toolbar3"};
void OnGUI( )
{
        toolbarInt = GUI.Toolbar(new Rect(Screen.width/10,
    Screen.height/10,Screen.width/2,Screen.height/10),
    toolbarInt,toolbarStrings);
    }
```

将编写好的脚本挂载到相机上，然后运行项目，如图 8-7 所示。

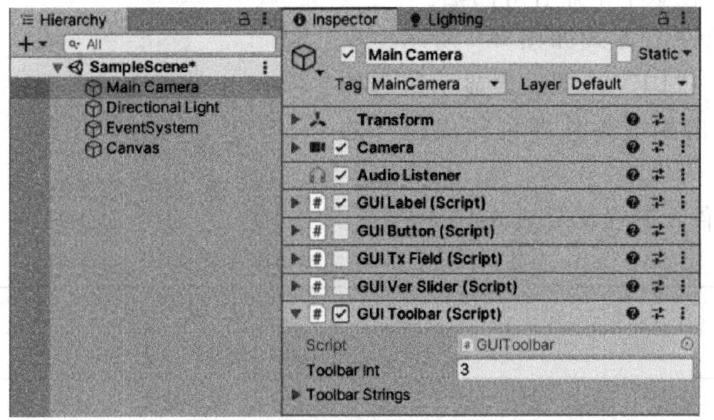

图 8-7　GUIToolbar 脚本挂载位置

创建 Toolbar 控件的显示效果如图 8-8 所示。

除以上控件外，GUI 常用控件还有 Box（盒子控件）、Toggle（开关控件）、Window（窗口控件）、Text Area（多行文本控件）等。

图 8-8　创建 Toolbar 控件的显示效果

8.3 UGUI 介绍及使用

8.3.1 UGUI 基本介绍及特点

UGUI 即为 Unity3d GUI，是 Unity3d 4.6 版本官方发布的内置于 Unity3d 引擎的新 UI 系统。UGUI 是 NGUI 插件的作者 ArenMook 在加入 Unity3d 后参与开发的 UI 系统。相比于 8.2 节介绍的旧版 GUI 系统，UGUI 可快速、高效地搭建各种应用需求的交互界面，能够实现所见即所得，界面更加美观，UI 开发更加简单易用。因 UGUI 搭建系统界面所应用的 UI 组件均内置于 Unity3d 引擎，相较于其他开发工具更为稳定，也不会存在版本不兼容等问题。

创建 UGUI 控件的方式如图 8-9 所示，单击“GameObject”→“UI”选项后会显示所有的 UGUI 控件，再单击相应控件即可完成控件的创建。

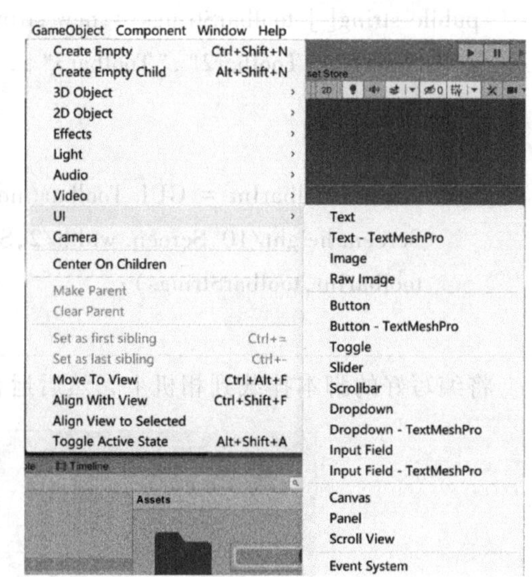

图 8-9　创建 UGUI 控件的方式

UGUI 相关控件及其含义见表 8-1。

表 8-1　UGUI 相关控件及其含义

UGUI 控件	含义
Image	图片控件(纹理仅限于 Sprite 类型)
Text	文本控件
Raw Image	图片控件(纹理类型不限)
Panel	面板控件
Toggle	开关控件
Slider	滑动条控件
Scrollbar	滚动条控件

（续）

UGUI 控件	含义
Scroll View	屏幕滚动控件
Button	按钮控件
Dropdown	下拉菜单控件
Input Field	输入框控件
Canvas	画布控件
Event System	事件系统

8.3.2　UGUI 基本组件

1. Event System 组件

首次创建一个 UI 控件时，除了会自动创建 Canvas，还会自动创建 Event System 组件，主要用来检测并响应交互动作，进一步激活一定的交互事件，Hierarchy 面板如图 8-10 所示。

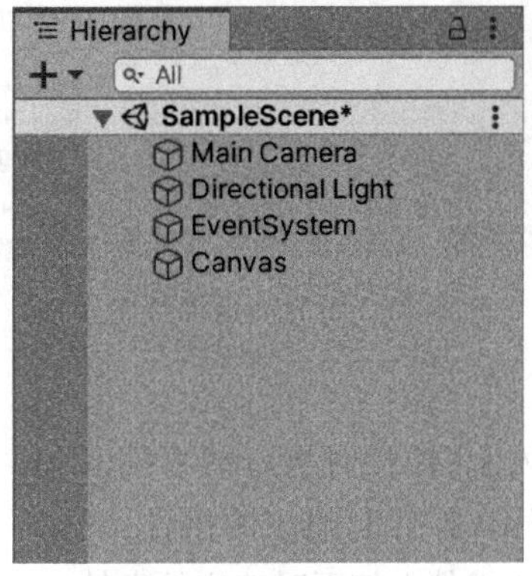

图 8-10　Hierarchy 面板

Event System 组件如图 8-11 所示。

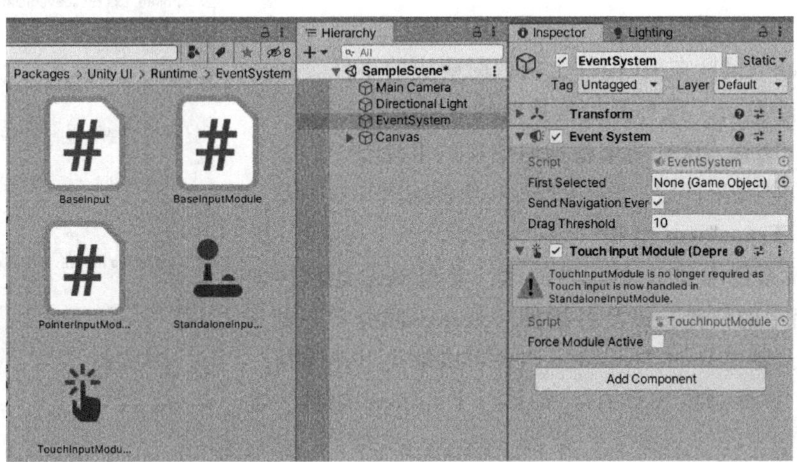

图 8-11　Event System 组件

Event System 组件中各要素的含义如下：

（1）Event System 处理不同 UI 控件之间交互事件和射线的发射，以及输入设备的输入。

（2）Standalone Input Module 这是一个独立输入模块，用于完成鼠标、键盘等输入设备与 UI 控件之间交互的响应。

（3）Touch Input Module 当系统应用于移动设备时，自动转换鼠标单击为屏幕单击。通过单击屏幕，可以和 UI 控件进行交互，同时响应一定的交互事件。

通过添加 Event Trigger 组件即可实现不同类型事件的添加。单击“Add New Event Type”按钮，选择不同的事件类型，如图 8-12 所示。

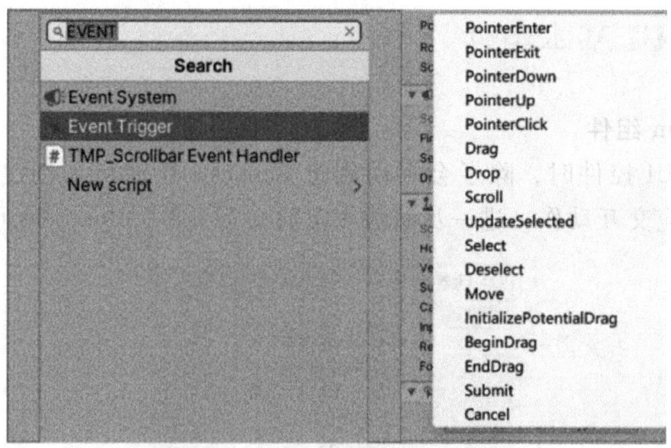

图 8-12 不同类型事件的添加

常见的事件类型如下：

（1）PointerEnter 鼠标进入 UI 控件时响应的事件。

（2）PointerExit 鼠标离开 UI 控件时响应的事件。

（3）PointerDown 鼠标在 UI 控件上按下时响应的事件。

（4）PointerUp 鼠标在 UI 控件上抬起时响应的事件。

（5）PointerClick 鼠标在 UI 控件上单击一下响应的事件。

（6）Drag 鼠标在 UI 控件上拖拽时响应的事件。

（7）BeginDrag 鼠标开始拖拽时响应的事件。

（8）EndDrag 鼠标结束拖拽时响应的事件。

添加不同类型事件后，Event Trigger 组件如图 8-13 所示。

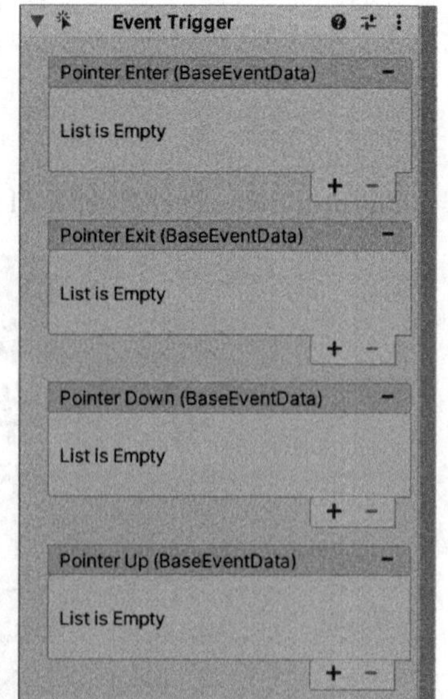

图 8-13 Event Trigger 组件

2. Rect Transform 组件

在 UGUI 系统中搭建交互界面时，需要确定各控件对象在 UI 界面中的位置，以及各控件对象在不同分辨率的屏幕上的缩放，使用 Rect Transform 组件可以解决上述问题。

任何 UI 控件对象都会有一个 Rect Transform 组件，如图 8-14 所示。

Rect Transform 组件中各要素的含义如下：

（1）Pos X　轴点 Pivot 到锚点 Anchor 水平方向的距离。

（2）Pos Y　轴点 Pivot 到锚点 Anchor 垂直方向的距离。

（3）Width　UI 控件的宽度。

（4）Height　UI 控件的高度。

（5）Anchors　锚点，用于确定对象在 Canvas 中的位置。当创建一个新的 UI 控件时，会自动在父物体上显示出锚点，图 8-15 所示的锚点为四个小三角形，分别对应 UI 控件四个角的控制点。Min 和 Max 用来控制锚点的四个控制点在父物体上的偏移量。

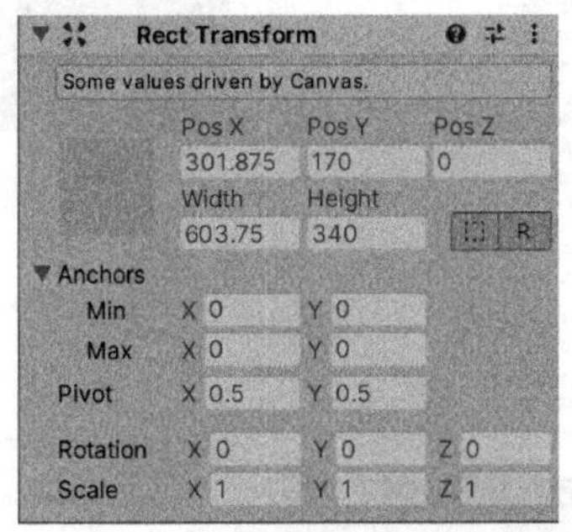

图 8-14　Rect Transform 组件

图 8-15　锚点

子物体锚点的移动范围仅限于其父物体的内部，不同锚点的位置对子物体的影响是不一样的，锚点的摆放位置有以下几种。

1）锚点汇聚于一点。

2）锚点与 UI 控件重合。

3）锚点与 UI 控件的父物体重合。

4）锚点聚合在一起呈线状。

（6）Pivot　轴点，为 UI 控件缩放和旋转时的参考点，也可以用来对齐两个不同 UI 控件的位置，是 UI 控件上的蓝色圆环，如图 8-16 所示。

图 8-16　轴点

单击 UI 控件的 Inspector 面板中的图标按钮，轴点位置如图 8-17 所示。

按住<Shift>键可以快速设置 Pivot 在 UI 控件上的位置，结合 Rect Transform 中 Pos X、Pos Y 的值，可以使子物体的轴点和其父物体的锚点对齐。

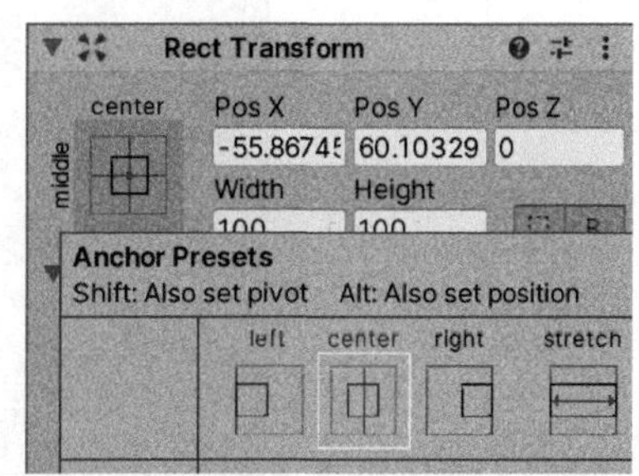

图 8-17　轴点位置

8.3.3　UGUI 基础控件

UGUI 基础控件包括 Image、Text、Raw Image、Button、Slider、Toggle、Canvas 等。

1. Image 控件

在 UGUI 中，Image 控件能够展示不用于交互的图像。

如图 8-18a 所示，在 Hierarchy 面板中单击鼠标右键→“UI”→“Image” 选项，或者如图 8-18b 所示，依次选择“GameObject”→“UI”→“Image” 选项，即可创建 Image 控件。

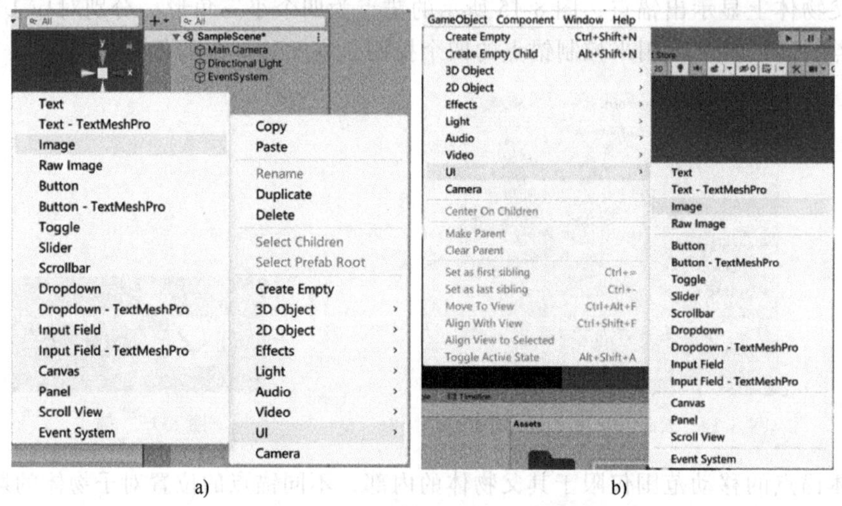

图 8-18　UGUI 的 Image 控件

Image 控件面板如图 8-19 所示。

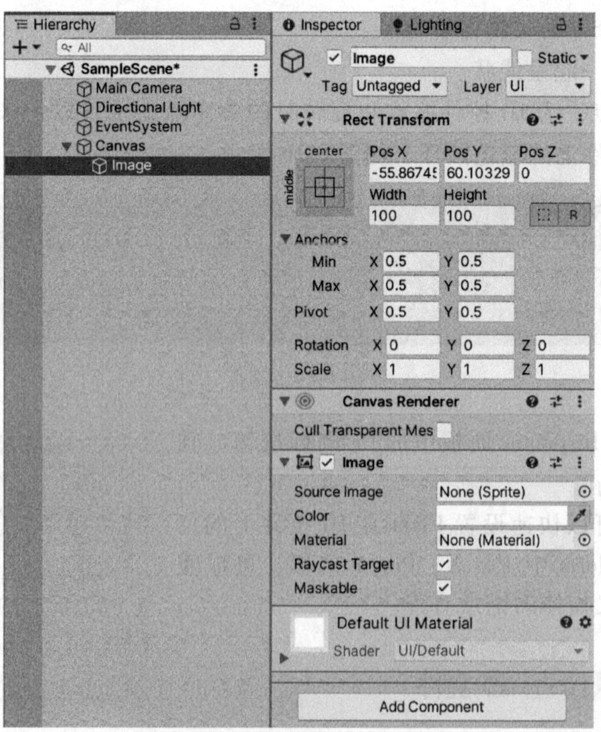

图 8-19　Image 控件面板

开发者可以通过 Button 控件的 On Click( ) 事件参数添加按钮的单击监听，使得用户单击按钮后，程序可以运行相应操作。

2. Text 控件

如图 8-20a 所示，在 Hierarchy 面板中单击鼠标右键→“UI”→“Text” 选项，或者如图 8-20b 所示，依次选择 “GameObject”→“UI”→“Text” 选项，即可创建 Text 控件。

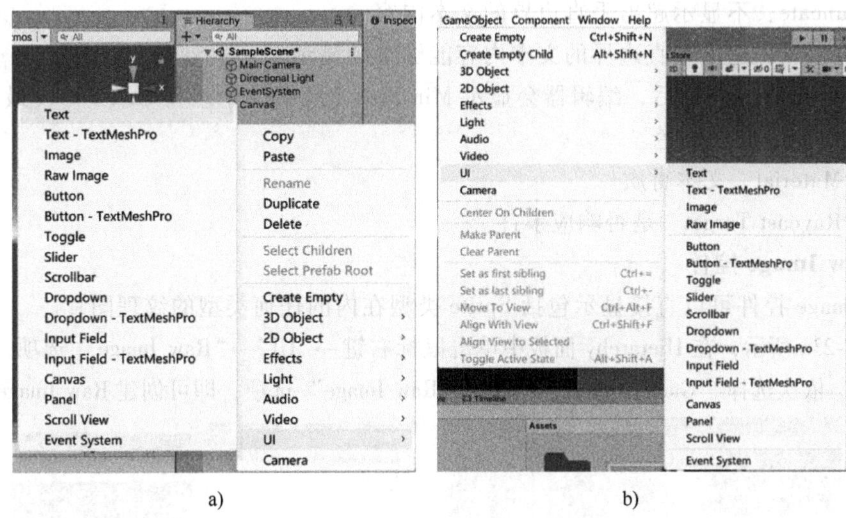

a)　　　　b)

图 8-20　UGUI 的 Text 控件

Text 控件面板如图 8-21 所示。

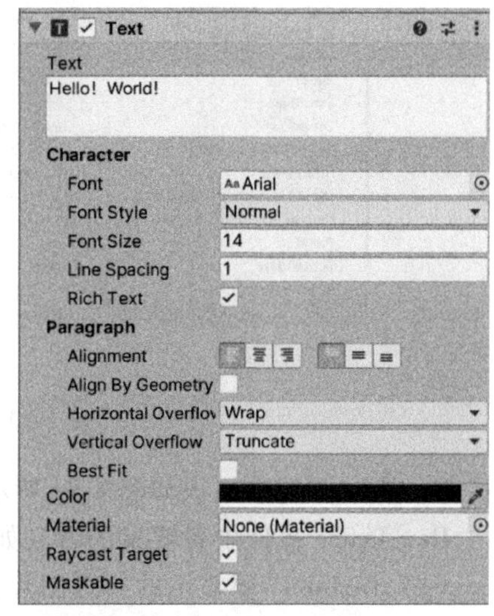

图 8-21　Text 控件面板

Text 控件中各要素的含义如下：

(1) Text　能够编辑、显示的文本内容。

(2) Font　文本的字体。

(3) Font Style　文本字体的样式。Normal：正常；Bold：加粗；Italic：斜体；Bold And Italic：加粗以及倾斜。

(4) Font Size　文本字体大小。

(5) Line Spacing　行距。

(6) Rich Text　显示富文本。

(7) Alignment　文本内容对齐方式，如图 8-22 所示，前三个按钮依次为水平方向的左对齐、居中、右对齐，后三个按钮依次是垂直方向的顶对齐、居中、底对齐。

图 8-22　文本内容对齐方式

(8) Align By Geometry　将使用区段的字形几何执行水平对齐，可以更好地拟合左对齐或右对齐，使文本内容同其所在的边缘没有间距。

（9） Horizontal Overflow　水平溢出。

1） Wrap：文本长度达到水平边界时将自动换行。

2） Overflow：文本长度允许超出水平边界并且能够继续显示。

（10） Vertical Overflow　垂直溢出。

1） Truncate：不显示超出垂直边界的文本内容。

2） Overflow：超出垂直边界的文本内容能够继续显示。

（11） Best Fit　勾选后，编辑器会显示 Min Size（最小尺寸）和 Max Size（最大尺寸）。

（12） Color　文本颜色。

（13） Material　文本材质。

（14） Raycast Target　是否响应事件。

3. Raw Image 控件

Raw Image 控件可以直接显示包括 Sprite 类型在内的任何类型的纹理图片。

如图 8-23a 所示，在 Hierarchy 面板中单击鼠标右键→“UI”→“Raw Image” 选项，或者如图 8-23b 所示，依次选择 “GameObject”→“UI”→“Raw Image” 选项，即可创建 Raw Image 控件。

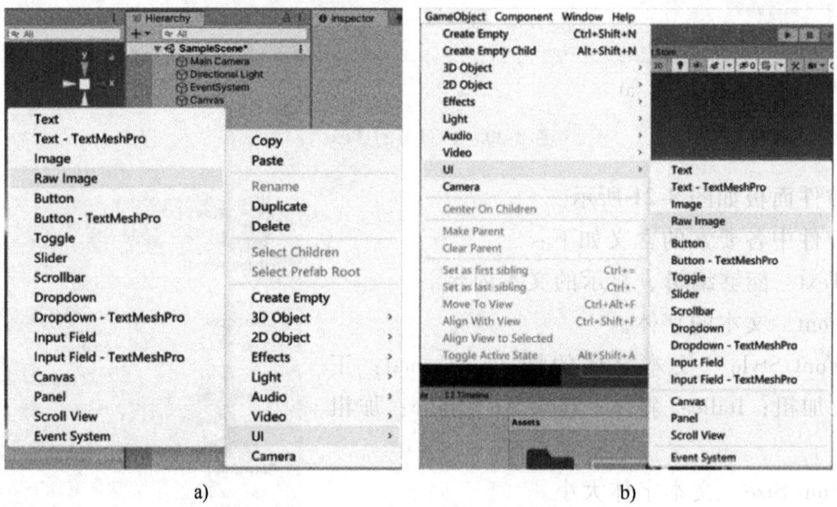

a)　　b)

图 8-23　UGUI 的 Raw Image 控件

Raw Image 控件面板如图 8-24 所示。

Raw Image 控件中各要素的含义如下：

（1） Texture　要显示的纹理图片。

（2） Color　颜色。

（3） Material　材质。

（4） UV Rect　图片纹理的 UV 坐标，X 为左右的偏移量，Y 为上下的偏移量，H 为高的缩放，W 为宽的缩放。

4. Button 控件

如图 8-25a 所示，在 Hierarchy 面板中单击鼠标右键→“UI”→“Button” 选项，或者如图 8-25b 所示，依次选择 “GameObject”→“UI”→“Button” 选项，即可创建 Button 控件。

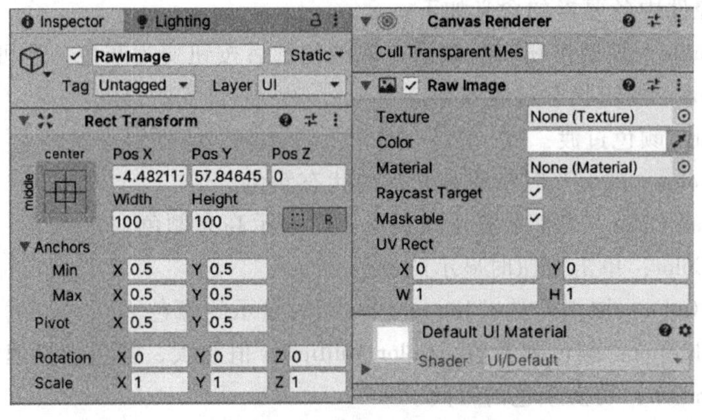

图 8-24　Raw Image 控件面板

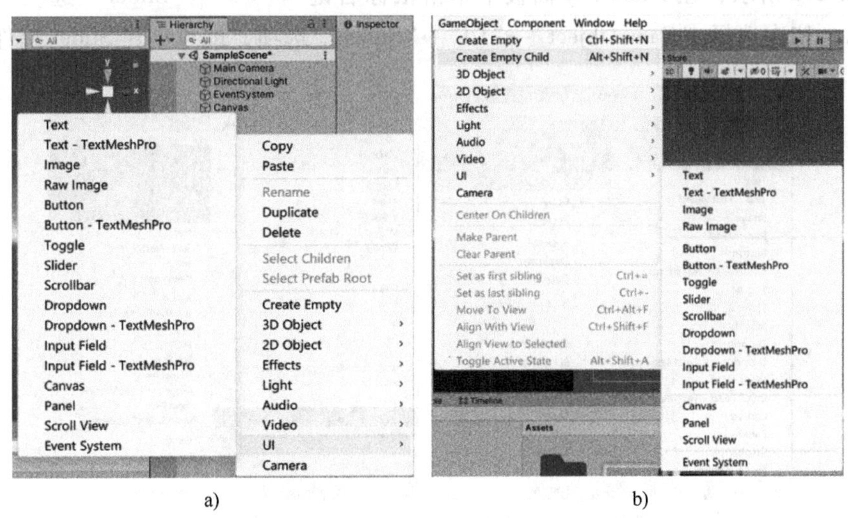

图 8-25　UGUI 的 Button 控件

Button 控件面板如图 8-26 所示，由 Inspector 面板可知，Button 控件是由 Button 组件和 Text 子物体组成的。

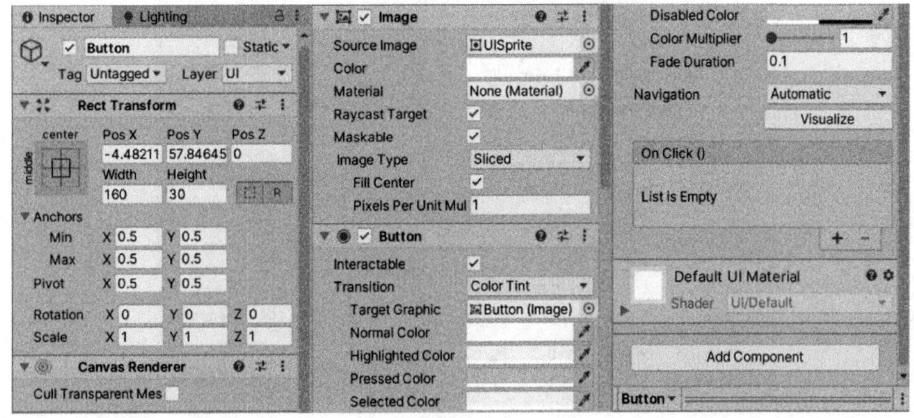

图 8-26　Button 控件面板

Raw Image 控件中各要素的含义如下：

（1）Interactable　控制按钮交互激活，取消勾选后按钮变为灰色，不可交互。

（2）Transition　按钮状态过渡效果。

1）Color Tint：颜色过渡。

2）Normal Color：未交互时按钮和光标的状态颜色。

3）Highlighted Color：光标放置于按钮位置时显示高亮颜色。

4）Pressed Color：单击按钮时显示的颜色。

5）Disabled Color：取消勾选“Interactable”时显示的颜色。

6）Color Multiplier：颜色乘数值，Color Multiplier 值越大，颜色切换速度越快。

7）Fade Duration：切换颜色的时间。

5. Slider 控件

如图 8-27a 所示，在 Hierarchy 面板中单击鼠标右键→“UI”→“Slider”选项，或者如图 8-27b 所示，依次选择“GameObject”→“UI”→“Slider”选项，即可创建 Slider 控件。

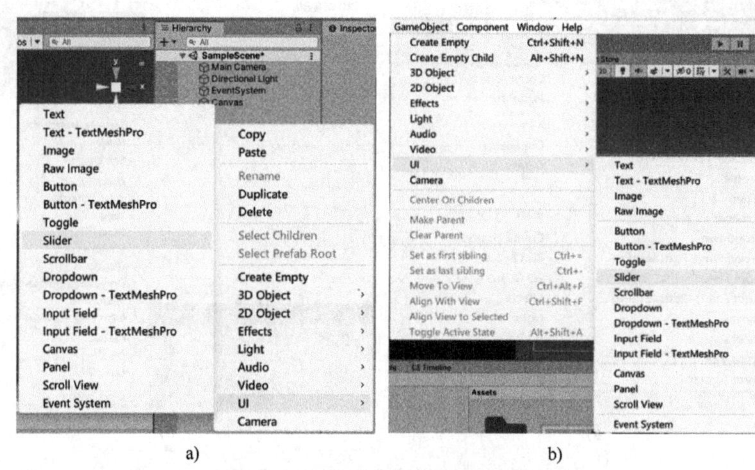

a)　　b)

图 8-27　UGUI 的 Slider 控件

Slider 是一个空对象，作为最外层的父物体，添加了一个 Slider 控件，Slider 控件面板如图 8-28 所示。

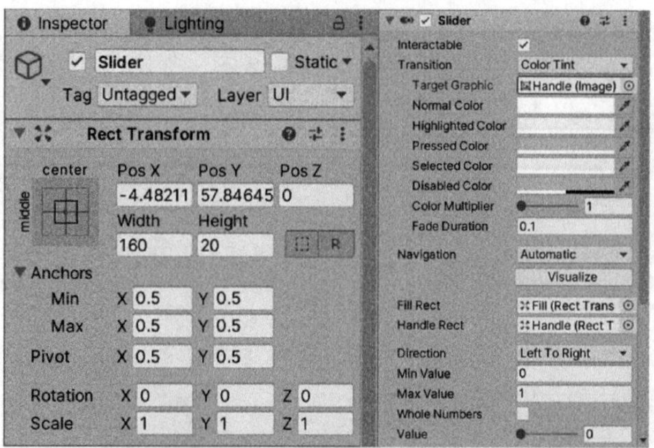

图 8-28　Slider 控件面板

Slider 控件中各要素的含义如下：

（1）Direction　滑动条滑动方向。

（2）Min Value　最小值。

（3）Max Value　最大值。

（4）Whole Numbers　勾选后滑块滑动值的变化为整数，取消勾选时滑块滑动值的变化为浮点数。

（5）Value　滑块位于起始位置时，Value 的值为最小值；滑块位于终点位置时，Value 的值为最大值。

6. Toggle 控件

如图 8-29a 所示，在 Hierarchy 面板中单击鼠标右键→"UI"→"Toggle" 选项，或者如图 8-29b 所示，依次选择 "GameObject"→"UI"→"Toggle" 选项，即可创建 Toggle 控件。

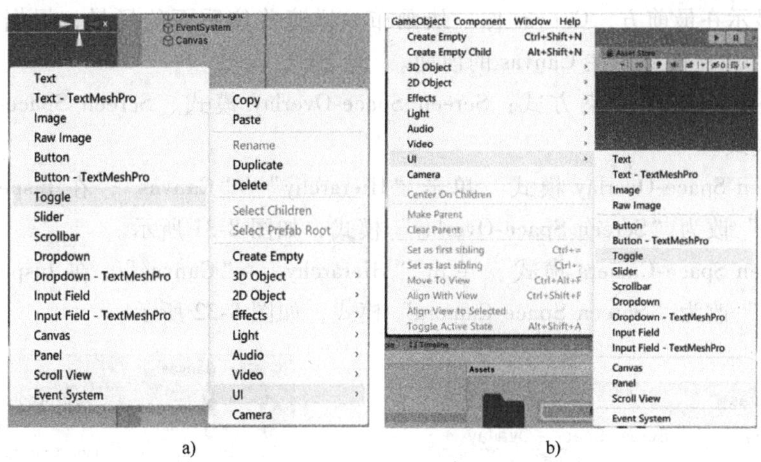

图 8-29　UGUI 的 Toggle 控件

Toggle 是一个空对象，作为最外层的父物体，添加了一个 Toggle 控件，Toggle 控件面板如图 8-30 所示。

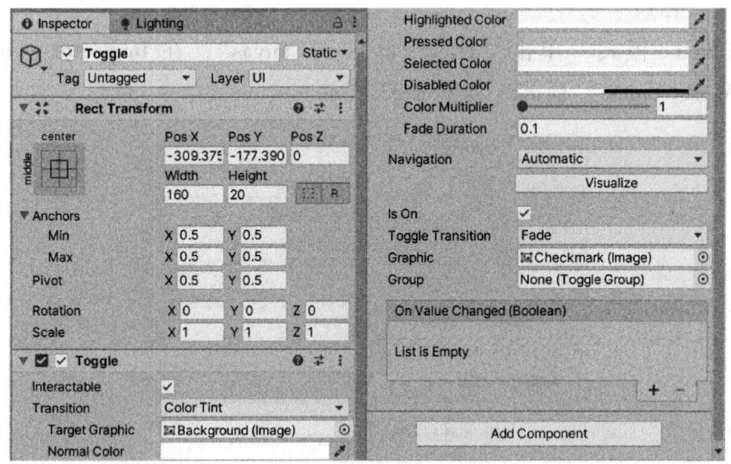

图 8-30　Toggle 控件面板

Slider 控件中各要素的含义如下：

（1）Is On　Toggle 对象显示被选中时，Is On 值为 true，Toggle 对象显示未被选中时，Is On 值为 false。

（2）Toggle Transition　开关过渡效果，None 表示没有开关过渡效果，Fade 表示开关渐变过渡。

（3）Graphic　Toggle 对象中带有☑图片。

（4）Group　开关组。

（5）On Value Changed（Boolean）　单击开关时，由激活状态到未激活状态，或者由未激活状态到激活状态时的事件。

7. Canvas 控件

编辑器在第一次创建 UI 控件时会自动创建 Canvas 控件，并且所有挂载在 Canvas 上的 UI 控件都会显示在最前方，Canvas 像一块画布一样遮盖住后面的场景，根据实际需求，可以通过设置将 UI 控件显示在 Canvas 的前面。

Canvas 一共有三种渲染方式：Screen Space-Overlay 模式、Screen Space-Camera 模式、World Space 模式。

（1）Screen Space-Overlay 模式　单击“Hierarchy”→“Canvas”，在 Inspector 面板中将“Render Mode”改为“Screen Space-Overlay”模式，如图 8-31 所示。

（2）Screen Space-Camera 模式　单击“Hierarchy”→“Canvas”，在 Inspector 面板中将“Render Mode”改为“Screen Space-Camera”模式，如图 8-32 所示。

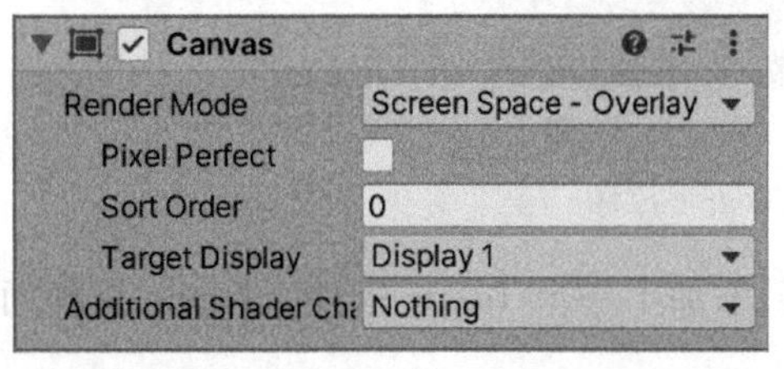

图 8-31　Screen Space-Overlay 模式

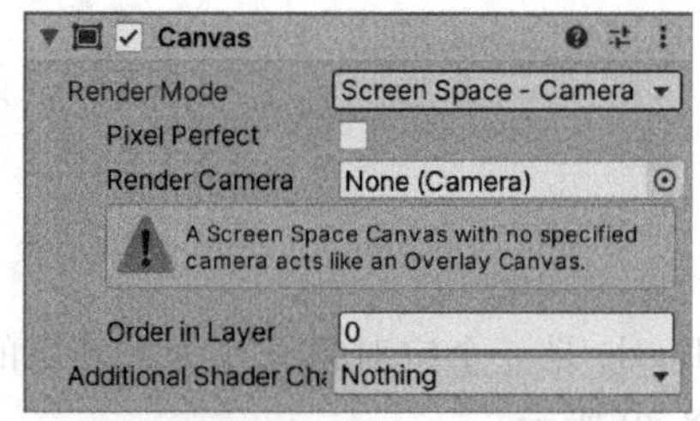

图 8-32　Screen Space-Camera 模式

（3）World Space 模式　单击“Hierarchy”→“Canvas”，在 Inspector 面板中将“Render Mode”改为“World Space”模式，如图 8-33 所示。

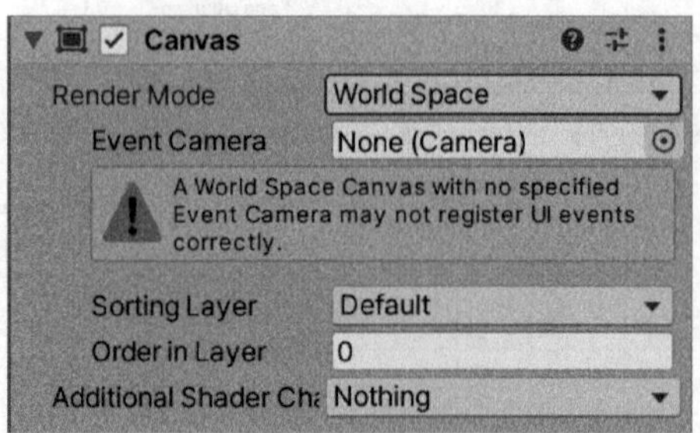

图 8-33　World Space 模式

除以上控件外，UGUI 常用控件还有 Panel、Scroll bar、Dropdown 等。

8.4 NGUI 介绍及使用

8.4.1 NGUI 基本介绍及特点

NGUI 是一个应用广泛且比较成熟的 Unity3d 制作 UI 的插件。在 UGUI 没有发布之前，大部分基于 Unity3d 的应用都使用 NGUI 插件来开发 UI。NGUI 是一个付费插件，开发者可以在 Unity3d 官方的 AssetStore 中购买后下载 NGUI 插件。

如图 8-34 所示，单击菜单栏的 "Assets"→"Import Package"→"Custom Package" 选项，导入 NGUI 的资源包，即可导入 NGUI 插件。

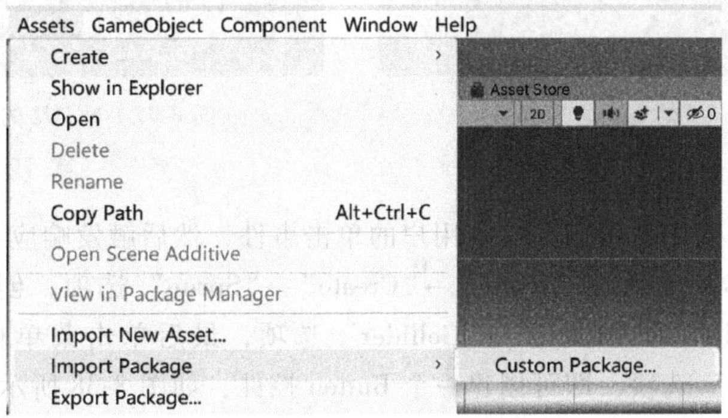

图 8-34　导入资源包

导入成功后，菜单栏中就会出现 NGUI 菜单，如图 8-35 所示。

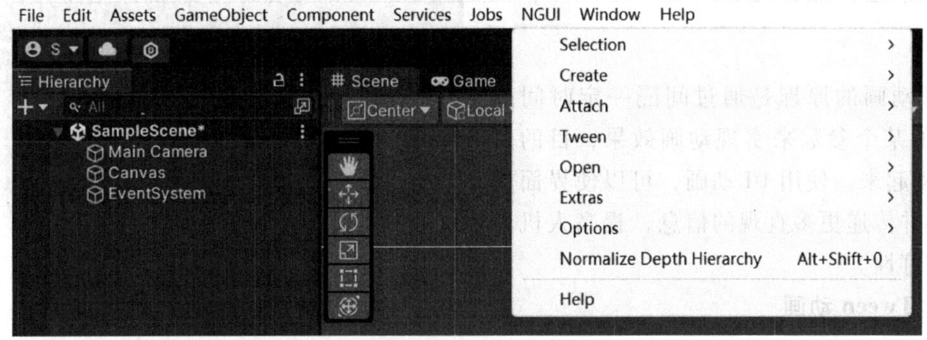

图 8-35　NGUI 菜单

8.4.2 NGUI 核心控件

1. Label 控件

若界面中需要程序输出文字的地方，则可使用 Label 控件。

创建方式：单击菜单栏的“NGUI”→“Create”→“Label”选项，即可创建一个 Label 控件，如图 8-36 所示。

2. Texture 控件

Texture 控件用于在界面中显示一张图片。

创建方式：单击菜单栏的“NGUI”→“Create”→“Texture”选项，即可创建一个 Texture 控件，如图 8-37 所示。

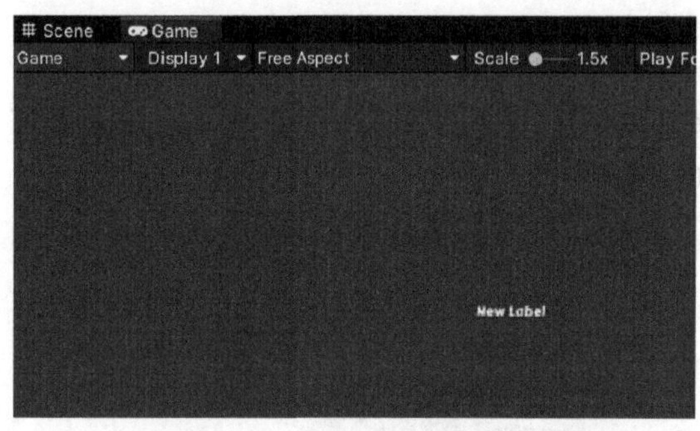

图 8-36 NGUI 的 Label 控件

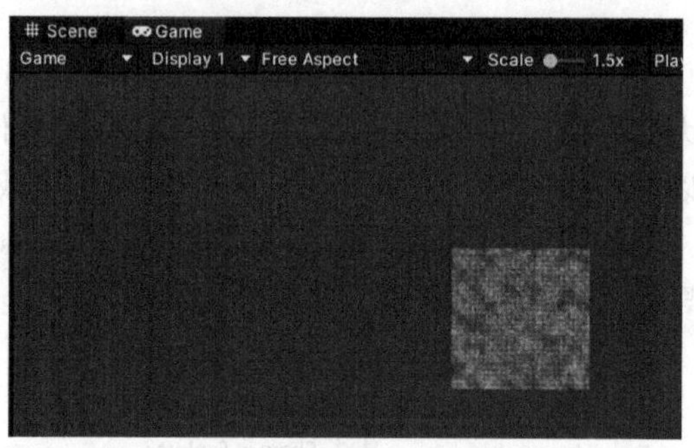

图 8-37 NGUI 的 Texture 控件

3. Button 控件

Button 控件在界面中的作用是接收用户的单击事件，然后触发响应事件。

创建方式：单击菜单栏的“NGUI”→“Create”→“Sprite”选项，创建一个 Sprite，然后单击菜单栏的“NGUI”→“Attach”→“Collider”选项，最后单击菜单栏的“NGUI”→“Attach”→“ButtonScript”选项，即可创建一个 Button 控件，如图 8-38 所示。

NGUI 的控件还包括 Slider、Input、Toggle、Popup List 等。

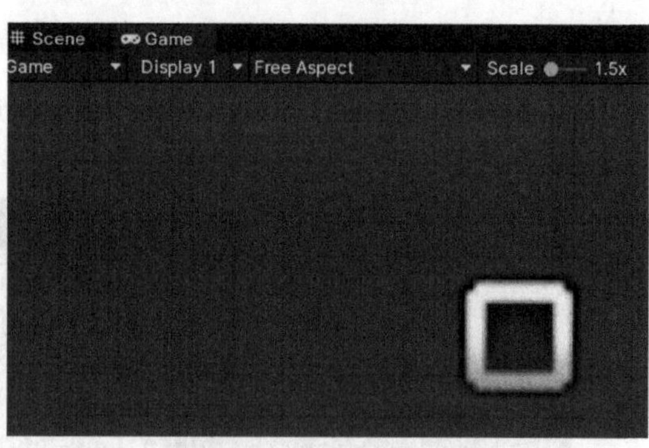

图 8-38 NGUI 的 Button 控件

8.4.3 UI 动画

UI 动画的原理是通过间隔一定时间改变 UI 的某个参数来实现动画效果，目的是使 UI 动起来。使用 UI 动画，可以使界面更加生动并传递更多直观的信息，提高人机界面的友好性。

1. Tween 动画

Tween 动画是一种简单的动画，也可称为中间动画。Tween 动画的原理是设定动画的起点、中间点和终点，使物体按照设定的流程进行插值以改变参数值，进而实现动画效果。NGUI 中自带一个 Tween 动画库，可以实现一些简单的动画效果。

2. Animation 动画

Animation 动画是 Unity3d 引擎官方的动画系统，功能十分强大。其动画原理和 Tween 动画类似，通过插值的方式平滑过渡每一个关键帧，但 Animation 动画支持的参数比 Tween 动画多，且支持各种运动曲线的编辑，可以实现更加复杂的动画效果。

因此一般情况下，简单的动画效果优先使用 Tween 动画，复杂的动画效果优先使用 Animation 动画。

8.5 实例分析

本章介绍的三种创建 UI 的方法各有优缺点，其中 Unity3d 自带的 GUI 系统的优点是灵活度高，缺点是效率低且不能实现所见即所得。UGUI 是 Unity3d 官方在 4.6 版本新发布的 UI 系统，在性能、兼容性和官方支持上有优势。NGUI 的特点是成熟稳定、功能强大和优化良好，但由于是第三方开发，其在兼容性上比不上 UGUI。

1. UGUI 界面案例

1）建立游戏对象——画布（Canvas），采用“Screen Space-Camera”画布渲染模式，如图 8-39 所示。

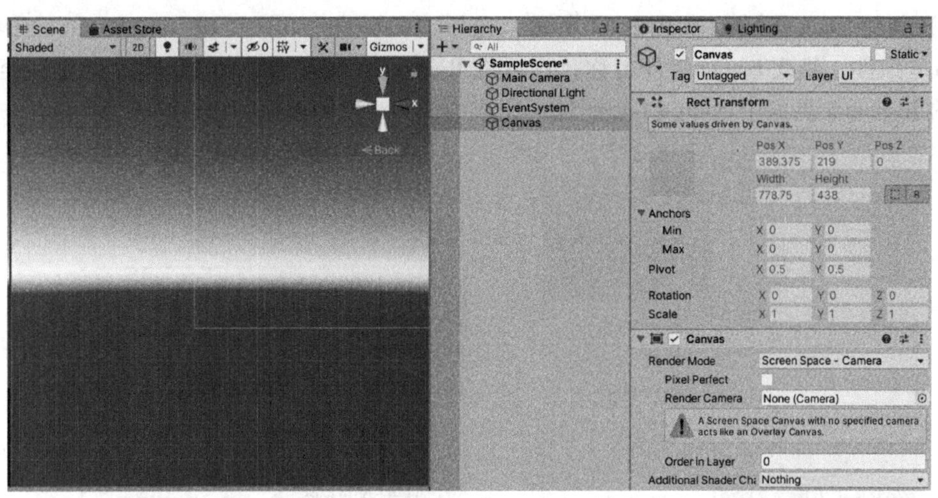

图 8-39　建立画布

2）图片资源导入。为了达到良好的界面视觉效果，将 JPG、PNG 格式的图片作为开发资源导入程序资源包（图 8-40），在 Assets 文件夹下创建 Resources 文件夹，将所有图片导入 Resources 文件夹后，经过编辑转换为 2D 精灵图，如图 8-41 所示。

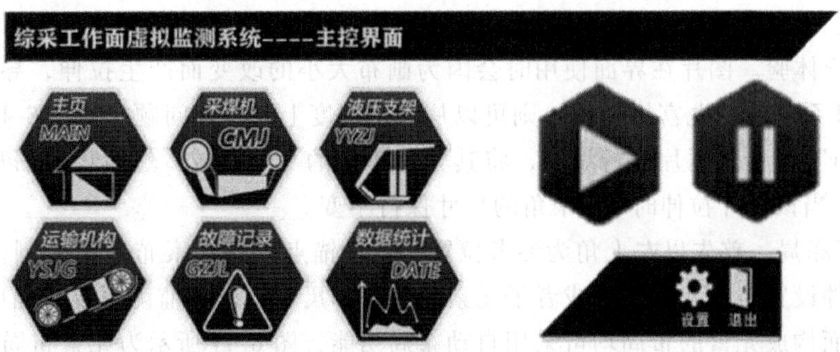

图 8-40　界面图片资源

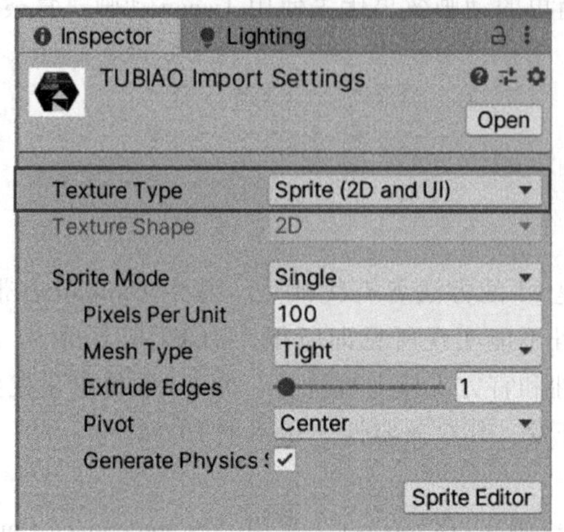

图 8-41　图片转换为 2D 精灵图

3）创建 Image 对象。如图 8-42 所示，选择“GameObject”→“UI”→“Image”选项，创建 Image 控件，修改 Image 组件名称，然后将 Resources 文件夹中的 2D 精灵图拖拽至 Image 组件的 Inspector 界面中 Source Image 处，完成 Image 对象的创建。

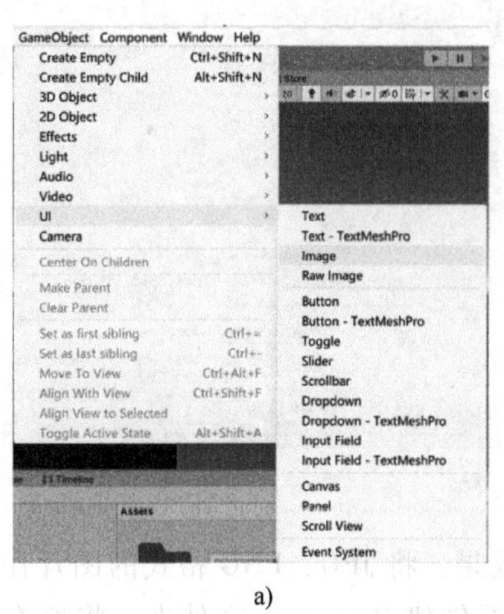

a)

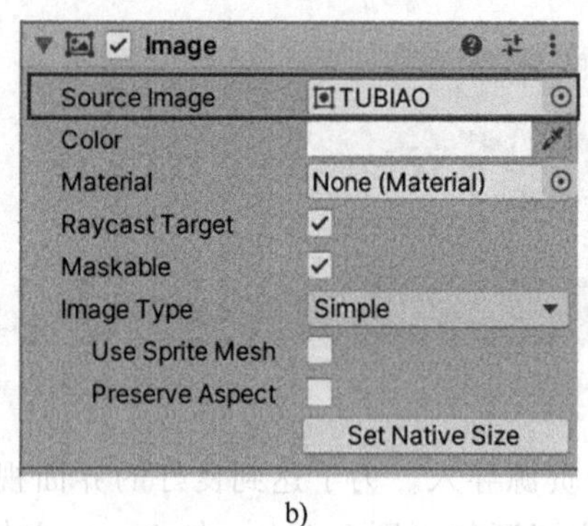

b)

图 8-42　Image 对象的创建

4）界面元素九宫格切图。界面设计时，适当的曲线和圆角可以提高界面的亲和度，进一步提升用户体验。图片在界面使用时会因为画布大小的改变而产生拉伸，导致图片变形，若使用 UGUI 系统中的九宫格切图，则可以从一定程度上解决该问题。如图 8-43 所示，通过“Sprite Editor”对精灵图片进行编辑，将其分为 3×3 的 9 个区域，然后将该图片渲染模式调整为 Sliced，当该图片拉伸时，4 个角的尺寸保持不变。

5）元素布局。首先以左上角为参考位置，通过锚点设置元素布局的范围；然后运用布局控制器组件设置布局元素本身或者子元素的位置和尺寸。虚拟监测系统界面中菜单栏、监测数据等界面构成元素的布局均可采用自动布局功能，图 8-44 所示为元素布局调整。

6）创建 Button 组件。以菜单栏为例，首先给菜单栏按钮添加 Toggle 组件，然后设置

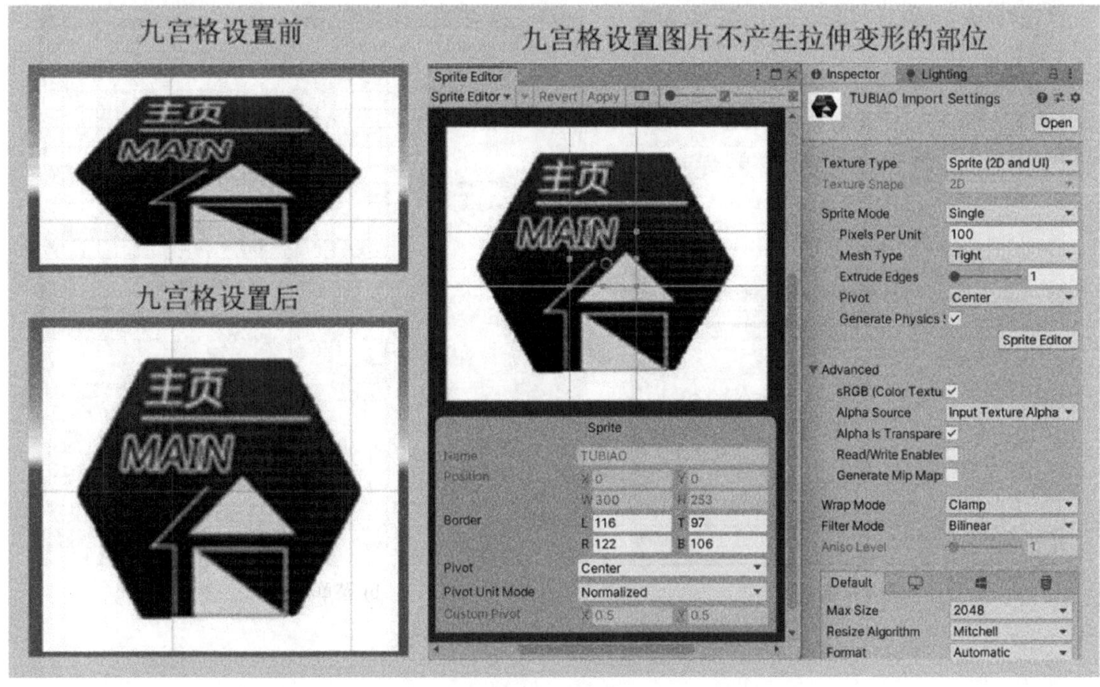

图 8-43　九宫格设置

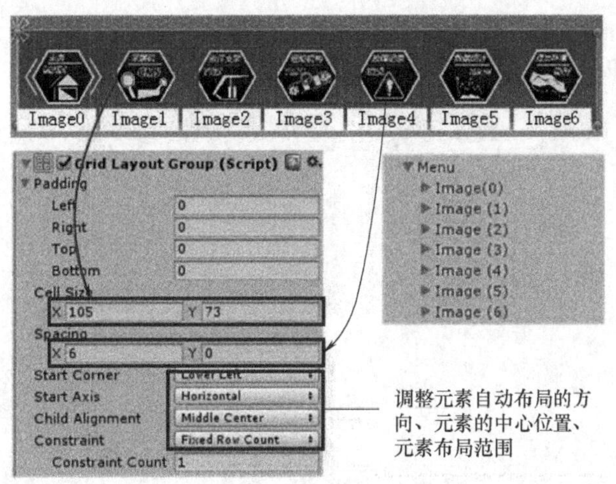

图 8-44　元素布局调整

Toggle group 组件作为所有菜单栏按钮的父元素，实现单选功能；最后，将界面与相应菜单栏按钮一一对应，实现界面的切换，图 8-45 所示为菜单栏效果和设置方式。图 8-46 所示为最终界面效果。

2. GUI 界面案例

GUI 界面以某综采工作面 VR 仿真系统为案例进行介绍。

综采工作面 VR 仿真系统需实现若干个操作功能，故需要进行控制面板的设计，以实现

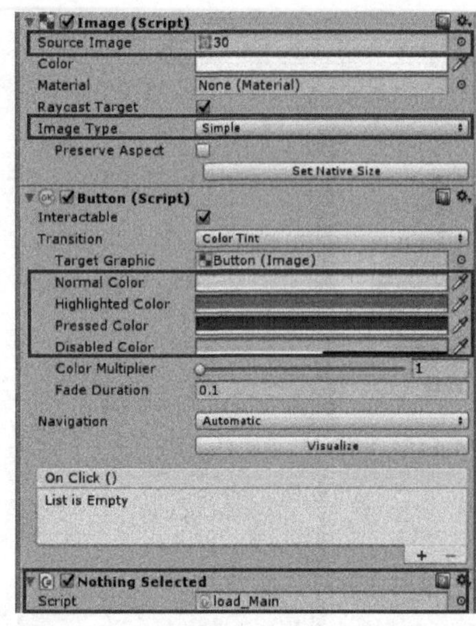

a) 登录按钮　　b) 菜单栏按钮

图 8-45　菜单栏效果和设置方式

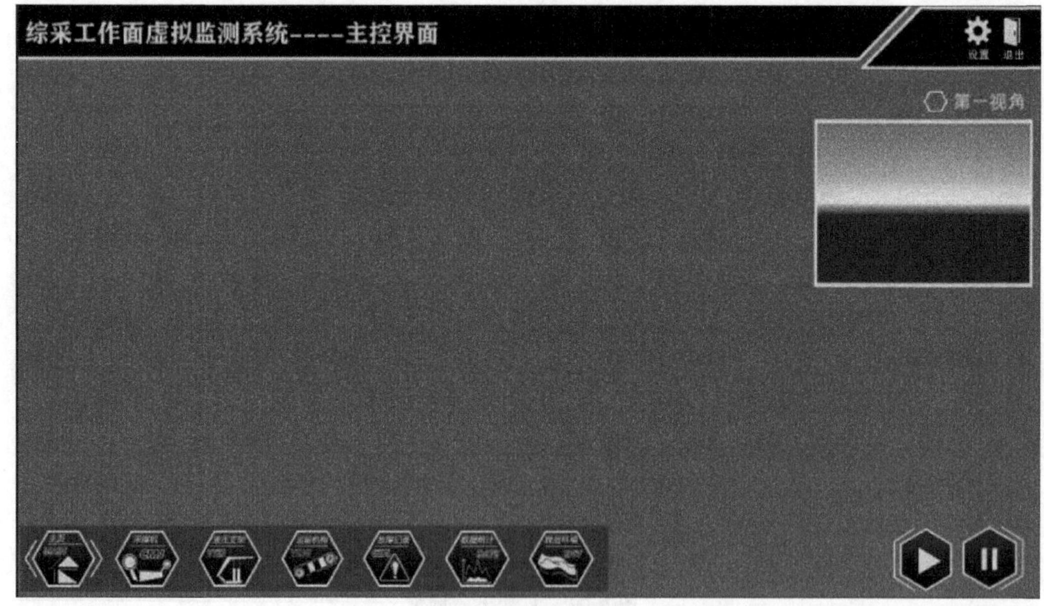

图 8-46　最终界面效果

操纵虚拟场景的目的。该仿真系统的控制面板主要由按钮和文本框组成，其中文本框负责对按钮的集成和解释，按钮负责实现系统的相应组成功能。该系统的控制面板主要由煤层底板面板、煤层顶板面板、数据记录面板、综采装备面板和数据传输面板组成，如图 8-47 所示。

该系统的控制面板部分是基于 Unity3d 中自带的 GUI 图形系统设计完成的，通过程序编制进而实现控制面板界面的设计。系统界面是基于按钮和标签的样式设计的，其中按钮的设置方式如下：

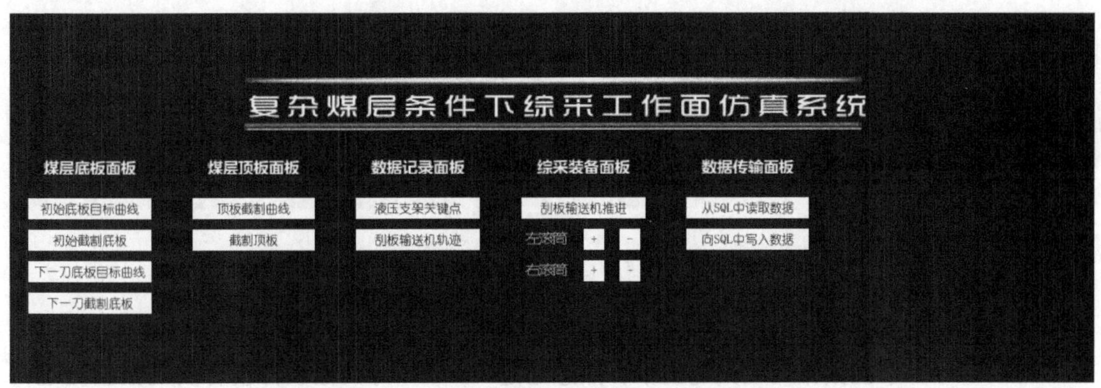

图 8-47　某综采工作面 VR 仿真系统的控制面板

```
GUI.Button(new Rect(30,180,120,20),"初始底板目标曲线");
GUI.Button(new Rect(180,180,120,20),"顶底板截割曲线");
```

标签的设置方式如下：

```
GUI.Label(new Rect(Screen.width/2 - 300,65,600,50),"复杂煤层条件下综采工作面
仿真系统");
GUI.Label(new Rect(50,100,120,20),"煤层底板面板");
GUI.Label(new Rect(200,100,120,20),"煤层顶板面板");
GUI.Label(new Rect(350,100,120,20),"数据记录面板");
GUI.Label(new Rect(500,100,120,20),"综采装备面板");
GUI.Label(new Rect(650,100,120,20),"数据传输面板");
```

通过以上两个案例可以看出，针对具体的 UI 开发，应结合项目开发时间、开发成本、UI 复杂度和可维护性等选择合适的 UI 开发方法。

思考题

8-1　GUI 是什么？

8-2　GUI 有哪些基本控件？

8-3　UGUI 的优势是什么？

8-4　UGUI 有哪些基本组件？

8-5　NGUI 有哪些核心控件？

第 9 章 数据处理关键技术

知识目标：掌握数据处理关键技术；熟悉通过 Unity3d 与其他软件耦合实现数据处理的具体方式；了解其他数据处理方法，如 C#等。

能力目标：能够利用 Unity3d 与 MATLAB、SQL Server、Python 相结合的方式，掌握 XML 与 CSV 等格式的数据传输、增删功能；掌握基于 MATLAB 的数据传输与计算；掌握利用 MATLAB 进行 DLL 封装的方法；掌握 Unity3d 与 SQL Server 和 SQLite 的数据通信；掌握基于 Python 的数据分析方法。

Unity3d 提供了丰富的功能和工具来处理数据。包括数据可视化、数据操作、计算以及存储，使得在一个统一的环境中处理数据更加方便和高效。但它的主要设计目的是界面场景开发，因此，在某些专业领域的数据处理需求上，Unity3d 可能相对于专门的数据处理软件或工具存在一定的局限性。在某些情况下，用户可能需要将 Unity3d 与其他本地应用程序进行集成，以实现更复杂的功能或数据交换。

本章通过学习数据的传输与处理等，可以在 Unity3d 中更好地完成数据的处理，达到更加高效精准的仿真运行。

9.1 数据处理概述与软件耦合运行框架

数据处理是将原始数据转换为有用信息的过程，涵盖了数据收集、清洗、转换、分析和可视化等多个步骤，旨在使数据变得更易于理解、分析和应用，使用户能够更容易理解数据、接受数据。目前有很多处理数据的工具，以下是数据处理的其中一种方式，即利用 Unity3d 与其他软件耦合来实现数据处理。

为了方便更好地完成数据处理，可以将数据导出为其他格式，该方法可以增强数据的兼容性，使得数据可以在不同的软件或系统之间进行共享和使用。例如，可以将数据导入 Excel、MATLAB 等软件进行进一步的统计分析、建模和可视化。但是该方法可能会发生数据丢失或损失的情况，不同软件之间的数据格式不一致或不完全兼容可能导致部分数据的丢失或损失。

一些常用工具如下：

（1） SQL Server 可以使用 Unity3d 的网络功能与 SQL Server 进行通信。通过使用 Unity3d 的网络 API，用户可以编写从 Unity3d 应用程序发送和接收数据的代码。也可以使用 . NET 库（例如 System. Data. SqlClient）来访问 SQL Server 数据库，并在 Unity3d 应用程序中执行 SQL 查询。

（2）Python　Unity3d 支持使用 Python 脚本进行扩展。用户可以使用 Python 插件（例如 Python. NET）将 Python 脚本嵌入到 Unity3d 项目中，并通过调用 Python 代码来实现与 Python 的交互。这样可以利用 Python 的各种功能和库，与 Unity3d 应用程序进行集成。

（3）MATLAB　Unity3d 本身并没有直接集成 MATLAB 的功能，但用户可以使用 MATLAB 的 COM 接口或 MATLAB Engine API for . NET 来与 Unity3d 应用程序进行通信。通过这些接口，用户可以在 Unity3d 中调用 MATLAB 脚本或函数，并将结果返回到 Unity3d 应用程序中。

Unity3d 与其他软件的耦合框架如图 9-1 所示。

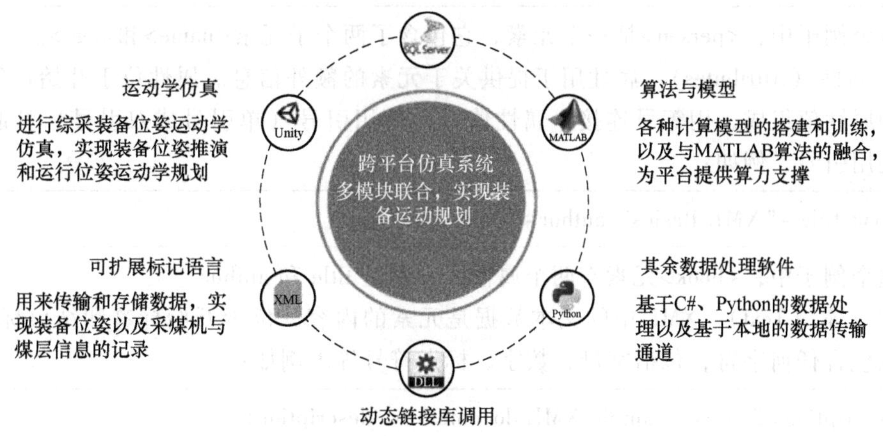

图 9-1　Unity3d 与其他软件耦合的框架

9.2　XML 与 CSV 等数据格式传输

综采工作面的装备数量较多，同时搭建高精度的煤层所需要的数据存储量也相当大，因此应使用合适的存储方法来实现更快的数据存储与读取，以完成想要的动态仿真效果。

9.2.1　XML 与 CSV 数据格式介绍

1. XML 介绍

XML（EXtensible Markup Language 可扩展标记语言），用于描述数据的结构和内容。XML 的基本语法和结构定义了如何表示和组织数据，XML 由标签、元素、属性和文本等部分组成。

（1）标签（Tags）　XML 使用尖括号< >来定义标签，标签用于标识元素的开始和结束。

每个元素都由一个开始标签和一个结束标签组成，开始标签以<开头，结束标签以</开头，并以>或/>结束。例如：

```
<element>内容</element>
```

在这个例子中，<element>是开始标签，</element>是结束标签。

（2）元素（Elements） 元素是 XML 文档中的基本单元，可以包含文本和其他元素，元素由开始标签、结束标签和它们之间的内容组成。例如：

```
<person>
 <name>John</name>
 <age>30</age>
</person>
```

在这个例子中，<person>是一个元素，它包含了两个子元素<name>和<age>。

（3）属性（Attributes） 属性用于提供关于元素的额外信息。属性位于开始标签中，由属性名和属性值组成，用等号连接，属性值可以使用引号（单引号或双引号）括起来，也可以不使用引号。例如：

```
<book title="XML Basics" author="John Doe"/>
```

在这个例子中，<book>元素有两个属性，分别是 title 和 author。

（4）文本（Text） XML 中的文本数据是元素的内容，位于开始标签和结束标签之间，文本可以包含任何字符，包括字母、数字、标点符号等。例如：

```
<description>This is a sample XML document. </description>
```

在这个例子中，<description>元素的内容是 This is a sample XML document. 。

XML 的基本语法和结构非常灵活，可以嵌套和组合元素来表示复杂的数据结构和关系，通过使用不同的标签、属性和文本，可以创建具有层次结构的 XML 文档，包括配置文件、数据交换格式、文档存储等。以 XML 格式存储的数据信息如图 9-2 所示。

```
<ROOT>
  <point_position pointposition="(0.0, 0.0, 0.0)" />
  <point_position pointposition="(0.0, 0.0, 0.0)" />
  <point_position pointposition="(23.4, -133.0, 31.2)" />
  <point_position pointposition="(23.9, -133.0, 31.2)" />
  <point_position pointposition="(23.9, -133.0, 31.2)" />
  <point_position pointposition="(23.9, -133.0, 31.2)" />
  <point_position pointposition="(24.4, -133.0, 31.2)" />
  <point_position pointposition="(24.4, -133.0, 31.2)" />
  <point_position pointposition="(24.4, -133.0, 31.2)" />
  <point_position pointposition="(24.4, -133.0, 31.2)" />
  <point_position pointposition="(24.8, -133.0, 31.1)" />
  <point_position pointposition="(24.8, -133.0, 31.1)" />
  <point_position pointposition="(24.8, -133.0, 31.1)" />
  <point_position pointposition="(24.8, -133.0, 31.1)" />
  <point_position pointposition="(25.3, -133.0, 31.1)" />
  <point_position pointposition="(25.3, -133.0, 31.1)" />
  <point_position pointposition="(25.3, -133.0, 31.1)" />
  <point_position pointposition="(25.8, -133.0, 31.1)" />
  <point_position pointposition="(25.8, -133.0, 31.1)" />
```

图 9-2　以 XML 格式存储的数据信息

2. CSV 介绍

CSV（Comma-Separated Values，逗号分隔值）是一种简单的文本文件格式，用于存储和传输表格数据，它的定义非常简单，每行数据由逗号分隔的字段组成，每个字段可以包含文本、数字或其他数据类型。

CSV 的基本格式和结构非常简单明了，下面进行简单的说明。

（1）分隔符（Delimiter） CSV 文件中的字段是由分隔符来分隔的，逗号是最常用的分隔符，因此 CSV 的名称中也包含了 Comma（逗号）的含义。然而，分隔符也可以是其他字符，如制表符、分号等，具体取决于 CSV 文件的定义。

（2）行（Rows） CSV 文件中的每一行代表了一个数据记录。每个数据记录由多个字段组成，字段之间使用分隔符进行分隔，每行以换行符（例如\n）结束。

（3）字段（Fields） 每行数据由多个字段组成，字段是 CSV 文件中的基本单位。字段可以是文本、数字或其他数据类型，字段之间使用分隔符（如逗号）进行分隔，字段可以包含特殊字符，如分隔符本身或换行符等，通常使用引号将包含特殊字符的字段括起来以进行标识。

下面是一个简单示例：

```
Name,Age,Email
John,30,john@ example. com
Alice,25,alice@ example. com
```

在这个示例中，逗号是字段的分隔符，每行数据代表一个人的信息，包括姓名、年龄和电子邮件地址，第一行是标题行，包含了每个字段的名称。

每个字段的数据都用分隔符进行分隔，以便将其与其他字段区分开来。通常，每行的字段数应是一致的，每个字段都与其相应的位置对应。如果字段本身包含分隔符，需要进行特殊处理，最常见的方法是使用引号将包含分隔符的字段括起来，以区分字段内部的分隔符和字段间的分隔符。

引号是用于标识字段中包含特殊字符或分隔符的数据，它们的使用可以确保特殊字符或分隔符被正确解析，并将其视为字段的一部分，而不是作为分隔符的一部分。引号通常使用双引号（"）或单引号（'）来表示，选择引号的类型取决于 CSV 文件的定义和要求。

下面是一个包含引号和分隔符的 CSV 文件示例：

```
Name,Age,Email
"John",30,"john@ example. com"
"Alice",25,"alice@ example. com"
```

在这个示例中，逗号是分隔符，双引号用于包含字段中的数据，引号的使用确保字段中的逗号被视为字段内容的一部分，而不是作为分隔符。

9.2.2 CSV 在 Unity3d 中的创建、写入、读取、修改

在 Unity3d 中创建 CSV 文件可以使用 C#的 System. IO 命名空间中的类来实现，以下是一

个简单的示例代码：

```
Using Engine;
Using System. IO;
public class CreateCSV :MonoBehaviour
{
    void Start( )
    {
        // CSV 文件路径
        string filePath = Application. dataPath + "/example. csv";
        // CSV 文件内容
        string csvContent = "Name,Score\n" +
                            "Player1,100\n" +
                            "Player2,200\n" +
                            "Player3,300\n";

        try
        {
            //创建或覆盖 CSV 文件
            File. WriteAllText(filePath,csvContent);
            Debug. Log("CSV 文件已创建或覆盖:" + filePath);
        }
        catch (System. Exception ex)
        {
            Debug. LogError("无法创建 CSV 文件:" + ex. Message);
        }
    }
}
```


在上述代码中，使用 File. WriteAllText 方法来将 csvContent 的内容写入到指定的 filePath 路径下的 CSV 文件中，csvContent 是一个字符串，包含了 CSV 文件的内容，其中 \ n 表示换行符。

9.2.3 XML 与 CSV 文件的增删

1. 在 Unity3d 中创建 XML 数据

在 Unity3d 中创建 XML 数据，可以按照以下步骤进行。

1）创建 XML 数据结构。在 Unity3d 中使用 C#中的 XmlDocument、XmlElement 等类来创建 XML 数据结构。以下是创建 XML 数据结构的示例。

```
Using Engine;
Using System. Xml;
```

```
public class CreateXML :MonoBehaviour{
void Start()
{
// 创建 XmlDocument 对象
XmlDocument xmlDoc=new XmlDocument();
// 创建根节点
XmlElement rootNode=xmlDoc.CreateElement("Root");
xmlDoc.AppendChild(rootNode);
// 创建子节点
XmlElement childNode=xmlDoc.CreateElement("Child");
childNode.SetAttribute("Attribute","Value"); // 设置节点属性
childNode.InnerText="Node Text"; // 设置节点文本
rootNode.AppendChild(childNode);
// 保存 XML 文件
xmlDoc.Save(Application.dataPath + "/Data.xml");
}
}
```

2）添加到 Unity3d 工程。将创建的脚本文件添加到 Unity3d 工程中，并将其附加到一个 GameObject 上，以便在运行时调用，确保脚本在运行时能够被执行。

3）运行并生成 XML 文件。在 Unity3d 中运行场景时，脚本会被执行，生成 XML 文件，即可在 Unity3d 项目的指定路径下找到生成的 XML 文件。

4）验证 XML 结果。使用文本编辑器或专门的 XML 编辑器来验证生成的 XML 文件的内容，确保它符合预期的格式和数据结构。

2. 在 Unity3d 中写入 XML 数据

在 Unity3d 中写入 XML 数据，可以按照以下步骤进行。

1）创建 XMLDocument 对象。创建一个 XMLDocument 对象，这是用来表示整个 XML 文档的根节点。

```
XmlDocument xmlDoc=new XmlDocument();
```

2）创建根节点。使用 CreateElement（）方法创建 XML 文档的根节点，并将其附加到 XMLDocument 对象上。

```
XmlElement rootNode=xmlDoc.CreateElement("RootNode");
xmlDoc.AppendChild(rootNode);
```

3）创建子节点。使用 CreateElement（）方法创建 XML 文档中的子节点，并将其附加到父节点上。

```
XmlElement childNode=xmlDoc.CreateElement("ChildNode");
rootNode.AppendChild(childNode);
```

4）设置节点属性。

```
childNode.SetAttribute("AttributeName","AttributeValue");
```

5）设置节点文本内容。使用 InnerText 属性为节点设置文本内容。

```
childNode.InnerText="Node Text Content";
```

6）保存 XML 文件。使用 Save（）方法将 XML 文档保存到指定路径。

```
xmlDoc.Save("FilePath/FileName.xml");
```

3. 在 Unity3d 中读取 XML 数据

在 Unity3d 中读取 XML 数据，可以按照以下步骤进行。

1）加载 XML 文件。使用 XmlDocument 类的 Load（）方法加载 XML 文件。

```
XmlDocument xmlDoc=new XmlDocument();
xmlDoc.Load("FilePath/FileName.xml");
```

2）选择节点。使用 XPath 表达式选择要读取的节点，可以使用 SelectSingleNode（）方法选择单个节点，或者使用 SelectNodes（）方法选择多个节点。

```
XmlNodeList nodeList=xmlDoc.SelectNodes("/RootNode/ChildNode");
```

3）遍历节点。遍历所选节点列表，并读取它们的属性和文本内容。

```
foreach (XmlNode node in nodeList)
{
// 读取节点属性
String attributeValue=node.Attributes["AttributeName"].Value;
// 读取节点文本内容
string nodeText=node.InnerText;
}
```

4）处理数据。将读取的数据存储在变量中、显示在 UI 上，或者进行其他操作。

5）关闭文件。

```
xmlDoc=null;
```


4. 在 Unity3d 中更新 XML 数据

在 Unity3d 中更新 XML 数据，可以按照以下步骤进行。

1）加载 XML 文件。加载包含要更新数据的 XML 文件，可以使用 XmlDocument 类的 Load() 方法。

```
XmlDocument xmlDoc=new XmlDocument();
xmlDoc.Load("FilePath/FileName.xml");
```

2）选择要更新的节点。使用 XPath 表达式选择要更新的节点，可以使用 SelectSingleNode() 方法选择单个节点，或者使用 SelectNodes() 方法选择多个节点。

```
XmlNode nodeToUpdate = xmlDoc.SelectSingleNode("/RootNode/ChildNode[@AttributeName='AttributeValue']");
```

3）更新节点内容。根据需要更新节点的属性或文本内容。

```
nodeToUpdate.Attributes["AttributeName"].Value="NewAttributeValue";
nodeToUpdate.InnerText="NewNodeTextContent";
```

4）保存更新后的 XML 文件。使用 Save() 方法将更新后的 XML 文档保存到指定路径。

```
xmlDoc.Save("FilePath/FileName.xml");
```

5）释放资源。在更新操作完成后，释放相关资源，如关闭文件等。

```
xmlDoc=null;
```

以下是一个简单的示例，演示如何更新 XML 文件中的节点内容：

```
Using Engine;
Using System.Xml;
public class UpdateXML :MonoBehaviour{
void Start()
{// 加载 XML 文件
XmlDocument xmlDoc=new XmlDocument();
xmlDoc.Load(Application.dataPath + "/playerData.xml");
// 选择要更新的节点
XmlNode playerNode=xmlDoc.SelectSingleNode("/Players/Player[@ID='1']");
if (playerNode ! = null)
   {
// 更新节点内容
playerNode["Level"].InnerText="99";
playerNode["Score"].InnerText="99999";
   }
// 保存更新后的 XML 文件
xmlDoc.Save(Application.dataPath + "/playerData.xml");
Debug.Log("XML 数据已更新!");
}
}
```

5. 在 Unity3d 中写入 CSV 文件

在 Unity3d 中写入 CSV 文件，可以按照以下步骤进行。

1）准备 CSV 内容。准备好要写入 CSV 文件的内容，通常是一个包含表头和数据行的字符串。

```
string csvContent="Name,Score\n" +
                  "Player1,100\n" +
                  "Player2,200\n" +
                  "Player3,300\n";
```

2）指定 CSV 文件路径。确定 CSV 文件的保存路径。在 Unity3d 中，可以使用 Application. dataPath 获取 Assets 文件夹的路径，然后拼接上文件名和后缀名来指定完整的文件路径。

```
string filePath = Application. dataPath + "/example. csv";
```

3）写入 CSV 文件。使用 C#的 System. IO 命名空间中的类，如 File. WriteAllText( ) 方法，将 CSV 内容写入到指定路径的文件中。

```
try
{
File. WriteAllText(filePath, csvContent);
Debug. Log("CSV 文件已成功写入:" + filePath);
}
catch (System. Exception ex)
{
Debug. LogError("无法写入 CSV 文件:" + ex. Message);
}
```

4）处理异常。在尝试写入 CSV 文件时，务必处理出现的异常，如文件路径不存在或者无法访问。

6. 在 Unity3d 中读取 CSV 文件

在 Unity3d 中读取 CSV 文件，可以按照以下步骤进行。

1）确定 CSV 文件路径。确定 CSV 文件的路径，可以将 CSV 文件放置在 Unity3d 项目中的 Assets 文件夹中或者任何其他合适的位置。

```
string filePath = Application. dataPath + "/example. csv";
```

2）读取 CSV 文件内容。使用 C#中的 StreamReader 类或 File. ReadAllLines ( ) 方法读取 CSV 文件的内容。通常会得到一个字符串数组，其中每个元素代表 CSV 文件的一行。

使用 StreamReader 类的示例如下：


```
try
{
using (StreamReader sr = new StreamReader(filePath))
{
    string line;
    while ((line = sr. ReadLine())! = null)
    {
        lines. Add(line);
    }
}
Debug. Log("CSV 文件已成功读取:" + filePath);
```

```
}
catch (System. Exception ex)
{
 Debug. LogError("无法读取 CSV 文件:" + ex. Message);
}
使用 File. ReadAllLines()方法的示例:
try
{
string[] lines = File. ReadAllLines(filePath);
foreach (string line in lines)
    {
      Debug. Log(line);
    }
  Debug. Log("CSV 文件已成功读取:" + filePath);
}
catch (System. Exception ex)
{
  Debug. LogError("无法读取 CSV 文件:" + ex. Message);
}
```

3）解析 CSV 数据。将读取到的 CSV 文件内容进行解析，使用逗号或特定分隔符将每行拆分成字段。

```
foreach (string line in lines)
{
string[] fields = line. Split(',');
foreach (string field in fields)
{
    Debug. Log(field);
}
}
```

4）处理数据。根据需求将 CSV 文件中的数据转换成 Unity3d 中的数据结构，并进一步处理。

7. 在 Unity3d 中修改 CSV 文件

在 Unity3d 中修改 CSV 文件，可以按照以下步骤进行。

1）读取 CSV 文件内容。读取 CSV 文件的内容，可以使用之前提到的方法，如使用 StreamReader 类或 File. ReadAllLines（）方法。

```
string filePath = Application. dataPath + "/example. csv";
```

```
try
{
using (StreamReader sr=new StreamReader(filePath))
{
    string line;
    while ((line=sr.ReadLine())! = null)
    {
        lines.Add(line);
    }
}
Debug.Log("CSV 文件已成功读取:" + filePath);
}
catch (System.Exception ex)
{
Debug.LogError("无法读取 CSV 文件:" + ex.Message);
}
```

2）修改 CSV 数据。修改 CSV 文件中的数据，直接在内存中修改读取到的数据，然后写回到文件中。

```
// 假设要修改第三行第二列的数据
int rowToModify=2;
int columnToModify=1; // 注意索引是从 0 开始的
// 首先拆分要修改的行
string[]fieldsToModify=lines[rowToModify].Split(',');
// 修改指定列的数据
fieldsToModify[columnToModify]="NewValue";
// 将修改后的行重新组合成字符串
lines[rowToModify]=string.Join(",",fieldsToModify);
```


3）写回修改后的数据。将修改后的数据写回到 CSV 文件中。

```
try
{
File.WriteAllLines(filePath,lines);
Debug.Log("CSV 文件已成功修改:" + filePath);
}
catch (System.Exception ex)
{
Debug.LogError("无法修改 CSV 文件:" + ex.Message);
}
```

9.3 基于 MATLAB 的数据传输与计算

在获得数据的基础上，针对复杂的计算流程，需要快速高效地将数据进行传输和处理。在 Unity3d 中，C#作为主要计算语言，单靠其实现复杂的计算流程，可能需要较大的工作量，而 MATLAB 作为一门数值计算的语言，能够更好地处理数据，本节将介绍如何利用 MATLAB 与 Unity3d 的耦合来完成复杂的数据解算。

9.3.1 MATLAB 简介

MATLAB 是一种专业的数值计算和数据分析工具，基于 MATLAB 的数据解算有以下优点。

1）MATLAB 提供了丰富的函数和工具箱，可用于处理各种数据类型和执行复杂的数据分析任务，可以利用其强大的功能来实现高级的数据处理、算法实现和统计分析。

2）Unity3d 提供了与 MATLAB 的连接能力。使用 Unity3d 的插件系统或 MATLAB 的 COM 接口可以实现 Unity3d 与 MATLAB 之间的通信和数据交换，从而实现 Unity3d 和 MATLAB 之间的紧密集成。

9.3.2 动态链接库封装（DLL）

DLL 是一种在 Windows 操作系统中常见的文件类型，它在图形处理、网络通信、数据库访问、音频处理等方面都有强大功能。DLL 处理数据的具体步骤如下：①将 DLL 文件放置在 Unity3d 项目的合适位置，如项目的 Plugins 文件夹；②确保 DLL 文件与 Unity3d 兼容之后，在 Unity3d 的 C#脚本中声明需要使用的 DLL 方法，即可在 Unity3d 中调用 DLL 的功能和方法。具体实现过程：先封装 MATLAB 的 .m 文件为 DLL 文件，在封装的过程中，针对配置环境完成相应的设置；然后在 C#程序中引用 DLL，便可以在 Unity3d 中的计算过程中调用封装的函数。其具体封装步骤：在窗口输入“deploytool”，然后选择“Library Compiler”选项，再根据后续步骤进行打包，导出所选的 DLL 文件，如图 9-3 所示。

9.3.3 MATLAB 运行文件解算以及数据传输

基于 MATLAB 的运行文件解算以及数据传输，可以通过调用 .exe 文件实现，还可以由 C#直接驱动在 MATLAB 中完成。

1. 调用 .exe 文件

对于难以封装为 DLL 文件的 .m 程序，可以将 MATLAB 程序封装为 .exe 文件调用，其具体的数据传输过程为在 .exe 文件运行结束后，将输出的数据保存为 csv 文件，在 Unity3d 程序中直接读取该数据文件，跳过数据格式转换这一步骤。

具体封装步骤：在“APP”中找到“Application Compiler”后，按图 9-4 中①、②、③

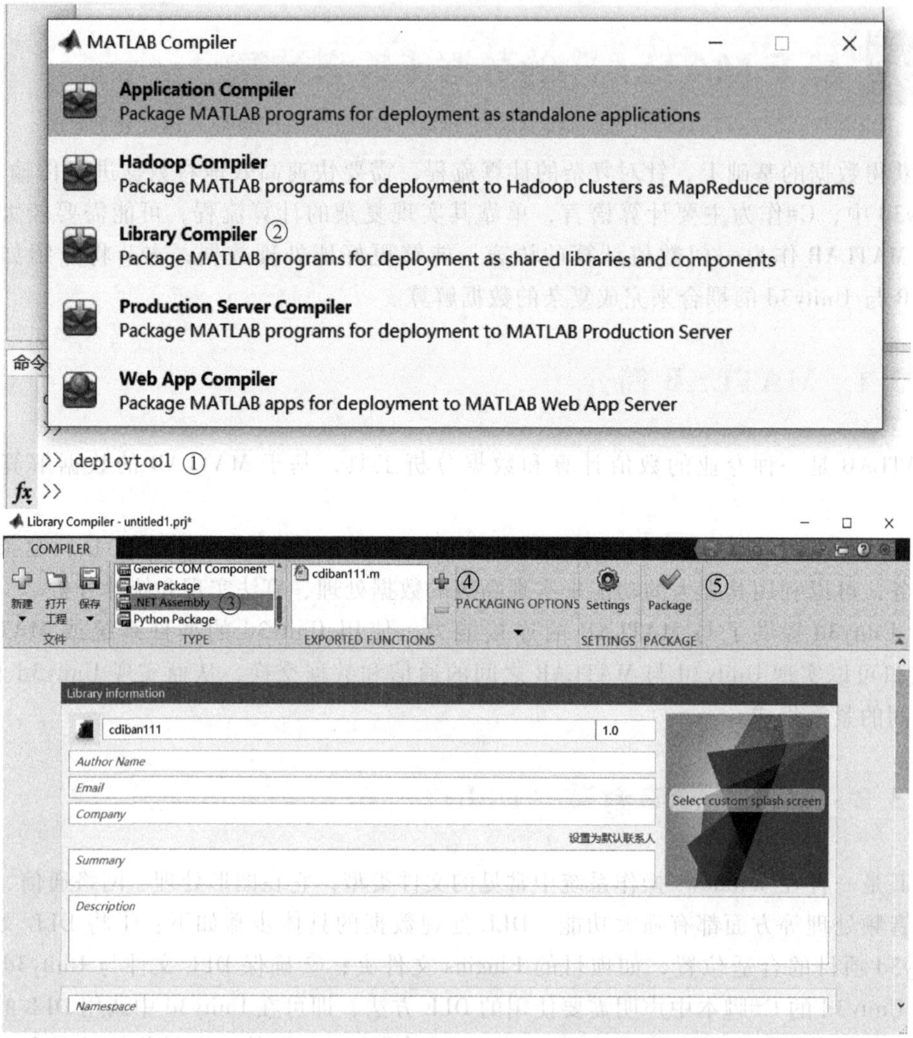

图 9-3　在 MATLAB 中导出 DLL 文件的步骤

单击对应按钮，即可输出 . exe 文件。

2. C#直接驱动

C#直接驱动 MATLAB 程序进行数值计算的方法可以通过 COM 接口实现。具体步骤如下：

1）引用 MATLAB COM 接口库。在 C#项目中，引用 MATLAB 提供的 COM 接口库。

2）调用 MATLAB 程序。在 C#代码中，可以直接调用 MATLAB 程序进行数值计算。这需要使用 COM 接口提供的方法和对象来创建 MATLAB 实例，并调用相应的函数和脚本进行计算。

3）数据传输。数据的传输可以由 CSV 文件来完成。在 C#中，通过文件操作可以将需要计算的数据写入 CSV 文件中，然后让 MATLAB 程序读取相应的 CSV 文件进行计算。计算完成后，MATLAB 程序可以将结果写入新的 CSV 文件中，C#再读取并处理这些结果数据。

具体操作步骤：首先在工程中引用 MATLAB Application（Version 9.0）Type libaray，不同版本的 MATLAB 对应的库的版本也不一样，添加引用后，引用目录下多了一个 MLApp 文件。利用下面的代码即可实现调用，之后添加相应的输入输出的变量。

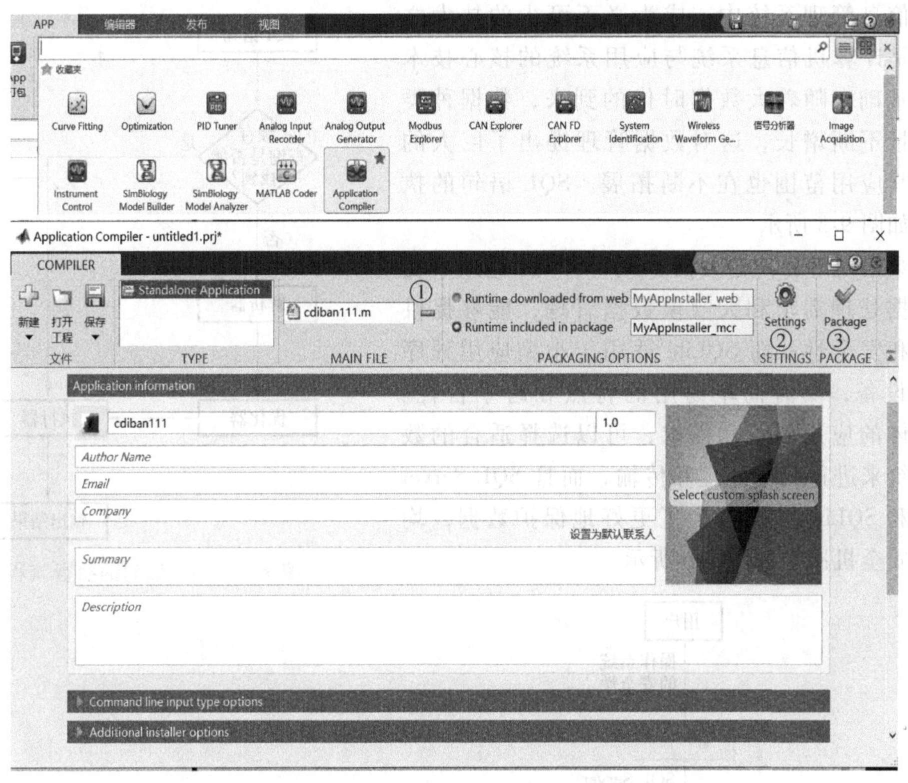

图 9-4　在 MATLAB 中导出可运行文件的步骤

```
MLApp. MLApp MATLAB = null;
Type MATLABAppType = System. Type. GetTypeFromProgID( "MATLAB. Application" );
Type MATLABAppType = System. Type. GetTypeFromProgID( "MATLAB. Application" );
MATLAB = System. Activator. CreateInstance( MATLABAppType) as MLApp. MLApp;
string path_project = @ "F: \MATLAB\程序";//文件位置
string path_project = Directory. GetCurrentDirectory( );//工程文件的路径,如 bin 下面的 debug
string path_MATLAB = "cd('" + path_project + "')";
MATLAB. Execute( path_MATLAB);
MATLAB. Execute( "clear all");
```

9.4 SQL Server 与 SQLite 数据传输

9.4.1 SQL Server 与 SQLite 介绍

随着互联网的发展和信息量的骤增，SQL Server 数据库与 SQLite 数据库技术在当今各行各业的信息管理系统中，成为必不可少的技术之一，也是计算机信息系统与应用系统的核心技术和重要基础。随着大数据时代的到来，数据种类与数据量不断增长，这对数据管理提出了巨大的挑战，其应用范围也在不断拓展。SQL 语句的执行流程如图 9-5 所示。

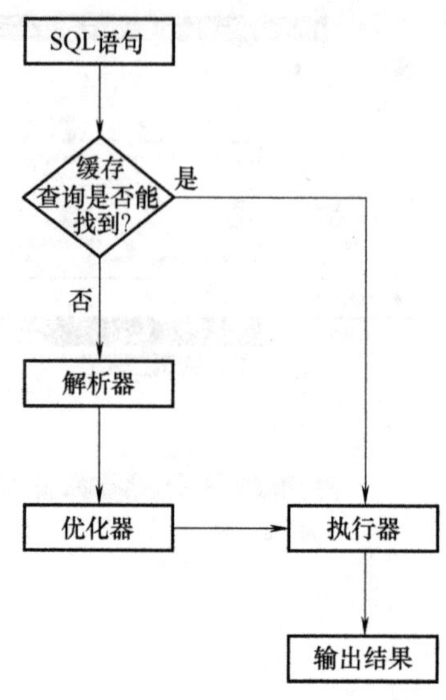

图 9-5　SQL 语句的执行流程

在数据处理和传输方面，SQL Server 适用于复杂的数据处理需求和大规模数据管理，能够提供高性能和安全性；而 SQLite 适用于小型应用程序和移动设备，具有简单易用的特点和跨平台性。根据具体的应用场景和需求，可以选择适合的数据库系统来进行数据处理和传输，而且 SQL Server 数据库和 SQLite 数据库为了更好地保护数据，均建立了安全机制，如图 9-6 所示。

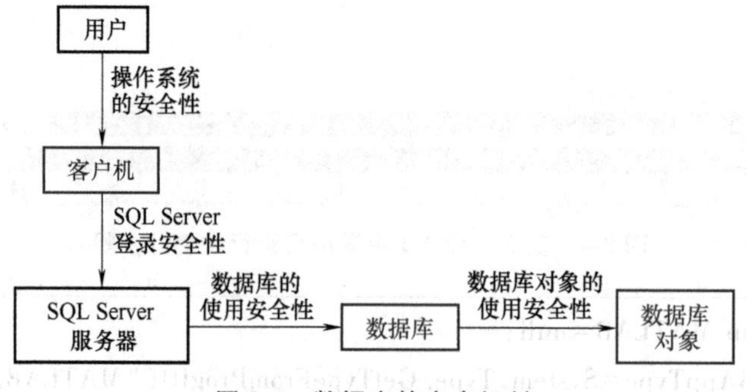

图 9-6　数据库的安全机制

9.4.2　与 Unity3d 通信耦合

1. SQL Server 指令

SQL Server 中有许多不同类型的 SQL 指令，用于执行各种操作，包括创建、读取、更新和删除数据，管理数据库对象等。

（1）常见的 SQL Server 指令

1）数据定义语言（DDL）指令见表 9-1。

表 9-1　数据定义语言（DDL）指令

指令	功能
CREATE DATABASE	创建一个新数据库
CREATE TABLE	创建一个新表
ALTER TABLE	修改现有表的结构
DROP DATABASE;	删除一个数据库
DROP TABLE	删除一个表
CREATE INDEX	在表上创建一个索引

2）数据操作语言（DML）指令见表9-2。

表9-2　数据操作语言（DML）指令

指令	功能
SELECT	从数据库中检索数据
INSERT INTO	将新数据插入到表中
UPDATE	更新表中的数据
DELETE FROM	从表中删除数据

3）数据控制语言（DCL）指令见表9-3。

表9-3　数据控制语言（DCL）指令

指令	功能
GRANT	授予用户或角色特定权限
REVOKE	撤销用户或角色的权限

4）事务控制指令见表9-4。

表9-4　事务控制指令

指令	功能
BEGIN TRANSACTION	开始一个新的事务
COMMIT TRANSACTION	提交当前事务
ROLLBACK TRANSACTION	回滚当前事务

5）系统管理指令见表9-5。

表9-5　系统管理指令

指令	功能
BACKUP DATABASE	备份数据库
RESTORE DATABASE	恢复数据库
DBCC	执行数据库命令检查
sp_help	显示数据库对象的信息
sp_who	显示当前连接到数据库的用户信息

6）用户定义函数和存储过程指令见表9-6。

表9-6　用户定义函数和存储过程指令

指令	功能
CREATE FUNCTION	创建一个用户定义的函数
CREATE PROCEDURE	创建一个存储过程

（2）SQL Server指令应用示例

1）创建数据库。代码如下：

```
CREATE DATABASE MyDatabase;
```

2）创建表。创建一个名为 Employees 的表，包含 EmployeeID、FirstName、LastName 和 Department 四个字段，并将 EmployeeID 设置为主键，代码如下：

```
CREATE TABLE Employees (
EmployeeID INT PRIMARY KEY,
FirstName NVARCHAR(50),
LastName NVARCHAR(50),
Department NVARCHAR(50)
);
```

3）插入数据。将一条新的员工记录插入到 Employees 表中，代码如下：

```
INSERT INTO Employees (EmployeeID,FirstName,LastName,Department)
VALUES (1,'John','Doe','IT');
```

4）查询数据。查询 Employees 表中的所有记录，代码如下：

```
SELECT * FROM Employees;
```

5）更新数据。将姓氏为 'Doe' 的员工的部门更新为 'HR'，代码如下：

```
UPDATE Employees SET Department='HR' WHERE LastName='Doe';
```

6）删除数据。删除 EmployeeID 为 1 的员工记录，代码如下：

```
DELETE FROM Employees WHERE EmployeeID=1;
```

7）备份数据库。将当前数据库备份到名为 MyDatabase. bak 的文件中，代码如下：

```
BACKUP DATABASE MyDatabase TO DISK='C:\Backup\MyDatabase.bak';
```

8）恢复数据库。从名为 MyDatabase. bak 的备份文件中恢复数据库，代码如下：

```
RESTORE DATABASE MyDatabase FROM DISK='C:\Backup\MyDatabase.bak';
```


9）查询所有表。查询数据库中的所有表，代码如下：

```
SELECT * FROM sys.tables;
```

除了上述这些常见的指令，SQL Server 还提供了许多其他功能和指令，用于管理和操作数据库。

2. SQLite 指令

SQLite 是一个轻量级的数据库管理系统，支持标准的 SQL 语法，并提供了一系列的指令，用于管理数据库和执行操作。

（1）常见的 SQLite 指令

1）数据定义语言（DDL）指令见表 9-7。

表 9-7　数据定义语言（DDL）指令

指令	功能
CREATE TABLE	创建一个新表
ALTER TABLE	修改现有表的结构
DROP TABLE	删除一个表
CREATE INDEX	在表上创建一个索引
DROP INDEX	删除一个索引

2）数据操作语言（DML）指令见表 9-8。

表 9-8　数据操作语言（DML）指令

指令	功能
SELECT	从数据库中检索数据
INSERT INTO	将新数据插入到表中
UPDATE	更新表中的数据
DELETE FROM	从表中删除数据

3）事务控制指令见表 9-9。

表 9-9　事务控制指令

指令	功能
BEGIN TRANSACTION	开始一个新的事务
COMMIT TRANSACTION	提交当前事务
ROLLBACK TRANSACTION	回滚当前事务

4）数据控制语言（DCL）指令。SQLite 不支持传统的 DCL 指令，如 GRANT 和 REVOKE。权限控制通常通过文件系统级别的访问控制来管理。

5）系统管理指令见表 9-10。

表 9-10　系统管理指令

指令	功能
. backup	备份数据库
. restore	恢复数据库
. tables	列出数据库中的所有表
. schema	显示指定表的创建 SQL 语句

6）SQLite 特有指令见表 9-11。

表 9-11　SQLite 特有指令

指令	功能
. mode	设置命令行界面的输出模式
. header	控制输出结果中的列标题显示
. exit 或 . quit	退出 SQLite 命令行界面

这些指令提供了管理 SQLite 数据库和执行操作所需的基本功能。与其他关系型数据库管理系统不同，SQLite 的语法相对简单，因为它旨在成为一个嵌入式数据库，适用于小型项目和单用户应用程序。

（2）SQLite 指令应用示例

1）创建表。创建一个名为 Employee 的表，包含 EmployeeID、FirstName、LastName 和 Department 四个字段，并将 EmployeeID 设置为主键，代码如下：

```
CREATE TABLE Employee (
  EmployeeID INTEGER PRIMARY KEY,
    FirstName TEXT,
    LastName TEXT,
    Department TEXT
);
```

2）插入数据。将一条新的员工记录插入到 Employee 表中，代码如下：

```
INSERT INTO Employee (FirstName,LastName,Department) VALUES ('John','Doe','IT');
```

9.4.3 Unity3d 与 SQL Server 的数据交互

由于 C#是 Unity3d 的主要开发语言，Unity3d 与 SQL Server 软件通信实质上等同于 C#与 SQL Server 通信，两者通过 ADO. NET 进行数据交互，其结构如图 9-7 所示。

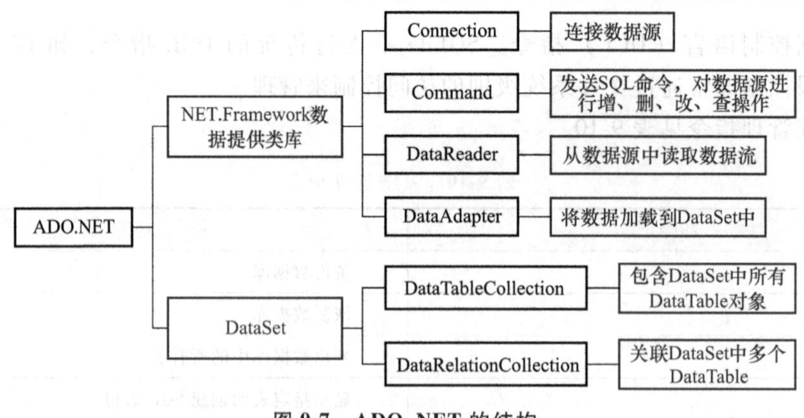

图 9-7　ADO. NET 的结构

实现 Unity3d 与 SQL Server 数据交互，主要有以下两种方式。

1）通过 NET. Framework 数据提供程序中相应类库。

2）通过 DataAdapter 将数据缓存于 DataSet 中。

Unity3d 与 SQL Server 的数据交互方式对比见表 9-12。由于 NET. Framework 方法内存占用较小，数据读取速度快，因此，这里采用 NET. Framework 方法进行 Unity3d 与 SQL Server 的数据交互。

表 9-12　Unity3d 与 SQL Server 的数据交互方式对比

方法	内存占用	数据读取速度	代码复杂度
NET. Framework 方法	小	快	高
DataAdapter 方法	大	慢	低

在建立数据通信前，为确保 Unity3d 与 SQL Server 的数据交互，需将 Unity3d 安装目录下的 System. Data. dll 文件复制到 Unity3d 项目文件夹下，该动态链接库中包含以上所介绍的 Net. Framework 数据提供程序中的相关类库，并在相应的 C#脚本中引用该动态链接库。

根据服务器 IP 地址、数据库名称、用户名和密码，利用 SqlConnection 对象建立 Unity3d 与 SQL Server 数据交互通道。代码如下：

```
string Con = @ " server = IP ; database = 数据库名称 ; uid = 用户名 ; pwd = 密码 "
SqlConnection con = new SqlConnection( Con )
```

然后利用 SqlCommand 对象检索数据库中表格数量，当表格数量发生变化时，驱动 Unity3d 调用 MATLAB 动态链接库，读取新建表格数据进行相关处理。

9.5 其他数据处理方式

9.5.1 基于 C#的数据处理

C#是一种功能强大的编程语言，利用 C#能够很好地处理数据，具体步骤如下：在 Unity3d 中编写 C#脚本时，通常需要获取游戏对象和组件的引用，然后访问这些组件的属性和方法来处理数据。

（1）创建一个 C#脚本　在 Unity3d 中，通过以下步骤创建一个 C#脚本，如图 9-8 所示。

1）在 Unity3d 编辑器中，选择“Assets”文件夹或你想要保存脚本的文件夹。

2）右击并选择“Create”选项，然后选择“C# Script”选项。

3）给脚本取一个合适的名称，如 MyScript。

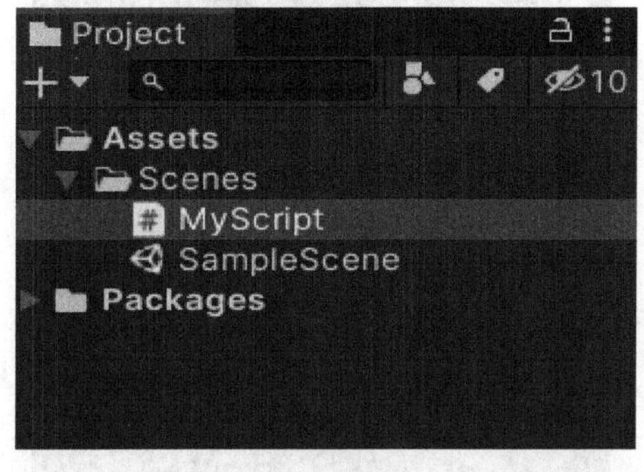

图 9-8　创建脚本

（2）编写脚本代码　打开刚创建的脚本，并在其中编写代码来获取游戏对象和组件的引用，以及访问它们的属性和方法。

```
Using Engine;
public class MyScript :MonoBehaviour
{
// 声明需要引用的游戏对象和组件
public GameObject targetObject;
private Rigidbody rb;
// Start 方法在脚本被启用时调用
void Start( )
{
    // 获取游戏对象的引用
    targetObject = GameObject. Find( " TargetObject" ) ;
    // 获取组件的引用
    rb = targetObject. GetComponent&lt;Rigidbody&gt;( ) ;
}
// Update 方法在每一帧都会被调用
void Update( )
{
    // 检查是否按下了空格键
    if (Input. GetKeyDown( KeyCode. Space) )
    {
        // 调用 Rigidbody 组件的方法
        rb. AddForce( Vector3. up * 10f, ForceMode. Impulse) ;
    }
}
}
```

（3）将脚本附加到游戏对象上　将编写好的脚本文件拖放到 Unity3d 编辑器的一个游戏对象上，或者右击游戏对象并选择“Add Component”选项，然后选择刚创建的脚本，如图 9-9 所示。

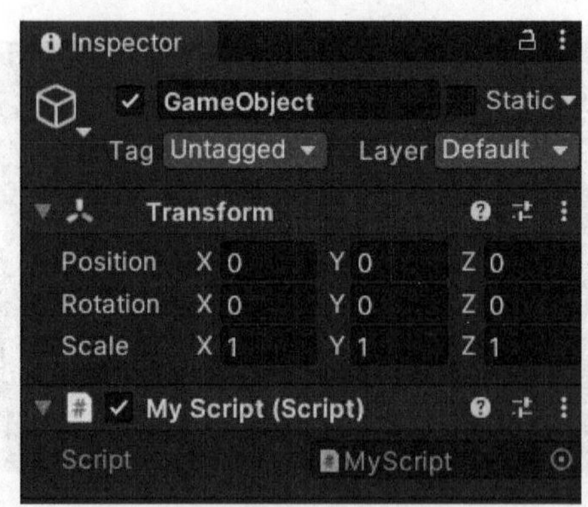

图 9-9　将脚本附加到游戏对象上

（4）配置脚本属性　如果脚本中有公共变量（如 targetObject），则可以在 Unity3d 编辑器中设置这些变量的值，也可以在运行时通过代码设置。

（5）运行场景并测试脚本　单击 Unity3d 编辑器的“Play”按钮来运行场景，然后测试脚本是否按预期工作。

C#提供了数组和列表（List）等数据结构，可用于存储和操作数据集合。使用数组可以存储固定大小的数据集合，使用列表可以存储可变大小的数据集合。通过使用循环和索引，可以遍历数组和列表，进行数据的读取、修改和处理。C#还提供了文件和 IO 操作的功能，可以读取和写入文件中的数据。使用文件读写功能可以处理存储在文件中的数据，例如读取和解析文本文件、二进制文件或其他格式的文件。此外，C#还支持对象的序列化和反序列化，可以将对象转换为字节流或字符串，并进行存储或传输。

根据具体的数据处理需求，再结合上述方法，可编写适当的 C#代码来实现数据的获取、处理、存储和展示等功能。

9.5.2 基于 Python 的数据分析

Python 的语法简洁清晰，易于学习和使用。它具有强大的功能和灵活性，可以快速开发原型和实现复杂的功能。由于其广泛的应用和社区支持，Python 已成为最受欢迎的编程语言之一，被广泛应用于各种领域和行业。Python 处理数据的流程如图 9-10 所示。

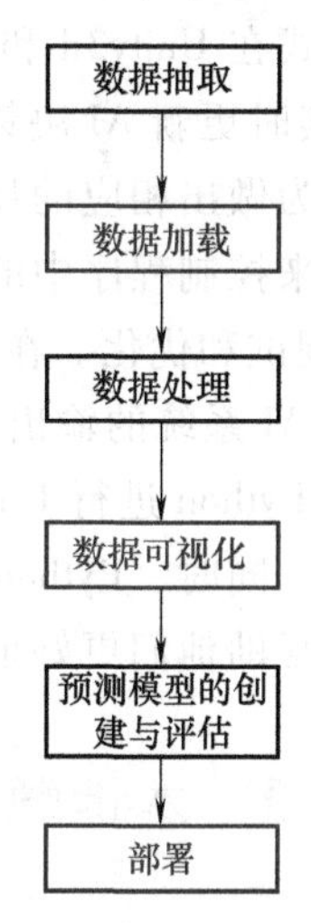

图 9-10　Python 处理数据的流程

作为一种开发与数据处理工具，Python 具有以下特点：①语法简洁，易于学习和理解，适合初学者入门编程；②Python 是一种面向对象的编程语言，支持面向对象的编程思想，可以更好地组织和管理代码；③它是一种动态类型语言，不需要事先声明变量的类型，使得编码更加灵活和方便；④有丰富的标准库和第三方库，提供了大量的功能模块和工具，可以满足各种需求；⑤可以在各种操作系统上运行，包括 Windows、Mac OS、Linux 等，具有很好的跨平台性。

Python 与 Unity3d 之间可以建立多种关系，具体有以下几个方面。

（1）使用 Python 作为 Unity3d 的脚本语言　虽然 Unity3d 本身并不支持 Python 作为脚本语言，但是可以通过第三方插件来实现在 Unity3d 中使用 Python 进行开发。一个常用的插件是 IronPython，它是一个在 .NET 平台上运行的 Python 解释器，可以与 Unity3d 进行集成。

使用 Python 作为 Unity3d 脚本语言的一般步骤如下：

1）下载 IronPython 插件。首先需要下载 IronPython 插件并将其导入到 Unity3d 项目中。可以在 Unity3d Asset Store 或 GitHub 等平台上找到适合的插件。

2）创建 Python 脚本。在 Unity3d 中创建一个 Python 脚本文件，可以使用文本编辑器编写 Python 代码。

3）在 Unity3d 中运行 Python 脚本。在 Unity3d 中创建一个空对象，将 IronPython 插件绑

定到该对象上，然后将编写好的 Python 脚本文件拖拽到该对象上，即可在 Unity3d 中运行 Python 脚本。

4）与 Unity3d API 交互。通过 IronPython 插件，Python 脚本可以与 Unity3d 的 API 进行交互，调用 Unity3d 中的函数、访问游戏对象等，这样可以实现更加灵活和方便的开发。

需要注意的是，使用 Python 作为 Unity3d 的脚本语言可能会带来一些性能上的损失，因为 Python 是一种解释型语言，相比于 C#等编译型语言可能会有一定的性能差异。因此，在选择使用 Python 作为 Unity3d 的脚本语言时，需要权衡开发效率和性能之间的取舍。

（2）使用 Python 进行 Unity3d 场景的数据处理和分析　Python 在数据处理和分析方面具有强大的功能，可以用于处理 Unity3d 场景中的数据，进行性能优化、用户行为分析等工作，即前面所说的数据处理流程。

（3）使用 Python 进行 Unity3d 场景的 AI 开发　Python 在人工智能领域有很好的应用，Python 与 Unity3d 交互的基本步骤如下：

1）编写 AI 算法。使用 Python 编写 AI 算法的代码。可以使用 Python 的机器学习库（如 TensorFlow、PyTorch 等）来实现神经网络，使用强化学习库（如 OpenAI Gym、Stable-Baselines 等）来实现强化学习算法，以及其他相关库来实现不同的 AI 功能。

2）与 Unity3d 交互。将编写好的 Python AI 算法与 Unity3d 进行交互。通过网络、文件读写等方式在 Unity3d 和 Python 之间传递数据，实现 AI 系统在 Unity3d 场景中的应用。

3）实时更新 AI 决策。在程序运行过程中，AI 系统需要实时更新决策，根据环境变化和玩家行为做出相应的反应。在 Unity3d 中，通过编写脚本来调用 Python AI 算法，并根据返回结果来控制程序中的 AI 行为。

4）调试和优化。在实际程序中测试 AI 系统的性能和效果，根据反馈进行调试和优化。通过监控 AI 系统的输出、调整算法参数、增加训练数据等方式，可提升 AI 系统的表现。

使用 Python 进行 Unity3d 场景的 AI 开发，可以令场景更加智能，提升了系统的可信度和实用性。同时，Python 在人工智能领域的丰富库和工具也为开发者提供了丰富的资源和支持，能够帮助他们更好地实现 AI 系统的开发和应用。

9.5.3　本地数据传输通道

在某些情况下，用户可能需要将 Unity3d 与其他本地应用程序进行集成，以实现更复杂的功能或数据交换。通过本地数据传输通道，可以与其他应用程序共享数据、调用特定的本地功能或接口，从而实现更丰富的交互体验。Unity3d 本身的功能可能无法直接访问或控制某些本地硬件设备或外部设备。通过与本地数据传输通道进行交互，可以编写本地代码或使用插件来与这些设备进行通信，从而实现与摄像头、传感器、VR 设备或其他外部设备的集成，同时本地代码可能比 Unity3d 的脚本执行更高效，通过使用本地数据传输通道，可以将某些计算或处理任务移至本地代码中，以提高性能和效率。Unity3d 是跨平台的开发引擎，但某些特定的本地功能或接口可能在不同平台上具有差异。通过本地数据传输通道，可以根据不同的平台需求编写特定的本地代码，以确保在不同平台上的兼容性和功能一致性。

在 Unity3d 中与本地数据传输通道进行交互有多种方式，以下是一些常见的方法。

1. 使用标准的文件操作 API

在 Unity3d 中，可以使用 System. IO 命名空间中的标准文件操作 API 来读取和写入本地文件。具体的步骤如下：

（1）引入命名空间　在 C#脚本中引入 System. IO 命名空间，以便可以使用其中的文件操作类。

```
using System.IO;
```

（2）构建文件路径　确定要读取或写入的文件路径是绝对路径还是相对路径。在 Unity3d 中，相对路径通常相对于 Assets 文件夹。

```
string filePath = Application.persistentDataPath + "/example.txt";
```

Application. persistentDataPath 是一个特殊的 Unity3d 变量，表示应用程序持久化数据的路径。

（3）读取文件内容　使用 File. ReadAllText（）方法来读取文件内容。

```
if (File.Exists(filePath)) {
string fileContent = File.ReadAllText(filePath);
Debug.Log("File content:" + fileContent);
} else {
Debug.LogError("File not found:" + filePath);
}
```

（4）写入文件内容　使用 File. WriteAllText（）方法来写入文件内容。

```
string contentToWrite = "Hello,World!";
File.WriteAllText(filePath,contentToWrite);
Debug.Log("File written:" + filePath);
```

2. 通过网络与本地应用程序进行数据传输

在 Unity3d 应用程序和本地应用程序之间进行数据传输有两种方法：使用网络套接字（Socket）和使用 HTTP 通信。

（1）使用网络套接字（Socket）进行数据传输　基本步骤如下：

1）在本地应用程序中创建服务器端。

① 使用适当的编程语言和库（如 C#的 . Net Socket 类）创建一个服务器端应用程序。

② 监听指定端口，等待 Unity3d 应用程序的连接请求。

2）在 Unity3d 应用程序中创建客户端。

① 使用 C#的 . Net Socket 类创建一个客户端应用程序。

② 指定服务器的 IP 地址和端口号，向服务器发送连接请求。

3）建立连接。

① 当客户端发送连接请求时，服务器接收连接。

② 一旦连接建立，服务器和客户端之间就可以相互发送数据。

4）发送和接收数据。服务器和客户端可以使用套接字发送和接收数据，还可以定义协议来规定数据的格式和传输方式，以便双方能够正确解析数据。

5）关闭连接。当数据传输完成后，可以关闭连接，释放资源。

（2）使用 HTTP 通信进行数据传输　基本步骤如下：

1）在本地应用程序中创建 Web 服务器。

① 使用适当的 Web 开发技术（如 Node. js、Python 的 Flask 框架等）创建一个 Web 服务器。

② 编写 API 端点，用于处理来自 Unity3d 应用程序的 HTTP 请求。

2）在 Unity3d 应用程序中使用 HTTP 请求。

① 使用 Unity3d 的 WebRequest 类或类似的 HTTP 请求库向 Web 服务器发送 HTTP 请求。

② 可以发送 GET、POST 等类型的请求，并传递相应的数据。

3）处理请求并返回数据。

① 当 Web 服务器接收到请求时，处理请求并根据需要从本地存储或数据库中检索数据。

② 将数据作为 HTTP 响应返回给 Unity3d 应用程序。

4）接收和处理响应。Unity3d 应用程序接收到 HTTP 响应后，可以解析响应数据并进行相应的处理。

5）关闭连接。HTTP 是一种无状态协议，连接在请求完成后会自动关闭，无需额外的处理。

9.6 实例分析

以实际 Unity3d 程序中的煤层构建与更新为例，来实现数据传输与处理。首先是读取 XML 文件，如图 9-11 所示。

图 9-11　依据 XML 文件中的煤层节点重构煤层

```
public void LoadXml(string path)//读取 XML 文件数据函数
{
XmlDocument xml=new XmlDocument();
XmlReaderSettings set=new XmlReaderSettings();
set.IgnoreComments=true;
xml.Load(XmlReader.Create(path,set));//得到数据文件节点下的所有子节点
XmlNodeList xmlNodeList=xml.SelectSingleNode("ROOT").ChildNodes;
```

```
    data=new Vector3[xmlNodeList.Count];
    int i=0; //遍历所有子节点
    foreach (XmlElement xl1 in xmlNodeList)
    {
    float.Parse(xl1.GetAttribute("cmj_Positiony")),float.Parse(xl1.GetAttribute("cmj_Po-
sitionz"));
    data[i] = new Vector3 (float.Parse (xl1.GetAttribute (" Cubex")), float.Parse
(xl1.GetAttribute("Cubez")),float.Parse(xl1.GetAttribute("Cubey")));
    i++;
    }
    }
```

然后以 XML 文件的数据为煤层的节点，利用 Unity3d 的 Mesh 组件完成对煤层的搭建。

```
    mesh=new Mesh();
    path=Application.dataPath + "/Scenes/meiceng/csmc.xml";
    LoadXml(path);
    GetComponent<MeshFilter>().mesh=FaceGenerate.Generate(data,32,5,mesh);
    gameObject.AddComponent<MeshCollider>();//添加网格碰撞体
    GameObject[]a;
    a=new GameObject[data.Length];
    for (int i=0; i < data.Length; i++)
    {
      string temp="(" + qiucountx + "," + qiucounty + ")".ToString();
      a[i]=Instantiate(sphere,data[i],Quaternion.identity,this.transform) as GameObject;
    a[i].name=temp;
      qiucounty += 1;
      if (qiucounty > 32)
      {
    qiucountx += 1;
    qiucounty=1;
    }
  }
```

之后在煤层上利用 Unity3d 的物理引擎系统将支运装备平缓地落在煤层上，如图 9-12 所示。

最后采集当前刮板输送机与液压支架的位姿信息，依据支运装备的实际尺寸在 MATLAB 中编写相应的 DLL 文件，完成对耦合特征点的计算，DLL 文件名称为 chishidiban.dll，如图 9-13 所示。

图 9-12 基于物理引擎系统将支运装备落在煤层上

图 9-13 支运装备与煤层耦合特征点的选取与计算

```
arrayOBJ = new MWNumericArray(A);
MWArray[ ]max = asd. chishidiban (1,arrayOBJ);
MWNumericArray B = (MWNumericArray)max[0];
double[ , ]object2 = (double[ , ])B. ToArray(MWArrayComponent. Real);
saveXML(object2);
```

其中，矩阵 A 为采集到的支运装备位姿信息，输出的矩阵 B 为计算得到的多台支运装备的煤层耦合特征点，同时将特征点保存为 XML 格式，再次利用 Unity3d 的 Mesh 组件完成对煤层的更新，如图 9-14 所示。

图 9-14 依据耦合点实现煤层的更新

思考题

9-1　简述 XML 与 CSV 数据格式的特点。

9-2　XML 数据格式包括哪几部分?

9-3　实现 Unity3d 与 MATLAB 的耦合计算有哪几种方法?

9-4　简述基于 DLL 文件的 Unity3d 与 MATLAB 耦合计算的步骤。

9-5　简述基于可运行文件的 Unity3d 与 MATLAB 耦合计算的步骤。

9-6　简述 SQL SERVER 与 Unity3d 的耦合步骤。

9-7　简述 SQLite 与 Unity3d 的耦合步骤。

9-8　简述在本地实现数据传输的步骤。

第 10 章　人机交互关键技术

知识目标：掌握人机交互技术的概念、配置以及应用；熟悉 HTC Vive、HoloLens2 以及 Azure Kinect 三个设备的交互方式，了解它们的作用与使用方法；熟悉如何建立自己的交互平台配置环境。

能力目标：能够通过对 HTC Vive 的配置对虚拟现实（VR）技术有更多的了解，明确 VR 技术的特性以及应用场景；利用对 HoloLens2 设备的开发实现对 AR 技术基本应用方法的掌握，了解 AR 技术交互方式的特点，明确 AR 技术与 VR 技术的区别和联系；通过配置 Kinect 的基本环境，明确人体识别技术的应用场景，对 Kinect 设备有一定的熟悉，方便后续进行具体的开发。

人机交互（Human-Computer Interaction，HCI）是指人与机器之间使用某种交互方式完成确定任务的人机之间的信息交换过程。随着技术的进步和用户需求的变化，人机交互技术不断渗透进各个行业，人机交互技术的创新为各行各业开辟了新的可能性。目前，人机交互的关键技术主要围绕着如何提高人与机器之间互动的自然性、效率和舒适度等问题展开研究。在探索如何使人机交互更加自然和直观的过程中，基于虚拟现实（VR）的交互、基于 AR/MR 的交互以及基于人体动作识别的交互成为人机交互的热门领域，这不仅打破了人机交互的界限，还大大提升了用户体验，丰富了交互的方式和状态。

10.1　基于 VR 的人机交互关键技术

HTC Vive 是由 HTC 与 Valve 联合开发的一款 VR 头显（虚拟现实头戴式显示器）产品通过头戴式显示器、单手持控制器、能同时追踪显示器与控制器的定位系统（Lighthouse）给使用者提供沉浸式体验，如图 10-1 所示。

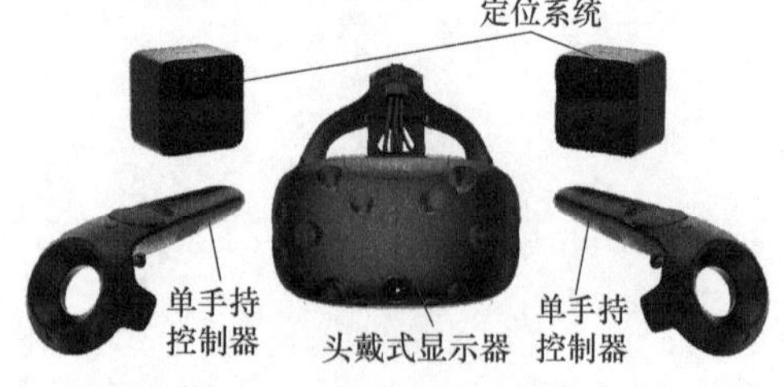

图 10-1　HTC Vive 的构成

10.1.1　硬件配置要求

若要使用 HTC Vive 进行基于 VR 的人机交互，计算机必须满足以下最低系统要求。

GPU：NVIDIA ® GeForce ® GTX 970、AMD Radeon™ R9 290 同等或更高配置。

CPU：Intel ® Core™ i5-4590/AMD FX™ 8350 同等或更高配置。

RAM：4 GB 或以上。

视频输出：HDMI 1.4、DisplayPort 1.2 或以上。

USB 端口：1x USB 2.0 或以上端口。

操作系统：Windows 7 SP1、Windows 8.1 或更高版本、Windows 10。

10.1.2　开发环境配置

1. SteamVR 平台的安装

1）下载 Steam 平台。

2）在 Steam 主界面上方选择“库”选项卡，如图 10-2 所示。

3）在“库”选项卡中选择“工具”选项，如图 10-3 所示。

图 10-2　选择“库”选项卡

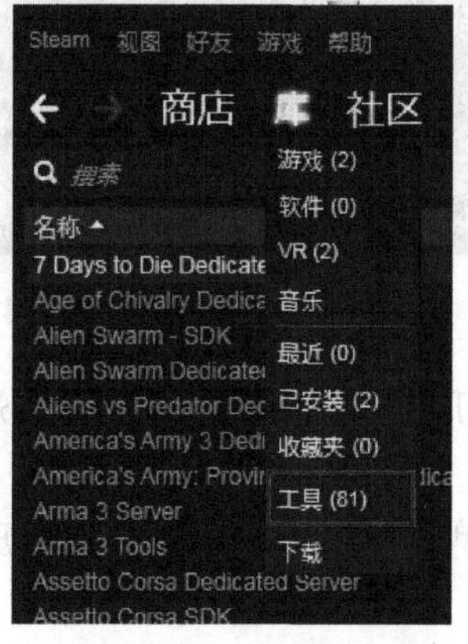

图 10-3　选择“工具”选项

4）找到“SteamVR”并单击，即可下载安装“SteamVR”，如图 10-4 所示。

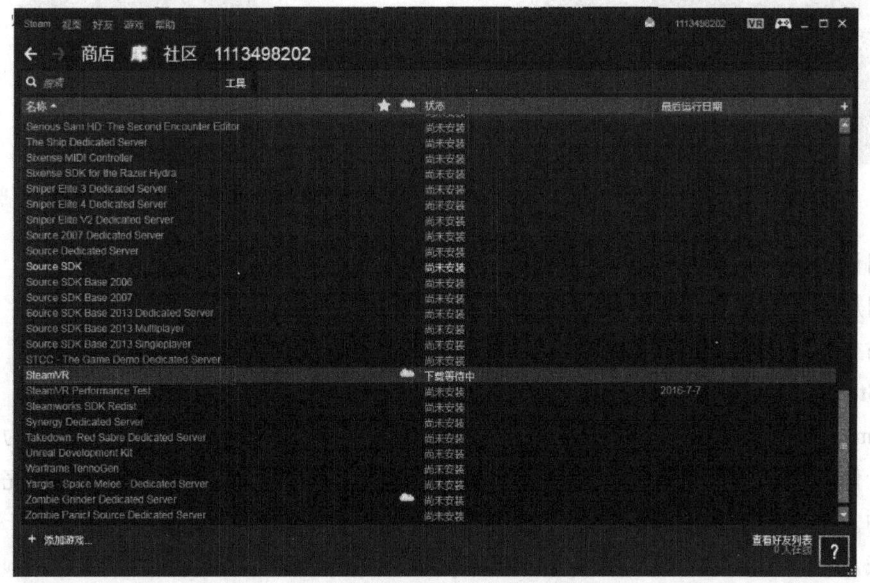

图 10-4　下载“SteamVR”

5）安装完成后，在显示器左下角会显示如图 10-5 所示的界面。在该界面可查看 HTC Vive 手柄、头盔以及基站的当前状态，当硬件出现故障时还会显示错误信息。

2. 房间设置

1）当成功安装 SteamVR 后，打开 Steam 平台。

2）右击任务栏中的 Steam 图表，单击运行 SteamVR，如图 10-6 所示。

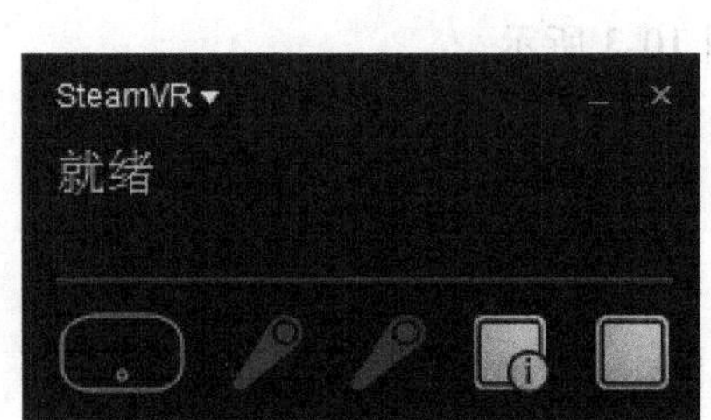

图 10-5　SteamVR 就绪界面

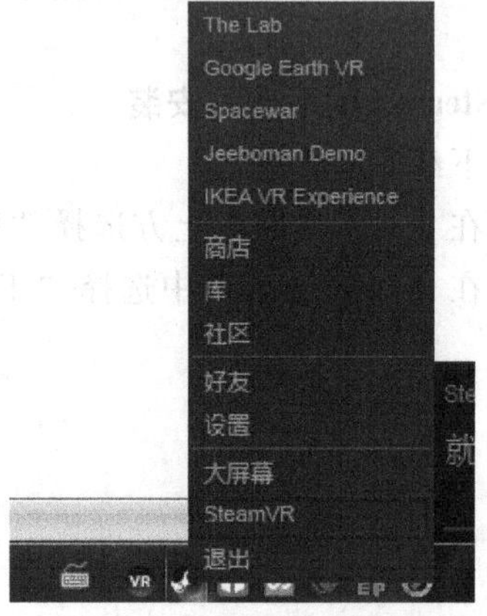

图 10-6　运行 SteamVR

3）打开 SteamVR 后，系统会弹出如图 10-7 所示的欢迎界面，提示用户插好 VR 头戴式显示器。

4）单击左上角，选择“运行房间设置”选项，如图 10-8 所示。

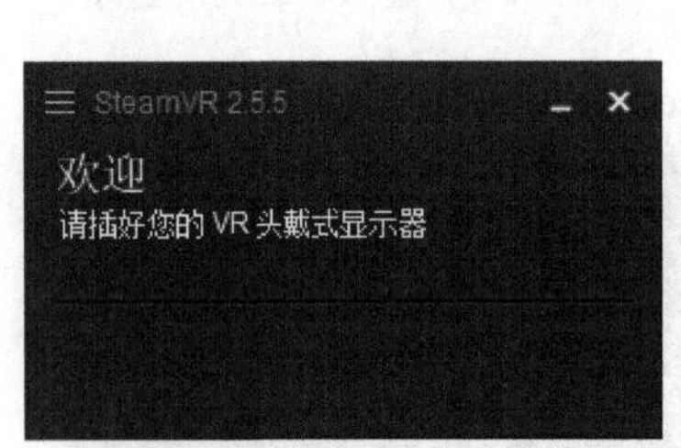

图 10-7　欢迎界面

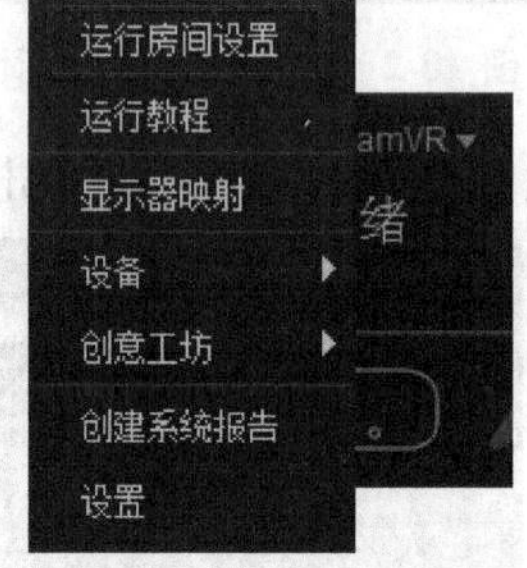

图 10-8　选择“运行房间设置”选项

房间设置分为“房间规模”和“仅站立”。

房间规模：自由设置可移动范围，可小范围自由移动。

仅站立：不支持自由移动。

3. SteamVR 插件导入

SteamVR 插件与上面提到的 Steam VR 平台是不同的，Steam VR 平台主要是为了协助开发者查看修改 HTC Vive 的状态信息的，而 SteamVR 插件主要是为了协助开发者完成软件开发工作的。SteamVR 插件是由官方提供的、开源且完全免费的一款插件，在 Unity Asset Store 中可下载。

SteamVR 插件导入的操作步骤如下：

1）新建一个 Unity3d 工程。

2）打开 Asset Store 窗口，搜索“SteamVR”下载即可。

3）导入 Unity3d 后找到“[CameraRig]”并拖入场景运行，如图 10-9 所示。

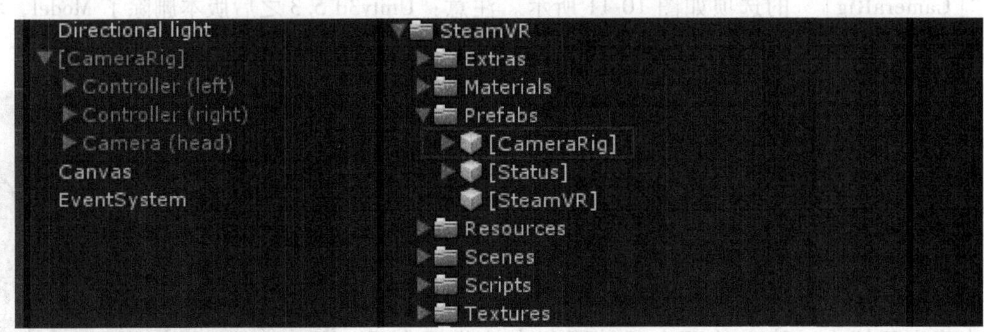

图 10-9　运行 [CameraRig]

注意：

1）在将插件引入到 Unity3d 5.2 版本时会报错，此时删除“SteamVR”文件夹下的“Editor”文件夹即可。

2）引入到 Unity3d 5.3 版本时，有时会出现画面重影的错误。

3）暂时认为 Unity3d 5.4 版本比较稳定。

10.1.3　HTC Vive 手柄

1. 按键说明

手柄键位介绍如图 10-10 所示。

2. 指示灯

绿色：表示 HTC Vive 手柄目前状态正常，可以正常使用。

蓝色：表示操控手柄已经成功和头戴式设备配对。

闪烁蓝色：表示操控手柄正在和头戴式设备进行配对。

橙色：表示手柄正在充电，当手柄变为绿色时，表示充电完毕。

闪烁红色：手柄低电量，即将没电。

3. 手柄开关

开启手柄：按下系统按钮，当听到“滴”的一声时，表示 HTC Vive 手柄成功开启。

关闭手柄：长按系统按钮，当听到“滴”的一声时，表示 HTC Vive 手柄已关闭。

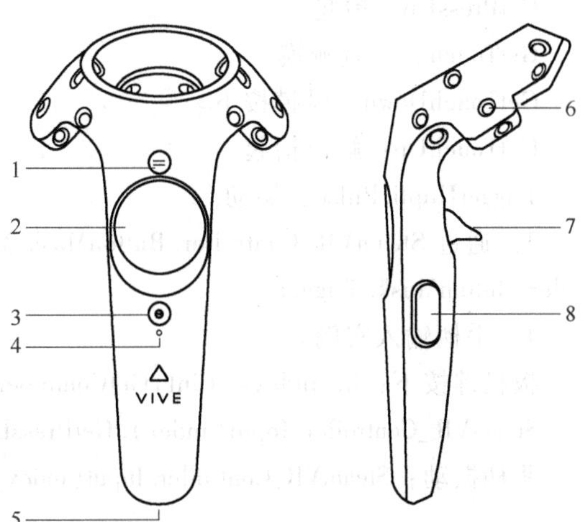

图 10-10　手柄键位介绍

1—菜单按钮　2—触控板　3—系统按钮　4—状态指示灯
5—Micro-USB 端口　6—追踪感应器
7—扳机　8—手柄按钮

10.1.4　手柄控制

“[CameraRig]” 的选项如图 10-11 所示。注意：Unity3d 5.3 之后版本删除了 Model，将手柄模型渲染脚本直接添加在了 Controller 上。

1）Controller（left）：左侧手柄（相当于人的左手）。

2）Controller（right）：右侧手柄（相当于人的右手）。

3）Camera（head）：头盔。

4）Camera（eye）：相当于人的眼睛。

5）Camera（ears）：相当于人的耳朵。

6）Model：主要是为了在虚拟环境下创建手柄模型。

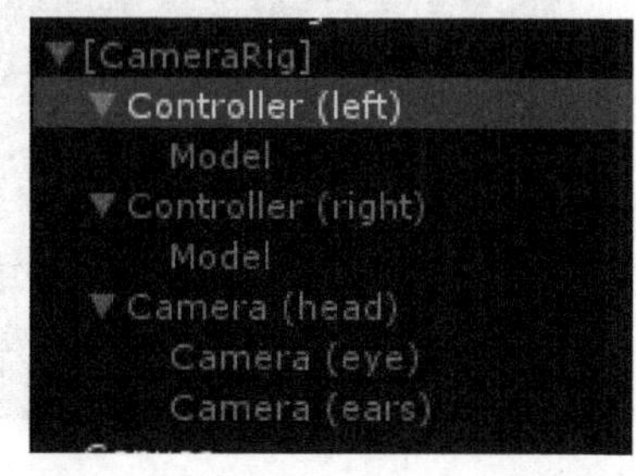

图 10-11　[CameraRig] 的选项

在现实环境中，建立的两个基站既负责接收两个手柄和头盔发出的信号，又负责向它们发送信号。而左右手的区分，系统会自动识别。

而在 SteamVR 插件中也对手柄和头盔进行了特殊处理（添加 SteamVR_ TrackedObj 组件标记为跟踪对象）。这样基站就可以检测手柄和头盔在现实环境下的位置信息。

在读取手柄的输出信息时，会用到 SteamVR_TrackedObj 组件，步骤如下。

1）获取 SteamVR_TrackedObj 组件下的 Index 变量。

例如：GetCommpent<SteamVR_TrackedObj>().Index;

2）通过 SteamVR_Controller 类下的 Input 接口获取手柄按键输入类型。

输入类型包括以下几种。

GetPress：长按。

GetPressDown：按下。

GetPressUp：抬起。

GetTouch：一直触摸。

GetTouchDown：触摸按下。

GetTouchUp：触摸抬起。

TriggerHapticPulse：振动。

3）通过 SteamVR_Controller.ButtonMask 类获取按键类型。例如：扳机键 SteamVR_Controller.ButtonMask.Trigger。

4）手柄输入实例。

扳机键按下：int index =（int)GetCommpent<SteamVR_TrackedObj>().Index

SteamVR_Controller.Input(index).GetPressDown(SteamVR_Controller.ButtonMask.Trigger);

手柄振动：SteamVR_Controller.Input(index).TriggerHapticPulse(200)；参数表示振动强度。

10.1.5　UI 设计（UGUI）

UI 设计主要通过 UGUI 的 3D UI 或 3D 模型来实现。

具体操作步骤如下：

1）创建一个 Canvas，并将 Canvas 的“Render Model”设置为“World Space”，如图 10-12 所示。

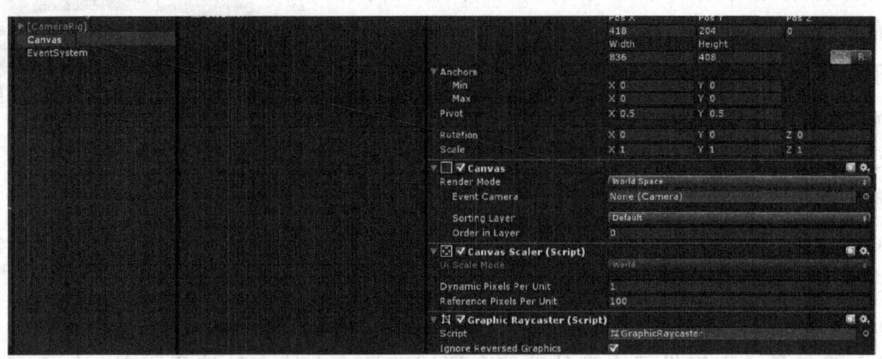

图 10-12　创建 Canvas

2）将 Canvas Scaler 组件中的 Dynamic Pixels Per Unit 适当调大（过大会影响性能），以提高画布的单位动态像素的数量，从而解决 UGUI 文本模糊的问题。

3）创建 UI，调整适当大小以及距离。若需要 UI 跟随头盔转动，则应将 Canvas 作为 Camera（head）的子节点，如图 10-13 所示。

4）有时会遇到 Text 中字体显示不出来的情况，这时可以尝试着调节 Text 的 scale。最终效果如图 10-14 所示。

图 10-13　创建 UI

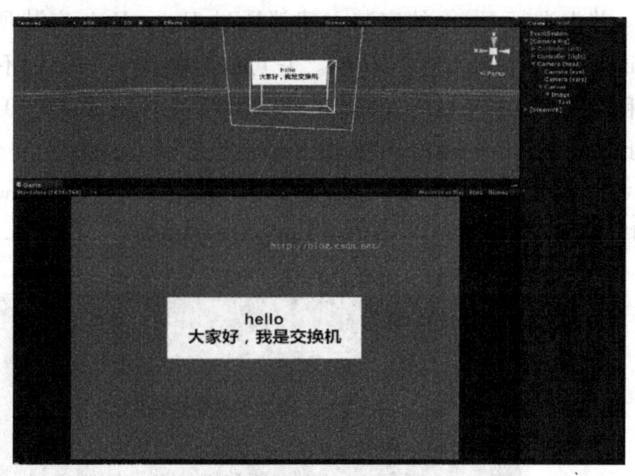

图 10-14　最终效果

10.2　基于 HoloLens 的人机交互关键技术

10.2.1　基于 HoloLens 的混合现实技术

HoloLens 2 是由微软推出的一款混合现实（Mixed Reality，MR）头戴式设备，如

图 10-15 所示，可进行实时手势、语音、环境感知、运动跟踪、眼动跟踪等解算。本节将详细介绍如何从 Unity 发布工程到 Hololens 2 设备。

图 10-15　HoloLens 2 设备

1. 开发环境准备

HoloLens 2 设备的开发环境需要一些特定的工具和软件来支持应用程序的创建和部署。下面是 HoloLens 2 设备的详细开发环境介绍。

Windows 10：HoloLens 2 设备的开发环境主要基于 Windows 10 操作系统。应确保开发机器上已安装 Windows 10，并保持最新的更新。

Visual Studio 2019：微软的集成开发环境（IDE）Visual Studio 2019 是 HoloLens 2 应用程序开发的主要工具。它提供了丰富的功能和调试工具，支持多种编程语言，如 C#和 C++。

Unity 3d：Unity 是一款广泛使用的跨平台引擎，也是 HoloLens 2 应用程序开发中常用的工具。Unity 提供了丰富的功能和易于使用的界面，可以用于创建逼真的虚拟场景和交互体验，并且支持 HoloLens 2 的特定功能和传感器。

Microsoft Mixed Reality Toolkit（MRTK）：MRTK 是一个开源工具包，旨在简化和加速增强现实（AR）和虚拟现实（VR）应用程序的开发过程。它提供了一系列的脚本、组件和示例，帮助实现交互、空间映射、遮挡处理等功能。

2. 软件安装

首先进行 Unity 的安装，建议通过 Unity Hub 安装所需 Unity 版本，Unity Hub 用于简化 Unity 的版本管理和项目管理。它可以轻松安装和管理不同版本的 Unity 引擎，并提供集中管理和访问 Unity 项目的界面。由于 MRTK 只支持 Unity 2019. 4 LTS 版本和 Unity 2020 LTS 版本，因此本书以 Unity 2020. 3. 45 LTS 版本安装为例进行详细介绍。在“添加模块”选项卡中，勾选“Universal Windows Platform Build Support”和“Windows Build Support（IL2CPP）”复选框并选择“Microsoft Visual Studio Community 2019”，如图 10-16 所示。

添加模块	需要：7.75 GB	可用：170.16 GB
☑ Universal Windows Platform Build Support	264.65 MB	1.9 GB
☐ WebGL Build Support	306.4 MB	1.07 GB
☑ Windows Build Support (IL2CPP)	77.5 MB	367.55 MB
☐ Lumin OS (Magic Leap) Build Support	158.77 MB	855.76 MB
▾ 开发工具	下载大小	磁盘大小
Microsoft Visual Studio Community 2019	已安装	1.24 GB

图 10-16　软件模块添加

Unity 上述模块安装完成后，还需对安装好的 Microsoft Visual Studio Community 2019 进行一些修改。在计算机左下方的搜索栏输入“Visual Studio Installer”后，打开该应用程序界面，选择“修改”选项，在“工作负荷”选项卡中，勾选“使用 C++的桌面开发”“通用 Windows 平台开发”和“C++（v142）通用 Windows 平台工具”复选框，以确保 UWP 平台正常编译，同时为确保计算机能通过 USB 连接到 HoloLens 2 设备，应务必勾选“USB 设备连接性”复选框，如图 10-17 所示。

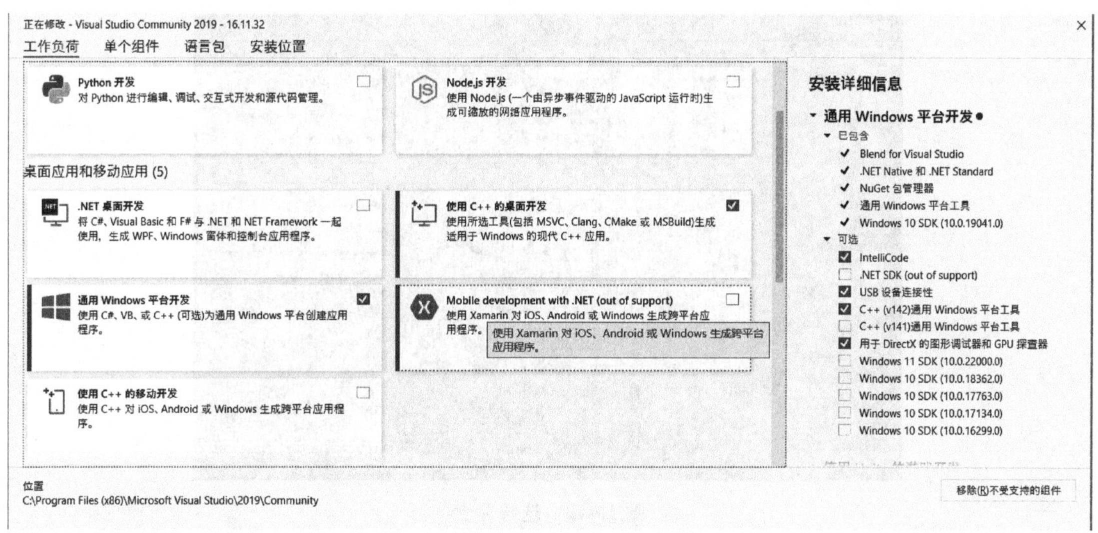

图 10-17　安装开发平台

3. MR 应用开发

软件安装完成后，即可通过 Unity 开发所需的 MR 应用程序，从项目创建到程序发布的详细流程介绍如下：

1）通过 Unity Hub 新建一个项目，选择对应编辑器版本，选择 3D 模板，填写项目名称，并选择文件位置，如图 10-18 所示。

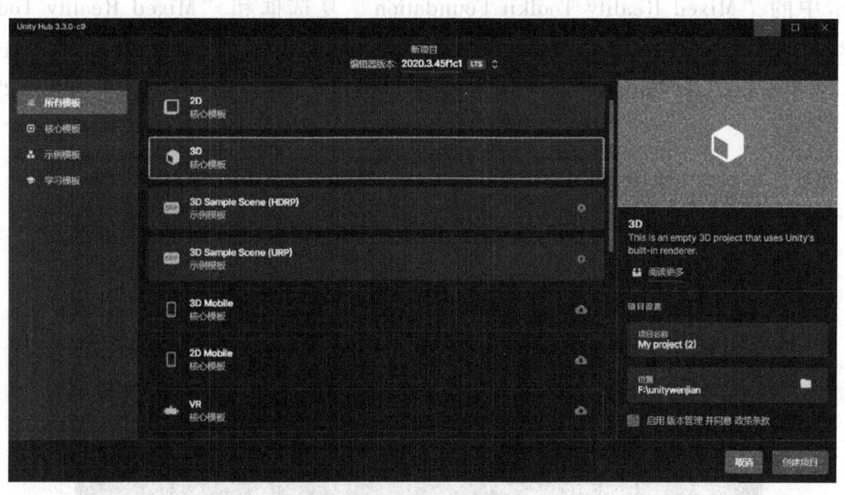

图 10-18　新项目面板

2）在 Unity 菜单栏中，依次选择“File”→“Build Settings”→“Universal Windows Platform”选项，并设置该平台下相应选项，“Target Device”选项选择“Hololens”，“Architecture”选项选择“ARM64”，“Build and Run on”选项选择“USB Device”，“Build configuration”选项选择“Release”，如图 10-19 所示。选择完成后单击“Switch Platform”按钮，将平台切换到 UWP（Universal Windows Platform）。

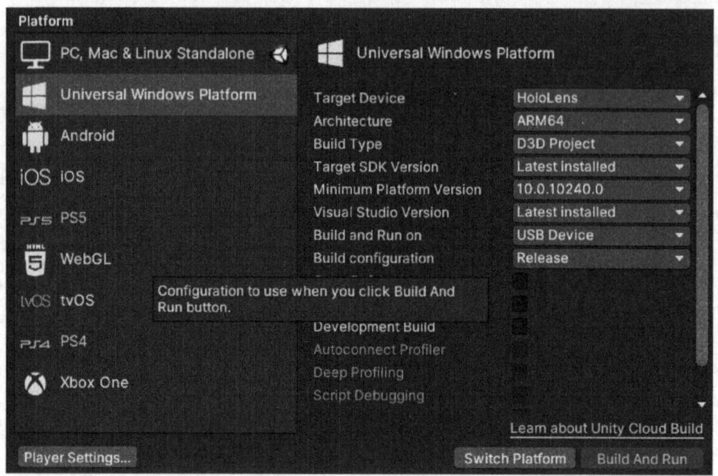

图 10-19　选择平台

3）平台切换完成后，为该项目安装 MRTK 工具包。目前，通过“MixedRealityFeatureTool（MRFT）”安装 MRTK 工具包是最方便快捷的方式，通过任意浏览器从 Microsoft 官网下载 MRFT 即可，下载完成后如图 10-20 所示。

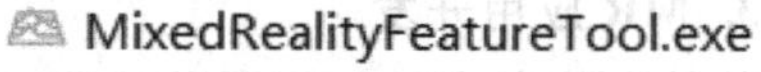

MixedRealityFeatureTool.exe

图 10-20　MixedRealityFeatureTool 工具包

4）双击打开该程序，单击“Start”按钮，单击 ··· 图标（图 10-21），选择建立该项目时的文件路径，路径选择完成后单击“Discover Features”按钮，勾选“Mixed Reality Toolkit”选项卡中的“Mixed Reality Toolkit Foundation”复选框和“Mixed Reality Toolkit Tools”复选框，勾选“Platform Support”选项卡中的“Mixed Reality OpenXR Plugin”复选框，再依次单击“Get Feature”→“Import”→“Exit”按钮，即可将 MRTK 工具包导入文件路径所显示的程序中。

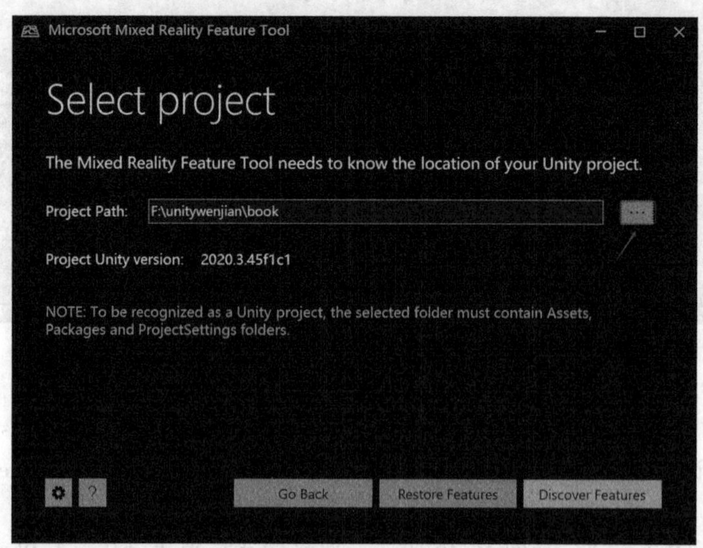

图 10-21　项目路径

5）MRTK 工具包导入 Unity 程序后，系统弹出如图 10-22 所示的对话框，单击“Unity OpenXR plugin”选项，系统弹出“Project Settings”对话框，勾选“OpenXR”复选框，再勾选“Microsoft HoloLens feature group”复选框，如图 10-23 所示。

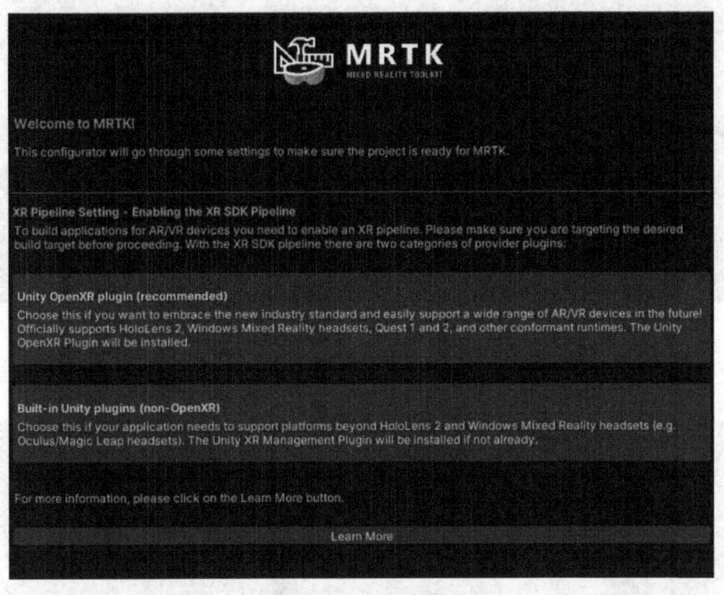

图 10-22　设置平台

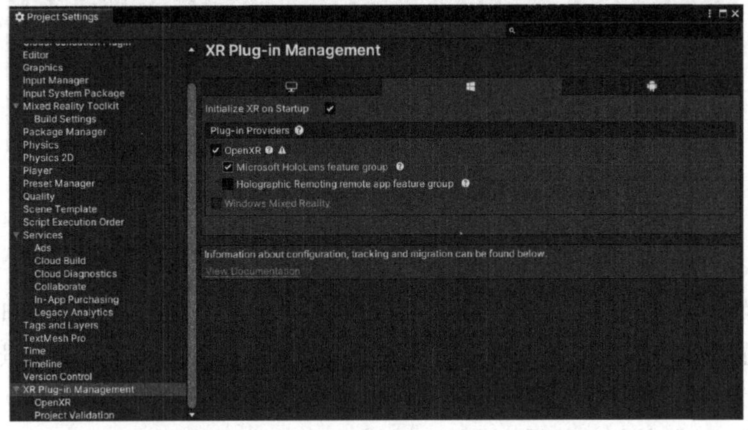

图 10-23　“Project Settings”对话框

6）单击图 10-23 中的⚠图标（黄色感叹号按钮），系统弹出如图 10-24 所示界面，单击“Fix All”按钮即可修复图中问题。

7）上述问题修复完成后，选择仅剩的未修复问题，单击“Edit”按钮，如图 10-25 所示。对 Depth Submission Mode 做出选择，沉浸式要求低时，选择“Depth 16 Bit”选项，反之，选择“Depth 24 Bit”选项。选择完成后，上述所有黄色感叹号问题均被修复。

8）在 Unity 菜单栏中，依次单击“Mixed Reality”→“Toolkit”→“Utilities”→“Configurator Project for MRTK”按钮，打开 MRTK Project Configurator，再依次单击“Next”→“Apply”→

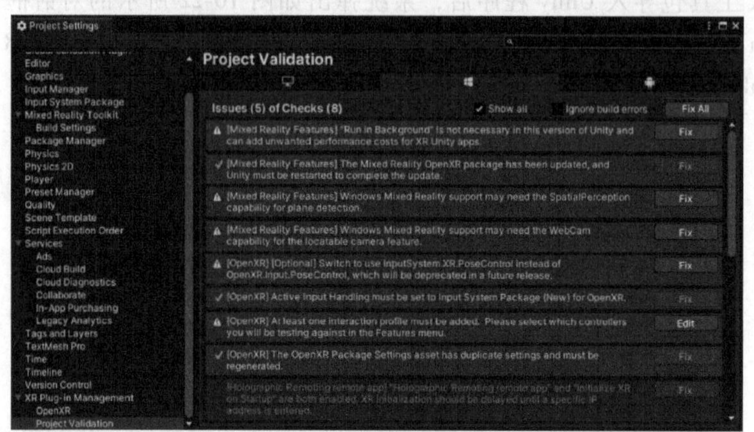

图 10-24　问题修复

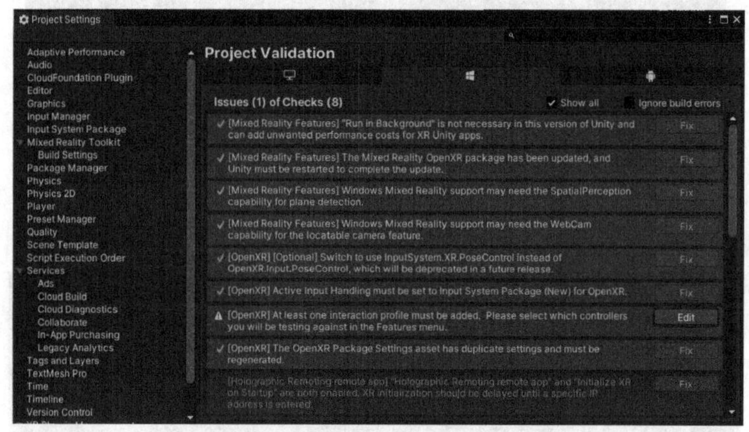

图 10-25　选择 Depth Submission Mode

“Next”→“Import TMP Essentials”→“Done” 按钮，自此，MR 环境配置完成。

在 Unity 菜单栏中，依次单击 “Mixed Reality Toolkit”→“Add to Scene and Configure” 按钮，即可将配置好的 AR 环境导入当前项目场景中，MRTK 会自动在当前场景中添加必需的游戏对象，并为 MR 的使用配置好 MainCamera 对象的各种属性。在 Hierarchy 窗口中，单击 “MixedRealityToolkit” 按钮，然后在 Inspector 窗口中，在 MixedReality Toolkit 组件下的主配置文件选择 “DefaultHoloLens2ConfigurationProfile” 选项，使用默认的 HoloLens 2 配置文件。

4. MR 应用部署

HoloLens 2 的工程部署有三种方式：USB、WiFi 和 Web。这三种方式中以 USB 部署最为方便，因此，本书将以这种方式介绍 HoloLens 2 的工程部署。

在 Unity 菜单栏中，依次单击 “File”→“Build Settings”，再单击 “Build” 按钮生成创建的文件资源，如图 10-26 所示。

打开生成的文件夹，找到 . sln 格式项目文件，通过 Visual Studio 2019 打开该工程，将生成方式选项卡设置为 “Release” 选项，平台选项卡设置为 “ARM64” 选项，部署方式选

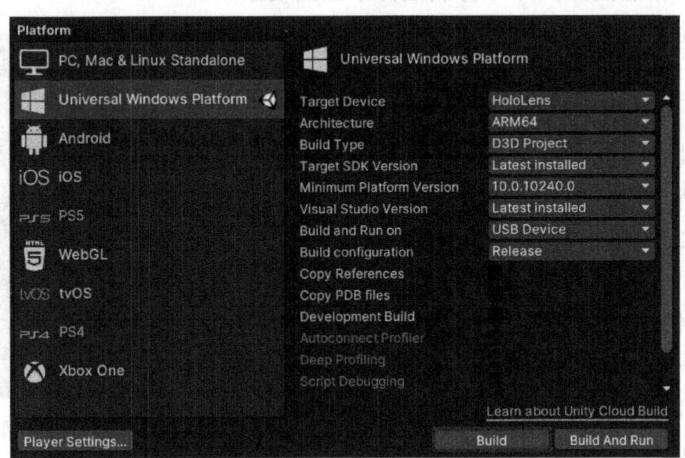

图 10-26　生成项目

项卡设置为“设备”选项，如图 10-27 所示。

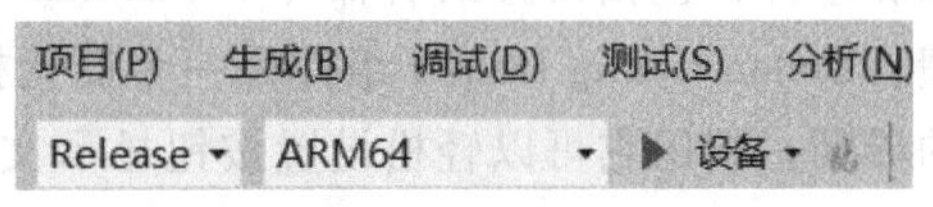

图 10-27　设置生成方式

在“Visual Studio 2019”选项卡中依次单击“调试”→“开始执行（不调试）”按钮，启动生成和部署。编译成功后，MR 应用将部署到 Hololens 2 设备上。为确保计算机与 HoloLens 2 设备正常连接，计算机与 HoloLens 2 设备均需开启“开发人员选项”。在计算机中打开“控制面板”，依次单击“更新和安全”→“开发者选项”按钮，打开“开发人员模式”模式。在 HoloLens 2 设备中，打开“Settings”选项卡，依次单击“Update & Security”→“Fordevelopers”按钮，打开“Developer Mode”模式。

如果是第一次将应用程序从 VS 部署到 HoloLens 2 设备，将提示输入 PIN 码。这时，在 HoloLens 2 设备上，调出“开始”菜单，依次单击“Settings”→“Update & Security”→“For Developers”按钮，打开开发设置面板，单击“Pair”按钮生成 PIN 码，在 VS 弹窗中输入此 PIN 码完成配对，即能自动部署应用程序。

10.2.2　基于 HoloLens 2 的机械装备 AR/MR 巡检技术

基于 HoloLens 的机械装备 AR/MR 巡检技术是一种利用混合现实技术来改进机械装备巡检过程的解决方案。通过将 MR 任务界面叠加到实际机械装备附近，任务面板可以实时获取设备状态信息、执行操作指导，并进行故障排查等工作。本节将重点介绍基于 HoloLens 2 的机械装备 AR/MR 巡检技术的关键内容。

1. MR 用户界面设计

为方便使用，MRTK 将所有的 UX 控件集合在 MRTK Toolbox 面板中，可以在 Unity 菜单栏中依次单击“Mixed Reality Toolkit”→“Toolbox”来打开该面板。在该面板中 UX 控件被分为 Buttons（按钮）、Button Collections（按钮集）、Near Menus（近身菜单）、Miscellaneous（杂项）、Tooltips（标注）、Progress Indicators（进度指示器）、Unity UI 等七类，每类都有若

干 UX 控件，单击相应控件，即可将该控件添加到场景中。

MR 界面设置主要通过按钮和杂项中的 Slate（面板）制作，因此这里将着重介绍这两部分。以任意一个按钮为例，添加到 Unity 场景后，可以看到该按钮挂载了如图 10-28 所示的脚本组件。

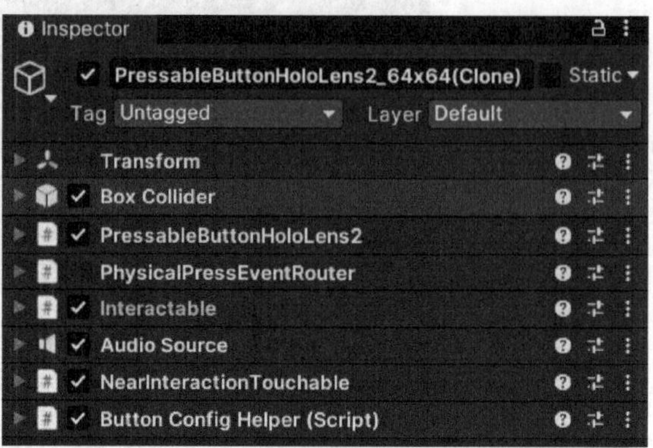

图 10-28 按钮脚本组件

其中，Box Collider 组件用于设置按钮碰撞器形状；PressableButtonHoloLens2 组件用于实现按钮交互的形态改变及各交互状态事件；PhysicalPressEventRouter 组件为路由组件，用于设置何时将手势操作事件（Touch、Press、Click）转发到 Interactable 组件，即控制什么操作触发 OnClick 事件；Interactable 组件负责处理各类交互输入和事件，包括设置语音命令、OnClick 事件；Audio Source 组件用于提供操作时的音效反馈；Button Config Helper 组件是一个简化按钮使用的帮助类组件，它提供了最直接使用按钮的界面，利用它可以轻松设置按钮显示文字、图标、OnClick 事件，实现按钮功能，但该组件设置的参数最终都被转发到各功能组件中，其本身并不负责处理。

Slate 面板用于创建可定制、交互性强的任务界面，它提供了灵活的布局选项、样式定制功能以及事件处理能力。通过 Slate 面板可以快速构建适应 HoloLens 应用程序需求的界面，提供了良好的交互体验，如图 10-29 所示。

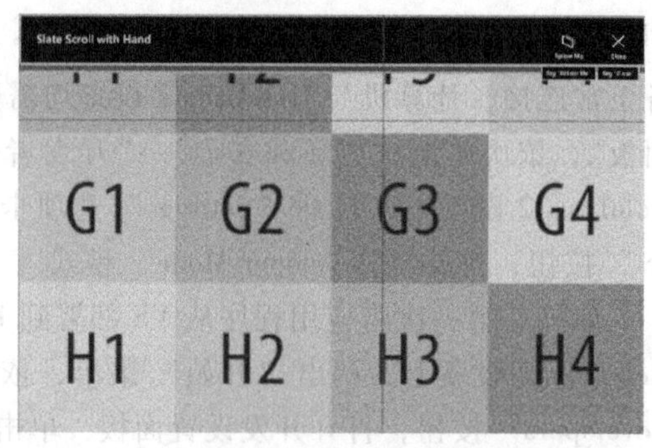

图 10-29 Slate 面板

2. 交互方式设计

多模态交互设计旨在提供丰富、自然和有效的体验，通过结合多种感知方式和交互方式，与 HoloLens 2 设备进行直观、高效的交互。下面将探讨 HoloLens 2 的多模态交互设计原则和具体内容。

（1）手势交互　HoloLens 2 的手势交互提供了两种指针交互输入方式，即近指针与远指针。

HoloLens 2 近指针是一种近距离手势交互方式，用于与附近的全息影像进行触摸操作。当人体的手部靠近全息影像时，食指尖上会出现一个白色圆圈，这是触摸光标，通过它可单击、滚动或抓取全息影像，实现自然手势交互。

在直接操作模型下，可以用手直接触摸和操作全息影像，就像在现实世界中一样自然。这种方式不需要记住任何符号手势，而是通过视觉元素和本能手势来与全息影像交互。其原理是基于 Hololens2 的左右手骨架模型识别，理想情况下，可为手部模型的 5 个指尖添加碰撞体，实现与三维物体和二维面板的直接交互，但由于缺少触觉反馈，若在全息场景中交互添加过多的碰撞体，则可能发生无法预测的碰撞与意外，因此一般只会在左右手的食指指尖添加碰撞体，进行交互。

HoloLens 2 远指针是一种远距离手势交互方式，用于从远处与全息影像进行操作。当手远离全息影像时，手掌上会出现一束手控光线，手控光线与预设手势相结合可实现定位、选择、抓取或滚动全息影像。

通过手部射线指向空间中模型，可对场景中无法触及的物体进行远程定位，选择以及实现相应的操作。手部射线拥有两种状态：指向状态和提交状态。在指向状态下，从人的手掌中心射出的射线为虚线，远端光标为圆环状态；在提交状态下，射线状态变为实线，远端光标从圆环缩小为一个点，提交状态通常与隔空敲击（食指与拇指捏合为 OK 的手势）的动作相结合。

（2）语音交互　HoloLens 内置了多种的语音交互功能，除了自带的基本命令，如开始录制、关闭录制等系统内置的功能，开发过程中使用的 HoloToolKit Unity 包也提供了多样化的语音交互能力。HoloToolKit Unity 包提供了两种不同的语音识别方案，分别为关键词识别和听写识别。

关键词识别在 HoloLens 中使用较多，其原理是在脚本中设定语音命令的关键词以及对应的动作。通过在 Unity 中使用 KeywordRecognizer 类来注册语音命令的关键词和对应的响应事件，实现输出语音指令的能力。其工作场景通常用于控制与选择，用于确定事件的执行。

听写识别是通过调用 Microsoft 的语音识别 API 将识别到的语音转换为文字。该功能通过在脚本中调用 dictationRecognizer 方法，并调用微软语音识别 API，将语音转换为文字，并显示在面板中。该功能常用于巡检人员的工作内容记录，由于在 HoloLens 中键入文字的操作较为繁琐，需要将手部射线定位到虚拟键盘位置，再通过手势进行交互输入，不仅流程繁琐，而且存在误触的可能，通过听写识别则可简化文字输入的流程，提高效率。图 10-30 所示为 Unity 中基于 MRTK 开发 HoloLens 2 应用提供的语音输入接口。

图 10-30　语音输入接口

这两种语音交互方式除了用途不同外，在识别调用方面也存在区别，关键词识别只需要注册语音命令的关键词并指定对应的响应事件，便可在程序中使用，但当需要听写识别时，由于两者公用 Microphone 权限，应先停止关键词识别，消除冲突。听写识别结束后再通过 Dispose（）方法清理，解除 Microphone 占用，节省 HoloLens 的资源消耗。

（3）凝视交互　HoloLens 2 凝视交互的实现基于眼动跟踪功能，HoloLens 2 包含一个眼球跟踪系统，通过摄像头和红外光源来识别人体的瞳孔中心和角膜反射中心，从而计算出人体的注视点或凝视点，可以通过眼睛来选择和操作全息影像。眼球跟踪系统可以根据眼睛数据来生成一个眼睛方向向量，表示正在看的方向。眼睛方向向量与全息图像或真实世界的物体相交，从而确定凝视目标。通过一种次要的确认输入，例如手势、按钮或语音命令，可以对凝视目标进行操作。

上述三种不同类型的交互方式各具优缺点，在真实的 AR 巡检作业中，只有灵活地选择不同的交互方式进行交互，才能保证现场巡检人员有最舒适的交互体验。

10.3 基于人体动作识别的交互关键技术

10.3.1 基于 Kinect 的人体跟踪技术

Azure Kinect 设备是实现体感交互方法最先进的硬件设备之一，搭载了 100 万像素 TOF 高级深度相机、1200 万像素全高清摄像头以及方向传感器等，具有复杂的计算机视觉、语音模型、高级 AI 传感器，并提供了深度、视觉、声音和方向四大类传感器 SDK，可以实现对人体的 3D 轮廓扫描。Azure Kinect 设备如图 10-31 所示，其主要硬件结构及功能见表 10-1。

图 10-31 Azure Kinect 设备

表 10-1 Azure Kinect 主要硬件结构及功能

硬件名称	功能
麦克风阵列	由 4 个麦克风组成，可以确定声源位置并实现自动去噪
红外投影机	向外投射红外光谱，产生可以被红外摄像头读取的随机斑点图样(散斑)
红外摄像头	分析计算采集的散斑数据，建立出可视范围的深度图像
USB 线缆	USB3.0 接口，传输 Kinect 采集到的数据流，且因为 Kinect 功率较大，需要配合独立电源使用
彩色摄像头	采集 RGB 数据流

在运行基于 Azure Kinect 的人体跟踪演示之前，需要确保所用计算机具有以下规格：

1）第 7 代 Intel ® CoreTM i5 处理器及以上（四核 2.4GHz 或更快）。

2）4GB 内存及以上。

3）显卡为 NVIDIA GeForce GTX 1070 或更高版本。

4）具有专用的 USB3.0 端口。

5）Windows 10。

若要编写和执行代码、运行 demo，需要安装以下软件：

1）Visual Studio 2019 及以上。

2）Unity3d。

3）Azure Kinect Body Rracking SDK。

4）Azure Kinect Sensor SDK。

为确保 Azure Kinect 在 Windows 中正常工作，应正确配置 Azure Kinect 的外接线，如图 10-32 和图 10-33 所示。

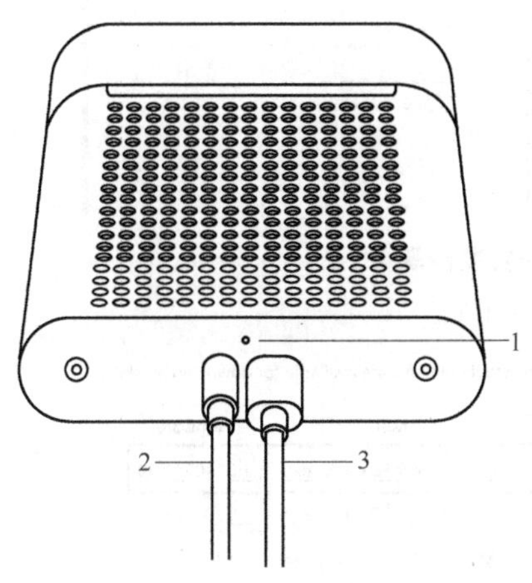

图 10-32　Azure Kinect 接线指导图

1—电源指示灯　2—USB 电源线

3—USB 数据线

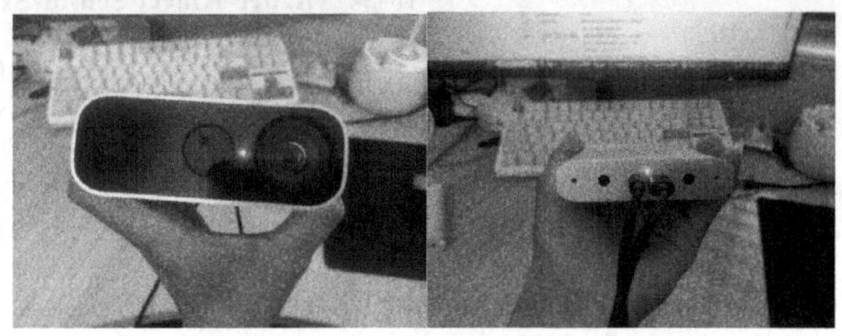

图 10-33　Azure Kinect 实际接线图

1）在使用 Azure Kinect 设备前，应先取下相机保护膜，这是非常重要的一步。

2）将 USB 电源线插入设备背面的电源插孔，将 USB 电源插头连接到 USB 电源线的另一端，然后将 USB 电源插头插入电源插座。

3）将 USB 数据线的一端连接到设备，另一端连接到计算机上的 USB 3.0 端口。注意：为获得最佳效果，应用 USB 数据线直接连接设备和计算机，避免在连接中使用扩展或额外的适配器。

4）验证电源指示灯 LED 是否为白色常亮。设备开机需要几秒钟，当前置 LED 指示灯熄灭时，设备即可使用。

10.3.2　Azure Kinect 与 Unity3d 的配置

在完成 Azure Kinect 设备的正确配置后，需要对 Azure Kinect 与 Unity3d 的集成进行设置，从而使得开发者可以在 Unity3d 中驱动角色。

首先，下载 Azure Kinect Sensor SDK 和 Azure Kinect Body Tracking SDK 两个，下载链接分别为：

https：//learn. microsoft. com/en-us/previous-versions/azure/kinect-dk/sensor-sdk-download

https：//learn. microsoft. com/en-us/previous-versions/azure/kinect-dk/body-sdk-download

下面对两个 SDK 的安装做说明。

1. Azure Kinect Sensor SDK 的安装

在 edge 浏览器中打开下载链接，进入如图 10-34 所示的界面。

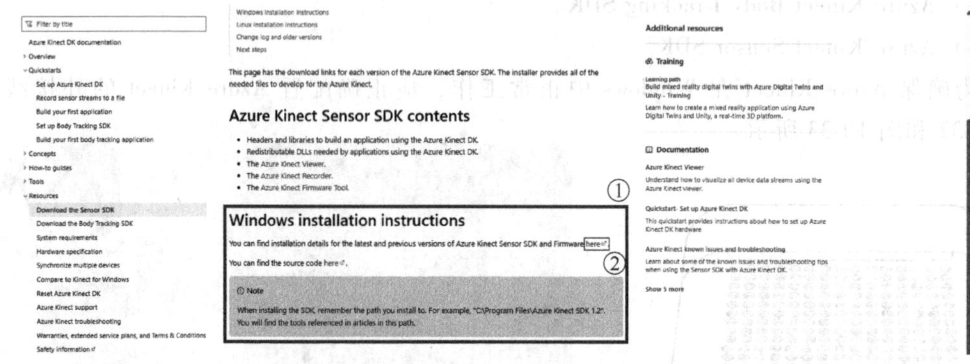

图 10-34　Azure Kinect Sensor SDK 的安装步骤 1

单击“here”按钮所负载的超链接，进入如图 10-35 所示的界面，选择版本 v1. 4. 1 进行下载。

安装过程中，其安装地址选择默认地址：C:\Program Files\Azure Kinect SDK version\sdk。

安装完成后，打开安装目录文件夹，如图 10-36 所示。

找到并打开 k4aviewer. exe 文件进行测试，打开界面如图 10-37 所示，说明 Azure Kinect Sensor SDK 插件安装成功。

MSIs

The latest stable binaries are available for download as MSIs.

Tag	MSI	Firmware
v1.4.1	Azure Kinect SDK 1.4.1.exe	1.6.110079014
v1.4.0	Azure Kinect SDK 1.4.0.exe	1.6.108079014
v1.3.0	Azure Kinect SDK 1.3.0.exe	1.6.102075014
v1.2.0	Deprecated	1.6.102075014
v1.1.1	Deprecated	1.6.987014
v1.1.0	Deprecated	1.6.987014
v1.0.2	Deprecated	1.6.987014

图 10-35　Azure Kinect Sensor SDK 的安装步骤 2

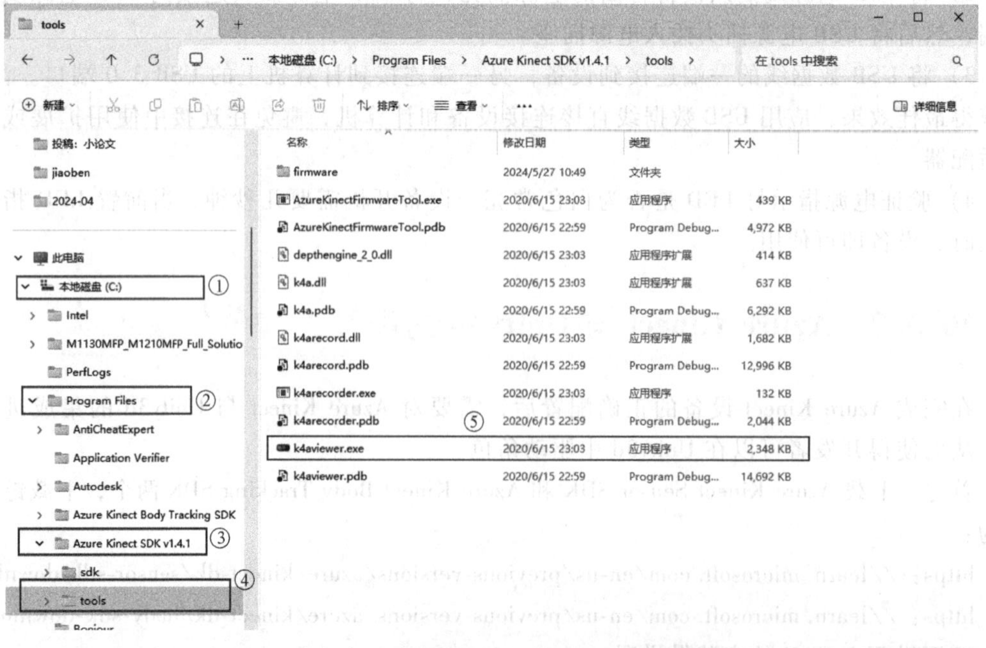

图 10-36　Azure Kinect Sensor SDK 的安装步骤 3

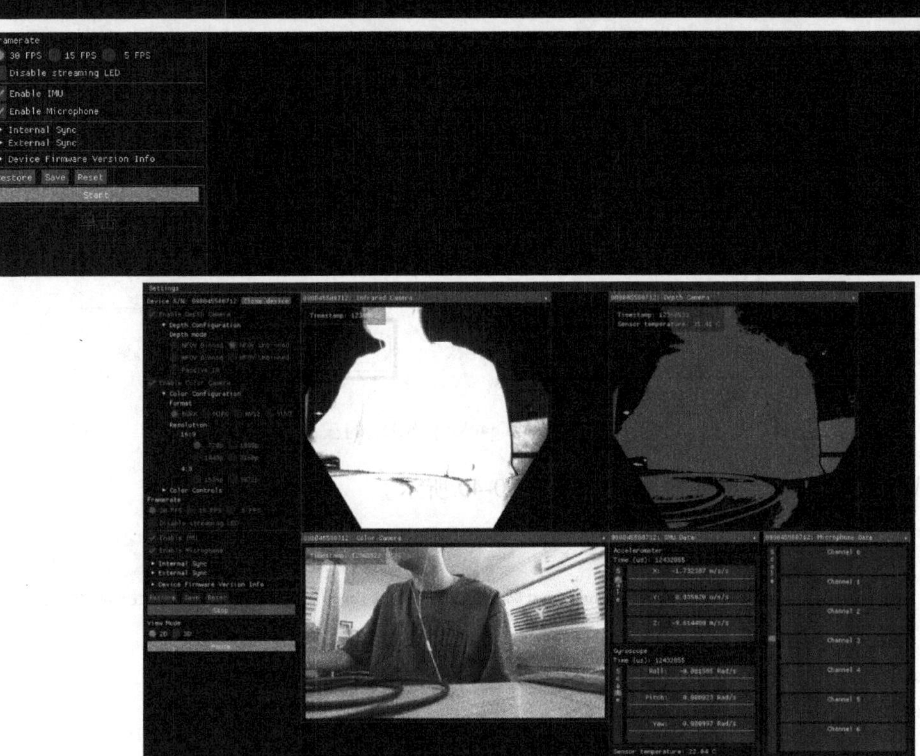

图 10-37　Azure Kinect Sensor SDK 的安装步骤 4

2. Azure Kinect Body Tracking SDK 的安装

在 edge 浏览器中打开下载链接，进入如图 10-38 所示的界面。

Azure Kinect Body Tracking SDK contents

- Headers and libraries to build a body tracking application using the Azure Kinect DK.
- Redistributable DLLs needed by body tracking applications using the Azure Kinect DK.
- Sample body tracking applications.

Windows download links

Expand table

Version	Download
1.1.2	msi nuget
1.1.1	msi nuget
1.1.0	msi
1.0.1	msi nuget
1.0.0	msi nuget

图 10-38　Azure Kinect Body Tracking SDK 的安装步骤 1

下载 Azure Kinect Body Tracking SDK1. 0. 1 版本，安装目录为默认目录，单击“Finish”按钮，完成安装，如图 10-39 所示。

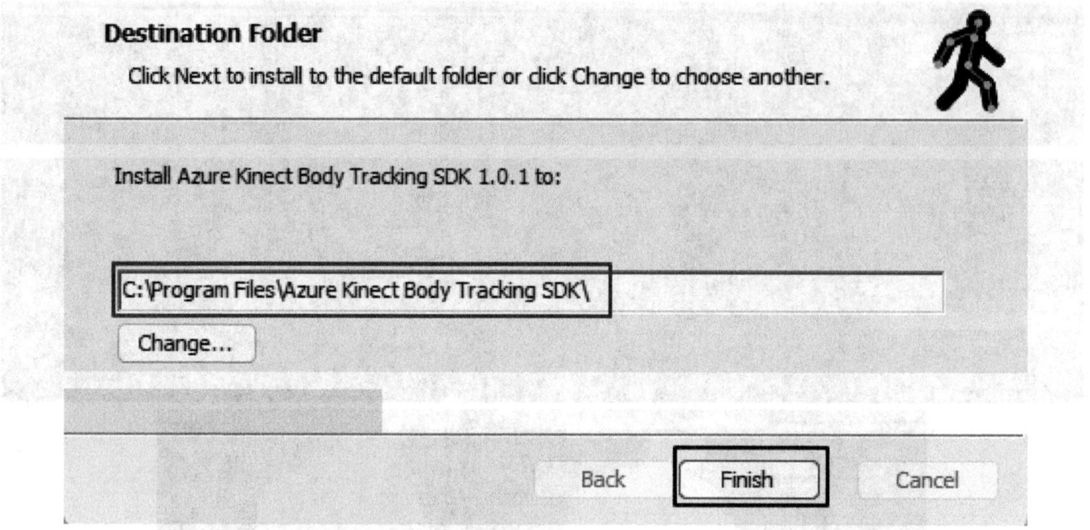

图 10-39　Azure Kinect Body Tracking SDK 的安装步骤 2

安装完成后，打开安装目录文件夹，如图 10-40 所示。

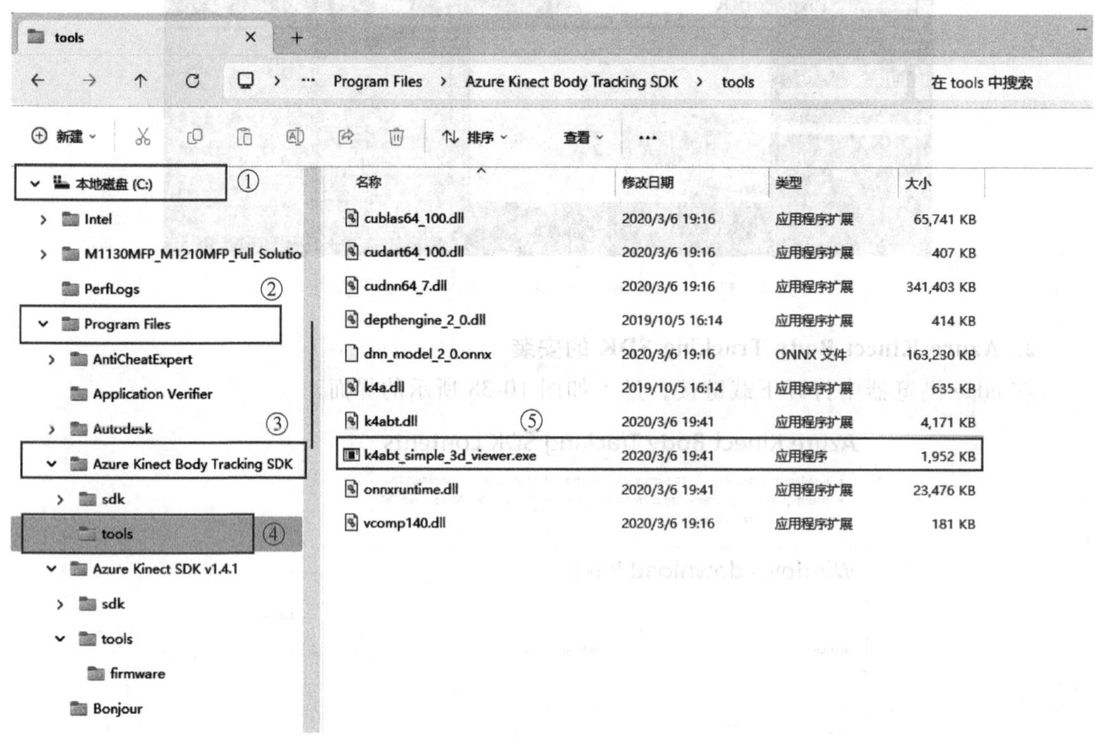

图 10-40　Azure Kinect Body Tracking SDK 的安装步骤 3

找到并打开 k4abt_simple_3d_viewer. exe 文件，静待几秒后出现如图 10-41 所示的界面，证明 Azure Kinect Body Tracking SDK 安装成功。

然后，在 Unity3d 的项目中进行配置。这里以 Unity3d 官方实例工程为例来进行介绍。下载实例的链接为：https：//pan. baidu. com/s/1VZb4BTULA4hWdtOrvXybrQ？ pwd＝8b4r。

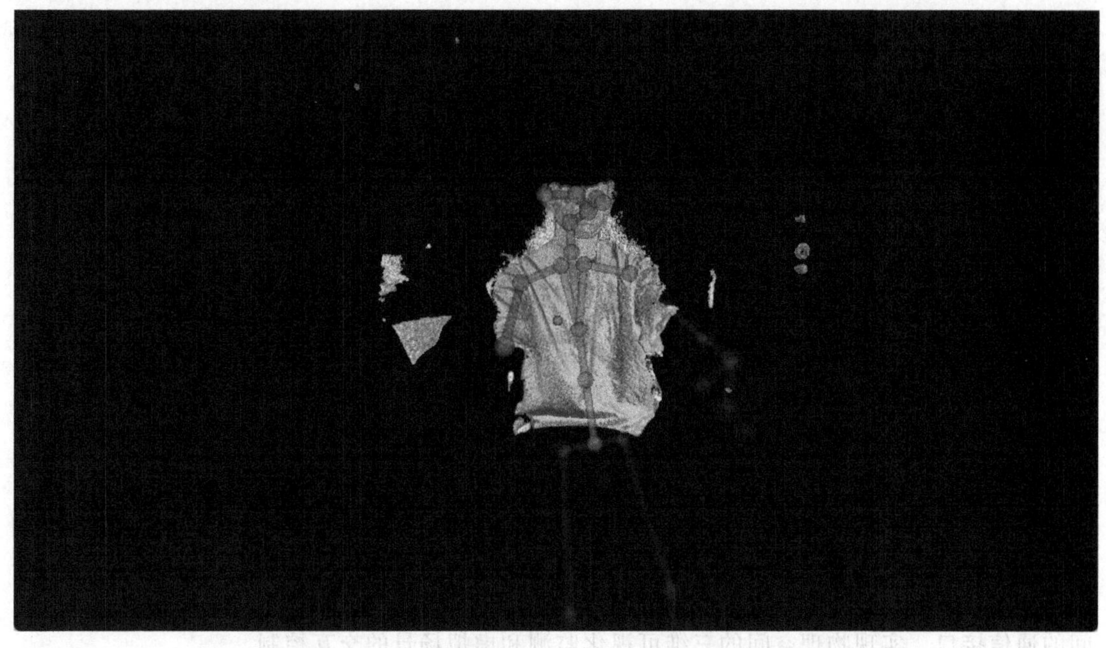

图 10-41　Azure Kinect Body Tracking SDK 的安装步骤 4

思考题

10-1　学习基于 HoloLens 2 的混合现实技术，思考生活中有哪些地方可以应用该技术。

10-2　通过学习基于 HoloLens 2 设备的巡检技术，简述手势交互、语音交互和凝视交互的优缺点，分析如何将其融合使用。

10-3　HTC Vive 手柄由哪几个部分组成？各部分的作用分别是什么？

10-4　怎样去开发一个合适的环境，并在该环境中利用手柄操控，完成拾取的动作？

第 11 章 数据驱动关键技术

知识目标：了解单片机的基本原理和开发过程；熟悉动作控制系统中的传感器组件，并了解它们的作用和使用方法；了解状态监测系统常用的通信方法，熟悉各个传感器所用的通信方法以及实现方法；学习如何建立 Unity3d 与单片机之间的通信，能够实现物理空间的控制和检测。

能力目标：能够配置单片机的 Arduino 的编译环境，掌握程序修改和烧录的过程；能够对动作控制系统所用的传感器组件和状态监测系统所用的传感器组件依次进行测试，掌握其控制方法；能够对所用传感器组件进行整合，使之成为一个完整的系统，并搭建与 Unity 之间的通信接口，实现物理空间的三维可视化监测和虚拟场景的交互控制。

数字孪生是基于实时数据采集和分析的技术，通过对实际物理对象或系统的数据进行采集、存储和分析，可以构建出与实际对象或系统相对应的数字孪生模型。本章以最为简单的 Arduino 单片机作为控制模块，搭配相关检测功能的传感器模块，对搭建的液压支架数字孪生模型进行监测和控制。

11.1 单片机简介

单片机也称为微控制单元（Microcontroller Unit，MCU），是一种集成了中央处理器（Central Processing Unit，CPU）、存储器和外围设备接口等功能于一体的集成电路芯片。它通常用在嵌入式系统中，用于控制和处理各种设备和系统。

11.1.1 单片机的基本结构

单片机由四个基本部分组成：中央处理器，程序存储器（ROM/Flash，用于存储程序代码且只读存储器或者闪存）和数据存储器（RAM，随机存储器，仅临时存储运行时的数据），定时/计数器（用于实现定时、计数等功能），以及输入/输出端口（I/OPorts，用于与外部设备进行数据交换），如图 11-1 所示。

11.1.2 单片机的开发

单片机在电子技术中的开发，要保证单片机在十分复杂的计算机与控制环境中能正常有

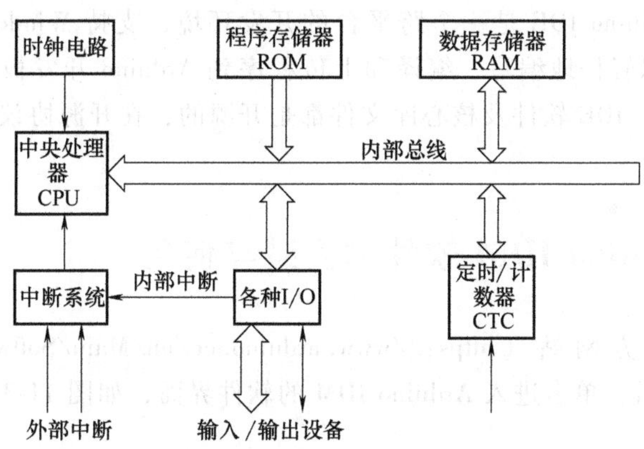

图 11-1　单片机的基本结构

序地运行。使用单片机进行开发通常包括以下几个步骤：

（1）编写程序　使用 C 语言或汇编语言编写程序代码。

（2）编译和调试　使用编译器将程序代码编译成机器码，并在仿真器或开发板上进行调试。

（3）烧录程序　将编译好的程序烧录到单片机的程序存储器中。

（4）连接外部设备　通过 I/O 端口或通信接口将单片机与传感器、显示器、按键等外部设备连接。

（5）运行和测试　启动单片机，运行程序，并测试其功能是否符合预期。

11.1.3　Arduino 的简介及构成

Arduino 是基于单片机而构建的开源硬件平台，传统单片机开发需要较复杂的硬件电路设计和底层软件编程，而 Arduino 将单片机的开发和使用工作简化了，并且为初学者提供了一个易于使用和编程的开发环境。

Arduino 板是使用各种微处理器和控制器设计的，该板配备了一组数字和模拟输入/输出（I/O）引脚，可连接到各种扩展板或面包板和其他电路。该板具有串行通信接口，包括 USB，也用于安装程序。微控制器可以使用 C 和 C++编程语言以及标准 API（Arduino Programming Language）进行编程，并与处理 IDE 的软件一起使用。具体包括以下主要部分：

（1）微控制器　通常使用 ATmega 系列单片机，如 ATmega328。

（2）数字 I/O 引脚　用于数字信号的输入和输出。

（3）模拟输入引脚　用于模拟信号的输入。

（4）电源引脚　提供电源输入和输出。

（5）串行通信接口　用于与计算机或其他设备进行串行通信。

在 Arduino 开发板家族中，如图 11-2 所示的 Arduino UNO 开发板是最适合初学者的。由于它简单易学且稳定可靠，所以它是应用最为广泛且参考资料最多的开发板。

图 11-2　Arduino UNO 开发板

而软件方面，Arduino IDE 是一个跨平台的开发环境，支持 Windows、macOS 和 Linux。使用 Arduino IDE 可以轻松地编写、编译和上传程序到 Arduino 开发板，更关键的是软件的硬件原理图、电路图、IDE 软件及核心库文件都是开源的，在开源协议范围内可以任意修改原始设计及相应代码。

11.1.4 Arduino IDM 软件的安装与使用

利用 Arduino 官方网站（https://www.arduino.cc/en/Main/Software）下载安装 ArduinoIDE。安装成功后，单击进入 Arduino IDM 的软件界面，如图 11-3 所示，界面大致分为以下四个部分：

（1）菜单栏　包含文件、编辑、项目、工具和帮助菜单。

（2）工具栏　包含验证、上传、新建、打开、保存程序以及串口监视器。

（3）代码编辑区　编写程序代码的区域。

（4）状态区　显示程序编译和上传等信息，如果程序出现错误则会有错误提示。

Arduino 采用串口下载代码存储到内部的 Flash 中，在编写好的项目程序烧录到 Arduino 之前，通过 USB 接口与 Arduino 开发板连接，并配置好相应的开发板型号和端口名称，如图 11-4 所示。端口配置：端口名称可以从计算机上设备管理器中的“端口”选项中查找，确定好端口名称后，单击“Tools”→“Port”（“工具”→“端口”）选项，选择对应的端口名称即可。开发板配置：单击“Tools”→“Board”（“工具”→“开发板”）选项，选择 Arduino 开发板型号，例如 Arduino UNO，这里只需要配置一次，之后操作都会默认使用该型号。

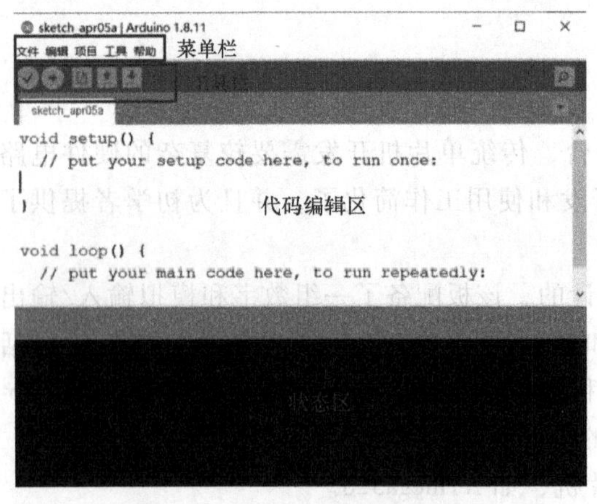

图 11-3　Arduino IDM 的软件界面

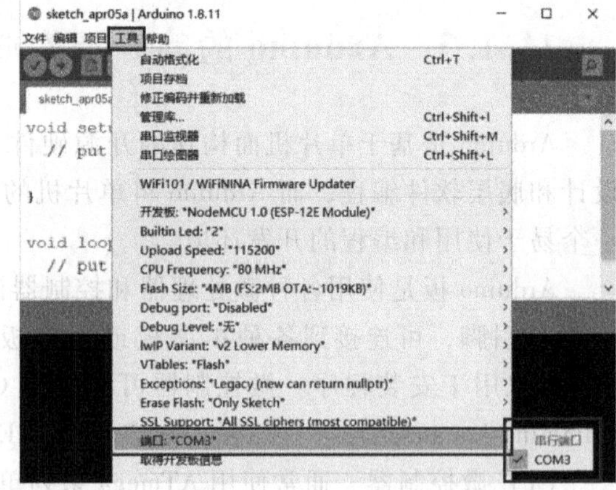

图 11-4　配置 Arduino IDM 的开发板型号和端口名称

11.1.5 Arduino 代码编写

Arduino 使用 C/C++语言进行编程，程序的基本结构包括两个主要部分：setup( )函数和 loop( )函数。

（1）setup( )函数　setup( )函数在程序启动时只执行一次，用于初始化变量、设置引脚模式以及其他一次性的配置操作。例如：

```
void setup() {
  Serial.begin(9600);//设置串口通信波特率为 9600bit/s
  pinMode(13,OUTPUT);//将数字引脚 13 设置为输出模式
}
```

（2）loop()函数　loop()函数会一直循环执行，直到程序停止运行。在这个函数中，用户可以编写控制逻辑和读取/写入引脚的代码。例如：

```
void loop() {
  digitalWrite(13,HIGH);//点亮数字引脚 13 上的 LED
  delay(1000);//延迟 1s
  digitalWrite(13,LOW);//熄灭数字引脚 13 上的 LED
  delay(1000);//延迟 1s
}
```

下面通过一个简单的 LCD 显示屏的示例程序来介绍 Arduino 的编程过程：

```
LiquidCrystal lcd(12,11,5,4,3,2);//初始化 LCD 显示屏
void setup() {
  lcd.begin(16,2);//设置 LCD 显示屏的列数和行数
  lcd.print("Hello,world!");//在 LCD 显示屏上显示文本
}
void loop() {
  lcd.setCursor(0,1);//在第二行显示当前时间
  lcd.print(millis()/1000);//显示程序运行时间(s)
  delay(1000);//延迟 1s
}
```

这个示例程序使用 LiquidCrystal 库来初始化 LCD 显示屏。在 setup()函数中，使用 lcd.begin()函数设置 LCD 显示屏的列数和行数，然后使用 lcd.print()函数在 LCD 显示屏上显示“Hello，world!”文本。在 loop()函数中，使用 lcd.setCursor()函数将光标移动到 LCD 显示屏的第二行，然后使用 lcd.print()函数显示程序运行的时间（以 s 为单位），最后使用 delay(1000)函数暂停程序 1s，以便观察结果。

除了上述基本操作，Arduino 还提供了大量的库和功能，可以用于各种应用场景，如：

1）读取和控制数字/模拟引脚。

2）与传感器通信。

3）控制步进电动机和伺服电动机。

4）与计算机或手机通信。

5）连接 WiFi 或蓝牙模块。

通过学习和掌握这些功能，可以编写出各种有趣的 Arduino 项目，如智能家居、机器人、物联网设备等。总之，Arduino 程序编写的核心就是 setup()和 loop()函数，通过编写这两个函数及其中的代码，可以实现各种各样的功能。

11.2 控制和监测模块

11.2.1 动作控制系统

利用 Arduino Mega2560 开发板、多类型电动推杆以及电动机驱动模块构建动作控制系统，控制过程通过 Arduino 的集成开发环境（Integrated Development Environment，IDE）进行。动作控制系统的组成如图 11-5 所示。液压支架样机的立柱升降、推溜、拉架、护帮板伸收、侧护板伸收等动作都是通过 Arduino 控制不同部位电动推杆的状态来执行的。电动推杆的供电和状态由 L298N 直流电动机驱动模块控制。将 ArduinoMega2560 开发板的数字引脚与驱动模块的输入端连接，驱动模块输出端与各级电动推杆连接。对于侧护板的直线舵机，为实现精确调控，将其信号线直接与 Arduino 开发板连接，通过数据指令驱动舵机到达指定的位置。

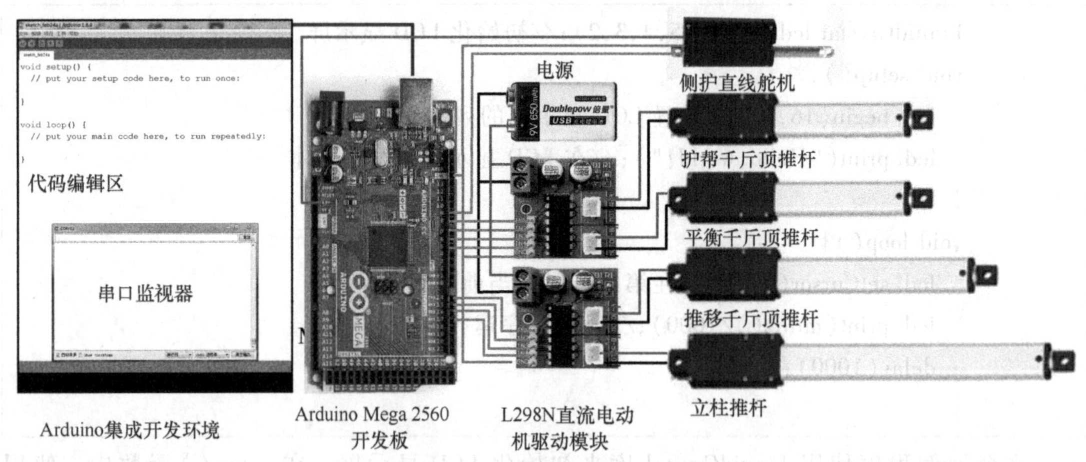

图 11-5 动作控制系统的组成

控制系统的设计，使用了许多典型的 Arduino 语句，Arduino 常用函数及其功能见表 11-1。

表 11-1 Arduino 常用函数及其功能

函数名称	函数功能
pinMode(pin,state)	设定引脚状态，其中 pin 为引脚编号，state 为引脚状态，分为 OUTPUT 和 INPUT 两种
Serial. begin(rate)	开启波特率为 rate 的串口
Serial. available()	判断串口缓存区是否有数据，并返回字节数
Serial. read()	从串口缓存区读取一个字节
digitalWrite(pin,state)	设置引脚的电位高低，其中 pin 为引脚编号，state 为电位高低，分为 HIGH 和 LOW 两种
analogWrite(pin,value)	设置引脚的 PWM 输出，其中 pin 为引脚编号，可选择 3、5、6、9、10、11；value 为 PWM 的值，范围为 0~255
delay(ms)	将程序在此处暂停一段时间（以 ms 为单位），常用于保持当前引脚状态

1. 电动推杆的功能及使用方法

为了保证直线式电动推杆在往复伸缩的过程中可以保持电压稳定，需要将电动推杆与电动机驱动模块进行连接，选用型号为 L289N 的直流电动机驱动模块，其实物图如图 11-6 所示。

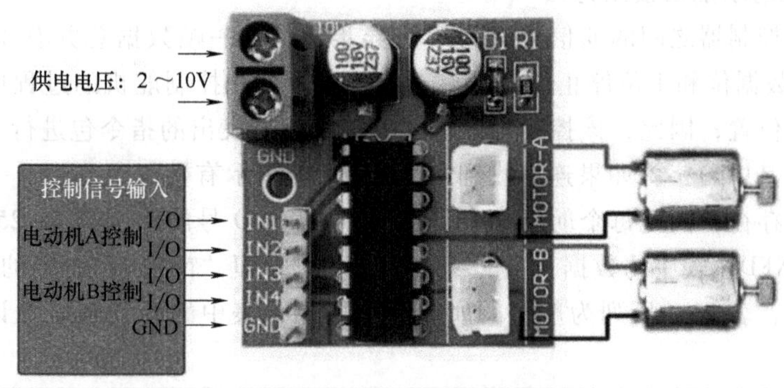

图 11-6　电动机驱动模块的实物图

工作时，IN*x* 引脚可以直接与 Arduino 开发板的数字输出或模拟输出引脚相连，电动机驱动模块的 GND 与 Arduino 开发板的 GND 相连，MOTOR-A、MOTOR-B 分别与两个电动推杆的正负极相连，通过 IN*x* 引脚的电位变化，可以改变电动机的运行状况，从而控制电动推杆的伸、缩及停止，具体的控制逻辑见表 11-2。

表 11-2　电动机驱动模块逻辑控制表

直流电动机	旋转方式	IN1	IN2	IN3	IN4
MOTOR-A	正转(调速)	1/PWM	0	—	—
	反转(调速)	0	1/PWM	—	—
	待机	0	0	—	—
	停车	1	1	—	—
MOTOR-B	正转(调速)	—	—	1/PWM	0
	反转(调速)	—	—	0	1/PWM
	待机	—	—	0	0
	停车	—	—	1	1

digitalWrite()函数用于控制引脚电位，数字控制的引脚只有 HIGH 和 LOW 两种状态，通过改变引脚状态可以实现伸长、待机、缩回、停车等功能。

```
//数字命令直接控制
digitalWrite(IN1,HIGH);
digitalWrite(IN2,LOW);
```

在进行 PWM 调速控制时，初始化中的设置与数字控制时的相同，不同的在于控制程序的编写，此处只给出电动推杆伸长时的参考示例，原来代表高电位的 HIGH 被 per 替换，per 是一个具体的数字，per 可以从 0~200 中选择，数值越大，速度越快。

```
analogWrite(IN1,per);
digitalWrite(IN2,0);
delay(2000);
```

2. 直线舵机的功能及使用方法

直线舵机和控制器之间的通信方式为串行异步通信，一帧数据总共有 10 位，被分为 1 位起始位、8 位数据位和 1 位停止位，没有奇偶校验位。在控制舵机的过程中，只需要舵机可以到达指定的位置，因此，该控制程序主要针对控制器发出的指令包进行编写，指令包的格式见表 11-3。其中，字头如果连续收到两个 0XFF 就表示有数据包到达；一个网络中允许有多台舵机同时存在，因此每个舵机都有自己的 ID 号，ID 号的范围是 0~253，转换为十六进制是 0X00~0XFD；表中的数据长度是参数长度加 2，即"N+2"；不同的指令功能不同，所用的值也不同，表 11-4 所列为舵机的所有指令类型；表中的校验和需要计算得出，其计算方法如下：

Chesk Sum = ~(ID+Length+Instruction+Parameter1+…+ParameterN)

（公式中的" "表示取反码，如果"()" 内的和超出了 255，则只取计算和最低一个字节）

表 11-3 指令包的格式

字头	ID	数据长度	指令	参数	校验和
0XFF	ID	Length	Instruction	Parameter1…ParameterN	CheckSum

表 11-4 舵机的所有指令类型

指令	功能	值
PING(查询)	查询工作状态	0X01
READ DATA(读)	查询控制表里的字符	0X02
WRITE DATA(写)	往控制表里写字符	0X03
REGRITE DATA(异步写)	类似于 WRITE DATA,但是控制字符写入后并不马上动作,直到 ACTION 指令到达	0X04
ACTION(执行异步写)	触发 REG WRITE 写入的动作	0X05
SYCNWRITE DATA(同步写)	用于同时控制多个舵机	0X83

参考上述指令包格式，对直线舵机的控制进行编写：

```
unsigned char cma0[9] = {10xFF,0xFF,0x03,0x05,0x03,0x2A,0x00,0x50,0x7h};
unsigned char cmd1[9] = {10xFE,0xFF,0x03,0x05,0x03,0x2A,0x00,0x7C,0x4E};
unsigned char cmd2[9] = {10xFF,0xFF,0x03,0x05,0x03,0x2A,0x00,0xA8,0x22};
……
unsigned char cmd19[9] = {0xFE,0xFF,0x03,0x05,0x03,0x2A,0x03,0x94,0x33};
unsigned char cmd20[9] = {0xEE,0xFF,0x03,0x05,0x03,0x2A,0x03,0xC0,0x07};
void setup(){
Serial. begin(115200);
Serial. write(cmd3,9);}
```

直线舵机在初始化的过程中，其波特率通过 Serial. begin(115200)设置成“115200”。针对 ID 号为 0x03 的舵机声明了 21 个字符串数组，代表舵机从 0~20mm 的 21 个位置，然后通过 Serial. write()语句，将指令包的数据写入到串口，串口中的数据再通过 TX 接口发送到舵机的控制模块，从而对指令包进行执行，例如 Serial. write(cmd3，9)表示将舵机伸长到 3mm 的位置。因此，通过 Serial. write()语句即可使舵机到达 0~20mm 的任意 21 个位置。

同时出现多台舵机时，需要对不同位置的舵机进行编号，舵机命名时应将所要命名的舵机单独连接，避免舵机命名重复。控制表中保存 ID 号的地址是 0x05，因此直接在 0x05 处写入要命名的 ID 即可。然后，通过 Serial. write(cmd21，8)语句，将指令包的数据通过串口 TX 引脚传给舵机的控制器，即成功命名 ID。

```
unsigned char cmd21[8] = {0xEF,0xEF,0xEE,0x04,0x03,0x05,0x01,0xF4};//0x01 舵机 ID
unsigned char cmd21[8] = {0xEF,0xEF,0xEE,0x04,0x03,0x05,0x02,0xF3};//0x02 舵机 ID
unsigned char cmd21[8] = {0xEF,0xEF,0xEE,0x04,0x03,0x05,0x03,0xF2};//0x03 舵机 ID
unsigned char cmd2l[8] = {0xEF,0xEF,0xEE,0x04,0x03,0x05,0x04,0xF1};//0x04 舵机 ID
void setup() {
Serial. begin(115200);
Serial. write(cmd21,8);}
```

11. 2. 2　状态监测系统

1. 通信模式简介

（1）SPI 通信　SPI（Serial Peripheral Interface，串行外设接口）是一种高速的、全双工、同步的通信总线，在芯片的引脚上只占用四根线，从而节省了芯片的引脚空间，同时也为 PCB 的布局提供了便利。SPI 主要应用在 EEPROM、FLASH、实时时钟、AD 转换器、数字信号处理器和数字信号解码器之间。

主从模式：SPI 分为主、从两种模式，一个 SPI 通信系统需要包含一个（且只能是一个）主设备，一个或多个从设备。提供时钟的设备为主设备（Master），接收时钟的设备为从设备（Slave）。SPI 的读写操作，都是由主设备发起。当存在多个从设备时，通过各自的片选信号进行管理。

SPI 通信线：SPI 一般使用四条信号线通信，即 SDI（数据输入）、SDO（数据输出）、SCK（时钟）、CS（片选）。

MISO（Mast In Slave Out）：主设备输入/从设备输出引脚。该引脚在从模式下发送数据，在主模式下接收数据。

MOSI（Mast Out Slave In）：主设备输出/从设备输入引脚。该引脚在主模式下发送数据，在从模式下接收数据。

SCLK（时钟信号）：串行时钟信号，由主设备产生。

CS/SS：从设备片选信号，由主设备控制，它用来作为“片选引脚”，也就是选择指定的从设备，让主设备可以单独地与特定从设备通信，避免数据线上的冲突。

（2）IIC 通信　IIC（Inter-Integrated Circuit）是一种串行通信协议，用于在集成电路之间进行数据传输。它由飞利浦公司（现在的恩智浦半导体公司）于1982年首次推出，现在已经成为一种广泛应用的通信标准。

IIC 使用两根信号线进行通信：一根时钟线 SCL，一根数据线 SDA。IIC 将 SCL 处于高时 SDA 拉低的动作作为开始信号，SCL 处于高时 SDA 拉高的动作作为结束信号；传输数据时，SDA 在 SCL 低电平时改变数据，在 SCL 高电平时保持数据，每个 SCL 脉冲的高电平传递 1 位数据。

2. ADXL345 倾角传感器

ADXL345 是一款小而薄的低功耗三轴加速度计，如图 11-7 所示，可对高达±16g 的加速度进行高分辨率（13 位）测量。数字输出数据为 16 位二进制补码格式，可通过 SPI（三线式或四线式）或 IIC 数字接口访问。

（1）引脚功能　ADXL345 传感器引脚名称及引脚功能见表 11-5。

图 11-7　ADXL345 传感器

表 11-5　ADXL345 传感器引脚名称及引脚功能

引脚序号	引脚名称	引脚功能
1	GND	接地
2	VCC	电源电压
3	CS	芯片选择
4	INT1	中断 1 输出
5	INT2	中断 2 输出
6	SDO	串行数据输出(SPI 四线)/IIC 地址选择
7	SDA/SDI/SDIO	串行数据 IIC/串行数据输入(SPI 四线)/串行数据输入和输出(SPI 三线)
8	SCL/SCLK	串行通信时钟

（2）通信方式连线　ADXL345 传感器支持 IIC 和 SPI（串行外设接口）数字通信，这里以 SPI 通信方式为例。图 11-8 所示为 SPI 通信方式连线。采用四线连接方式，CS 为串行端口使能线，分别接 Arduino 板上的 5、6、7 引脚，该线在传输过程中起点必须为低电平，终点为高电平；MOSI、MISO、SCK 是 SPI 通信的专用引脚，分别对应 Arduino 板上的 11、12、13 引脚，如图 11-9 所示，MISO（主机输入/从机输出）用于向主设备发送数据，MOSI（主机输出/从机输入）负责发送数据到外围设备，SCK（串行时钟）是用于同步传感器和 Arduino 数据传输的时钟信号。ADXL345 SPI 四线连接见表 11-6。

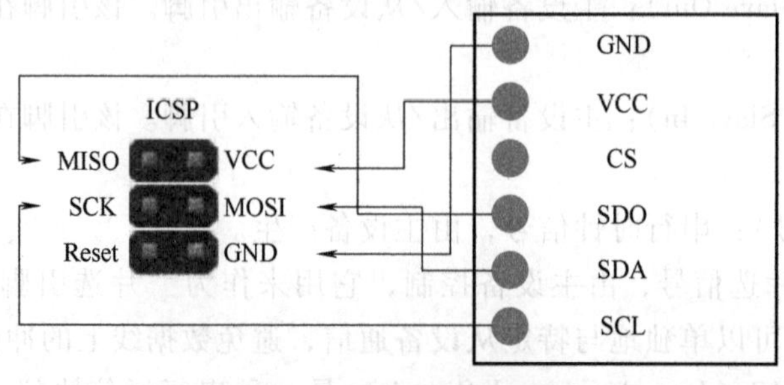

图 11-8　SPI 通信方式连线

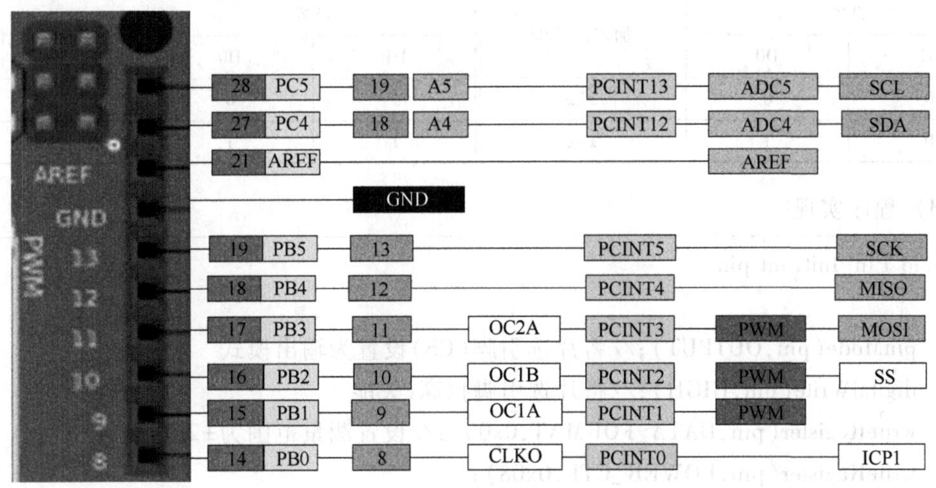

图 11-9　引脚对应图

表 11-6　ADXL345 SPI 四线连接

Arduino 引脚	ADXL345 引脚	Arduino 引脚	ADXL345 引脚
GND	GND	12	SDO
3V3	VCC	11	SDA
5/6/7	CS	13	SCL

ADXL345 倾角传感器需要设置寄存器地址（0x80）和数据格式位，DATA_FORMAT 寄存器（地址 0x31）用来控制数据格式，其寄存器映射表见表 11-7。寄存器执行多字节读取，以防止相继寄存器读取之间的数据变化。其数据读取功能实现，主要为先初始化引脚，再将片选引脚设置为输出模式，这样才能进行数据传输；然后设置传感器为测量模式，测量液压支架的角度情况，其测量范围设置见表 11-8；最后不断地将片选端置低，读取地址中的数据，再将片选端置高，释放片选引脚，结束数据传输。

表 11-7　寄存器映射表

地址		名称	类型	复位值	描述
十六进制	十进制				
0x31	49	DATA_FORMAT	R/$\overline{W}$	00000000	数据格式控制
0x32	50	DATAX0	R	00000000	X 轴数据 0
0x33	51	DATAX1	R	00000000	X 轴数据 1
0x34	52	DATAY0	R	00000000	Y 轴数据 0
0x35	53	DATAY1	R	00000000	Y 轴数据 1
0x36	54	DATAZ0	R	0000000	Z 轴数据 0
0x37	55	DATAZ1	R	0000000	Z 轴数据 1

表 11-8　ADXL345 测量范围设置

设置		加速度范围	设置		加速度范围
D1	D0		D1	D0	
0	0	±2g	1	0	±8g
0	1	±4g	1	1	±16g

（3）程序实现

```
void Pin_Init(int pin)
{
  pinMode(pin,OUTPUT);//将片选引脚(CS)设置为输出模式
  digitalWrite(pin,HIGH);//将片选引脚拉高,失能
  writeRegister(pin,DATA_FORMAT,0x00);//设置测量范围为±2g
  writeRegister(pin,POWER_CTL,0x08);
  delay(500);
}
void writeRegister(int CS,charregisterAddress,char value)
{
  digitalWrite(CS,LOW);//选中片选接口
  SPI.transfer(registerAddress);//发送写入的地址
  SPI.transfer(value);//写入数据
  digitalWrite(CS,HIGH);//写完数据后将片选接口电位拉高,释放
}
```

3. JY901（九轴）姿态角度传感器

JY901是一款专业姿态角度传感器，如图 11-10 所示。通过采集三轴加速度计、陀螺仪、磁力计的数据，再通过卡尔曼滤波融合算法解算出实时的三轴姿态角度。姿态角的定义如图 11-11 所示，右侧为 X 轴，其转角为俯仰角；Y 轴指向内侧，其转角为横滚角；Z 轴方向遵循右手定则，其转角为偏航角。与 ADXL345 倾角传感器相比，JY901 具有更高的准确度和稳定性，X、Y 轴转角的静态测量精度为 0.05°，X、Y 轴转角的动态精度为 0.1°，Z 轴转角精度为 1°。

图 11-10　JY901 姿态角度传感器

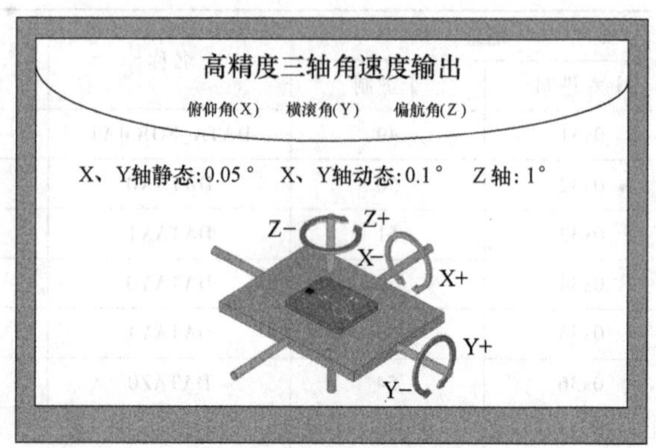

图 11-11　姿态角的定义

该传感器支持串口和 IIC 两种数字接口，这里以 IIC 通信方式为例介绍其监测方法。

（1）引脚功能　JY901 传感器引脚如图 11-12 所示，其引脚名称及引脚功能见表 11-9。

（2）连接方式　该传感器模块支持多种波特率，默认波特率为 9600bit/s。IIC 总线上的每个器件都有一个唯一的地址，该传感器模块的 IIC 通信地址默认为 0x50。IIC 连接如下：JY901→ArduinoUNO；VCC→VCC；SCL→SCL；SDA→SDA；GND→GND。

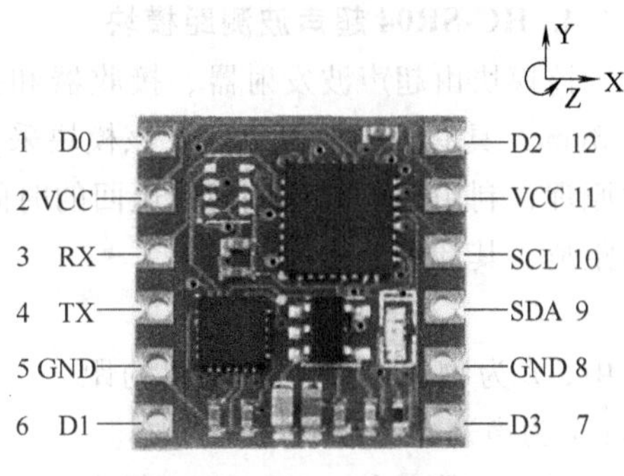

图 11-12　JY901 传感器引脚

表 11-9　JY901 传感器引脚名称及引脚功能

引脚序号	引脚名称	引脚功能
1	D0	模拟输入、数字输入输出
2	VCC	电源 3.3~5V
3	RX	串行数据输入
4	TX	串行数据输出
5	GND	接地线
6	D1	模拟输入、数字输入输出、外接 GPS、设置角度参考
7	D3	模拟输入、数字输入输出、角度报警输出、X-角度报警输出
8	GND	接地线
9	SDA	12C 数据线、Y-角度报警输出
10	SCL	12C 时钟线、Y+角度报警输出
11	VCC	电源 3.3~5V
12	D2	模拟输入、数字输入输出、硬件复位、X+角度报警输出

（3）程序实现

```
void setup( )
{
  Serial. begin(9600);                                          //开启串口
    JY901. StartIIC( );                                         //开启 IIC 通信
}
voidloop( )
{
  JY901. GetAngle( );                                           //JY901 获取角度
  Serial. print((float)JY901. stcAngle. Angle[0]/32768 * 180);  //在串口 X 轴偏转角度
  Serial. print((float)JY901. stcAngle. Angle[1]/32768 * 180);  //在串口 Y 轴偏转角度
  Serial. print((float)JY901. stcAngle. Angle[2]/32768 * 180);  //在串口 Z 轴偏转角度
}
```

4. HC-SR04 超声波测距模块

该模块由超声波发射器、接收器和控制电路组成，测量范围为 2~400cm，测量精度小于 3mm，具有很高的可靠性。该模块采用 IO 触发测距，依据输出的回响信号与距离成正比的原理，利用超声波从发射到返回的时间就是高电平持续的时间 t 来计算物体与传感器之间的距离，其计算公式为

$$L = vt/2$$

式中，L 为物体与传感器之间的距离；v 为声速，一般取为 340m/s。

（1）引脚功能　HC-SR04 超声波测距模块如图 11-13 所示，其输入的触发信号为 10μs 的 TTL 脉冲；VCC 接 5V 电源；GND 接下位机 Arduino 板上的 GND 接地；将测量到的距离定义为输出，并将其连接到 Arduino 板上的引脚。HC-SR04 超声波测距模块引脚名称及引脚功能见表 11-10。

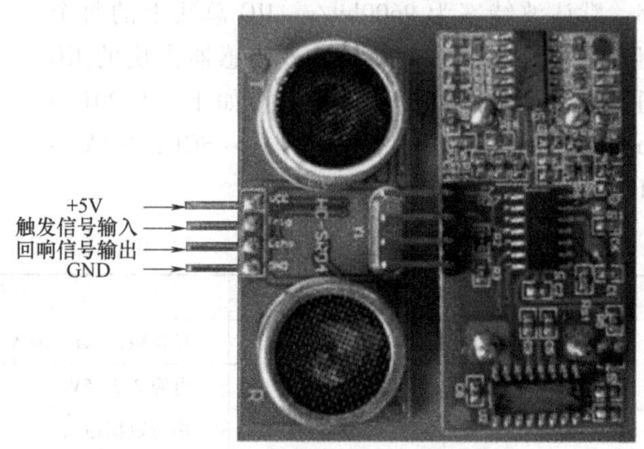

图 11-13　HC-SR04 超声波测距模块

表 11-10　HC-SR04 超声波测距模块引脚名称及引脚功能

引脚序号	引脚名称	引脚功能
1	VCC	电源线，连接单片机的 5V(VCC5)
2	GND	接地线，连接单片机的接地(GND)
3	TRIG	触发控制信号输入
4	ECHO	回响信号输出

（2）程序实现

```
//超声函数
long duration;
float distance;
float GetAndSendTheHeightOfSupport( )
{
  digitalWrite( trigPin, HIGH) ;
  delayMicroseconds(10) ;              //设置 trig 引脚为高电平发送声波,持续 10μs
  digitalWrite( trigPin, LOW) ;
  duration = pulseIn( echoPin, HIGH) ;
  distance = duration * 0.034/2;       //计算距离
  Serial. print( distance) ;           //转换为十进制输出
}
```

5. 分体式红外对射开关

分体式红外对射开关如图 11-14 所示，通过捕捉红外线这种不可见光，采用专用的红外发射管和接收管将其转换为可以观测的电信号，进而实现非接触式测量。它由发射器和接收器两部分组成，发射器发射红外光束，而接收器接收并检测红外光束的状态。

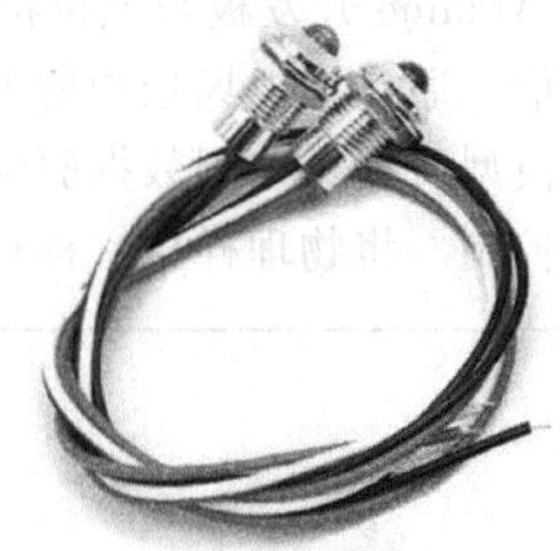

图 11-14　分体式红外对射开关

（1）工作原理

1）当红外光束被阻挡或中断时，接收器会产生一个信号，表示开关状态为“开”。

2）当红外光束不被阻挡或中断时，接收器不会产生信号，表示开关状态为“关”。

（2）程序实现　根据其原理，只需判断其输出高低的状态，高低状态通过串口打印 0/1 判断。

```
void hongwai_Sent( )
{
Serial. print( digitalRead( hongwai) ,BIN) ;   //读取红外对射输出引脚的电平高低状态
   if( digitalRead( hongwai) = = LOW)
   {  Serial. print( "0" ) ;           }          //表示接收端不在发射端的对射范围
   else
   {  Serial. print( "1" ) ;           }          //表示接收端在发射端的对射范围
}
```

11.3 液压支架虚拟监测仿真的通道建立

1. 插件获取及安装

Ardity. Unity3dpackage 是基于 Serial. Port 类开发的脚本插件，通过在 Unity3d 场景中创建串口对象实现与计算机串口的数据读写。Ardity. Unity3dpackage 可以从 Unity3d 的 Asset Store 中获得。

单击“Window”→“Asset Store”，在搜索栏输入“Ardity”进行安装，如图 11-15 所示。

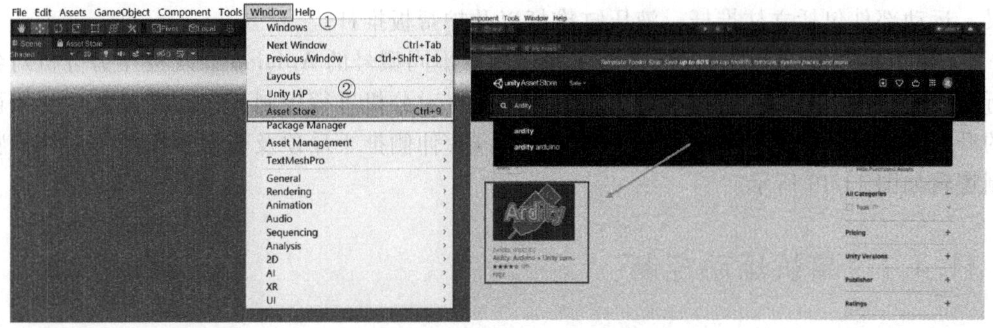

图 11-15　“Ardity”的安装

Arduino 开发板与上位机之间通过 USB 线缆连接通信，最终实现虚拟场景与单片机之间的通信，通过虚拟场景中的 UI 面板控制样机运行和传感测量数据显示，液压支架和采煤机虚拟模型可通过监测数据驱动还原样机姿态，实现对样机运行的三维可视化监测和虚拟场景反向控制。将物理样机、样机感控系统与虚拟监控平台进行集成，如图 11-16 所示。

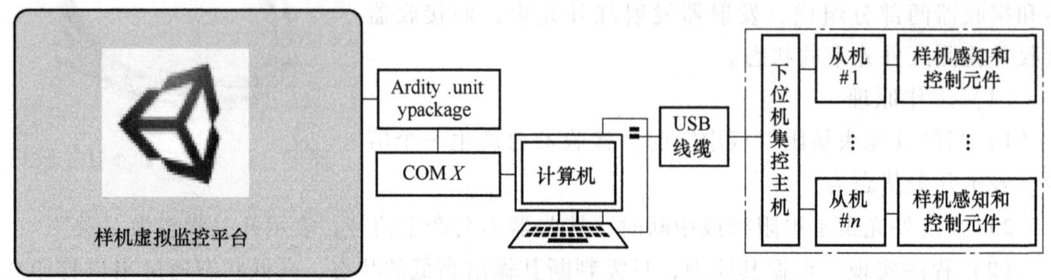

图 11-16　虚拟监控平台及虚实交互方法

2. 串口配置

在虚拟监控系统中，根据需要通信的串口个数，利用 Ardity 中的预制体建立多个串口通信对象，并对每个串口对象进行配置，包括串口编号（Port Name）和波特率（Baud Rate）。串口编号应与被物理样机控制的下位机串口一致，波特率统一设置为“9600”，以实现信息交互。串口对象配置如图 11-17 所示。

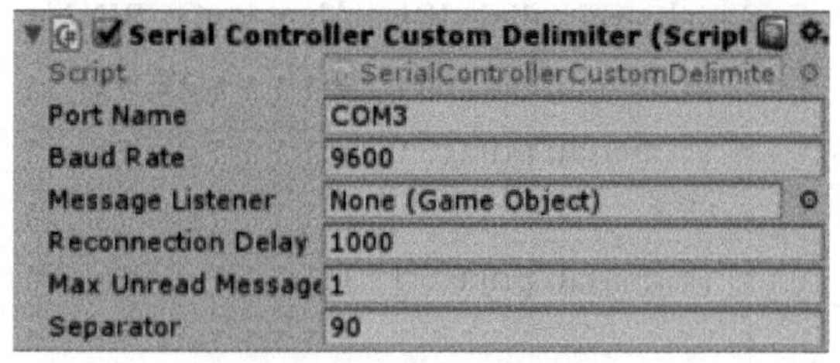

图 11-17　串口对象配置

每一个串口通信对象代表一条交互通道，在虚拟场景中分别添加虚拟控制串口通信接口和虚拟监测串口通信接口。SerialController_Control 是虚拟控制串口通信接口，波特率设置为“115200”，负责将虚拟控制面板生成的控制指令向下位机传达，数据的发送使用了串口对象的 SendSerialMessage( ) 方法，只需将控制指令字符串作为参数传入即可。

11.4　液压支架样机监测与控制实例

液压支架样机模型如图 11-18 所示，主体结构包括底座、前连杆、后连杆、掩护梁以及顶梁，运动部件包括立柱推杆、液压缸推杆以及护帮板推杆。

以 Arduino Mega 2560 开发板作为主机，选取不同型号的 Arduino 开发板作为分机对各种执行机构进行动作控制。通过串口通信，利用主机对分机进行控制，进而完成液压支架群整体的升架、降架、推溜、移架、收/伸护帮板、收/伸侧推千斤顶及平衡千斤顶等动作。物理控制逻辑如图 11-19 所示。

11.4.1　单机运动控制

在实际液压支架模型及其相应动作完成的条件下，将在 SOLIDWORKS 中建立的液压支

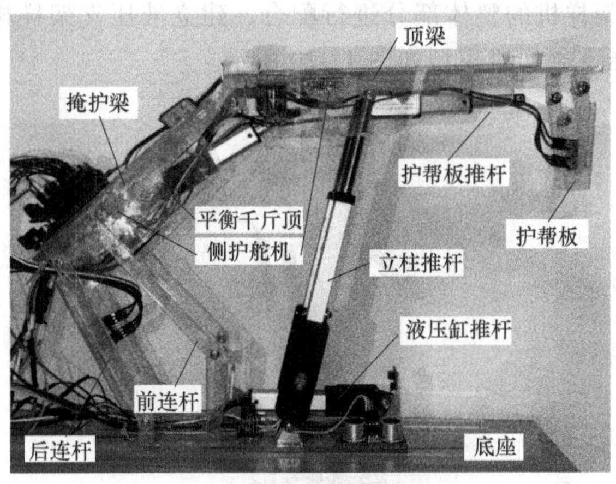

图 11-18　液压支架样机模型

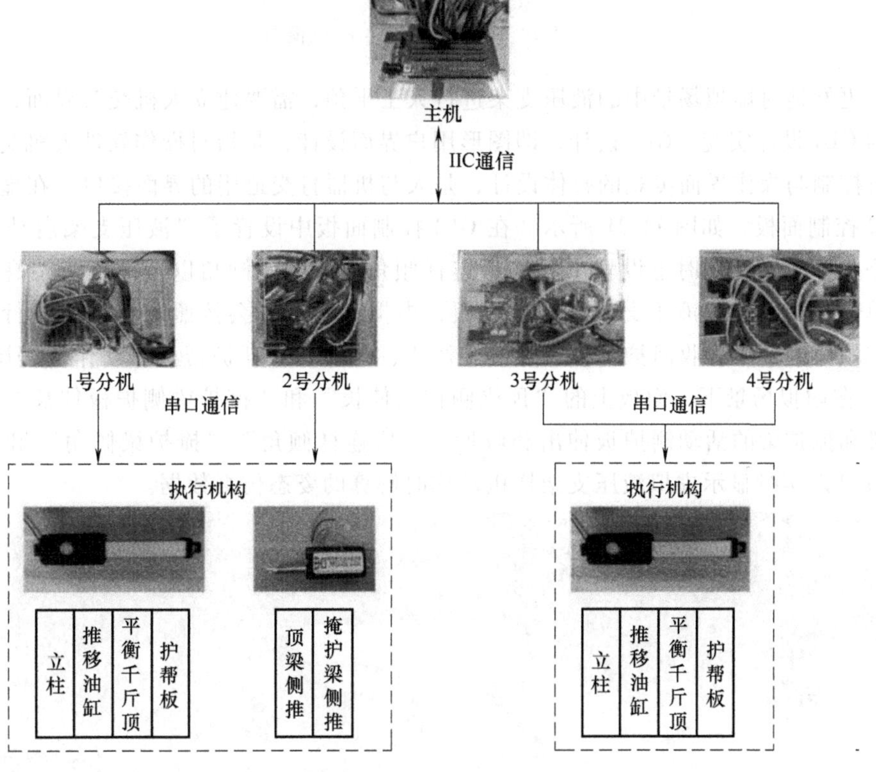

图 11-19　物理控制逻辑

架样机装配模型导入到 Unity3d 中，完成虚拟系统的场景构建，再通过构建父子关系等实现虚拟单机运动仿真。

由于液压支架样机中的顶梁、掩护梁、四连杆等主要零部件相对于支架整体没有单独的自由度，因此可以将这些零部件一起导入 3ds MAX 中，在转换格式的同时能够保留各个零部件在样机装配体中的位置关系。而样机中的立柱推杆和平衡千斤顶在推杆伸长的过程中相对于底座会发生转动，因此需要将这部分零件单独进行格式转换，然后将其分别导入到

Unity3d 中，与液压支架样机的整体部分进行配合，建立液压支架样机的完整模型，并定义好父子关系。虚拟液压支架样机模型如图 11-20 所示。

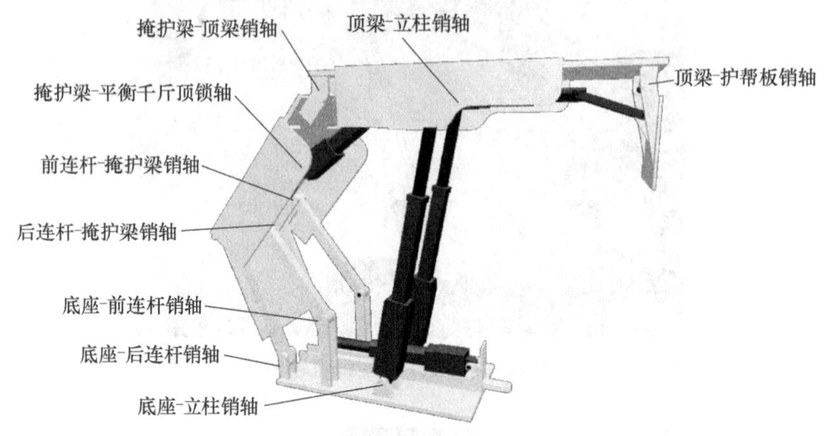

图 11-20　虚拟液压支架样机模型

为了更好地对虚拟场景中的液压支架进行人工干预，需要建立人机交互界面，使用 Unity3d 中的 GUI 设计实现。GUI 设计，即图形用户界面设计，是指对操作软件人机交互、操作逻辑编辑控制与操作界面美观的整体设计，是人与机器打交道用的界面接口。在虚拟场景中设计 GUI 控制面板，如图 11-21 所示。在 GUI 控制面板中设置了“液压支架启动”和“液压支架停止”按钮，同时也设置了反映后连杆倾角、掩护梁倾角以及液压支架高度的显示窗口。单击面板上的“液压支架启动”按钮，虚拟支架样机会按照脚本依次执行相应的动作，动作顺序为推溜、收回护帮板、降柱、移架、升柱和打开护帮板，动作流程图如图 11-22 所示。在虚拟场景下，面板上的“顶梁侧护板伸长”和“掩护梁侧护板伸长”按钮可以控制顶梁和掩护梁的活动侧护板伸出和收回。“后连杆倾角”“掩护梁倾角”和“支架高度”标签可以实时显示虚拟液压支架样机动作时解算的姿态仿真数据。

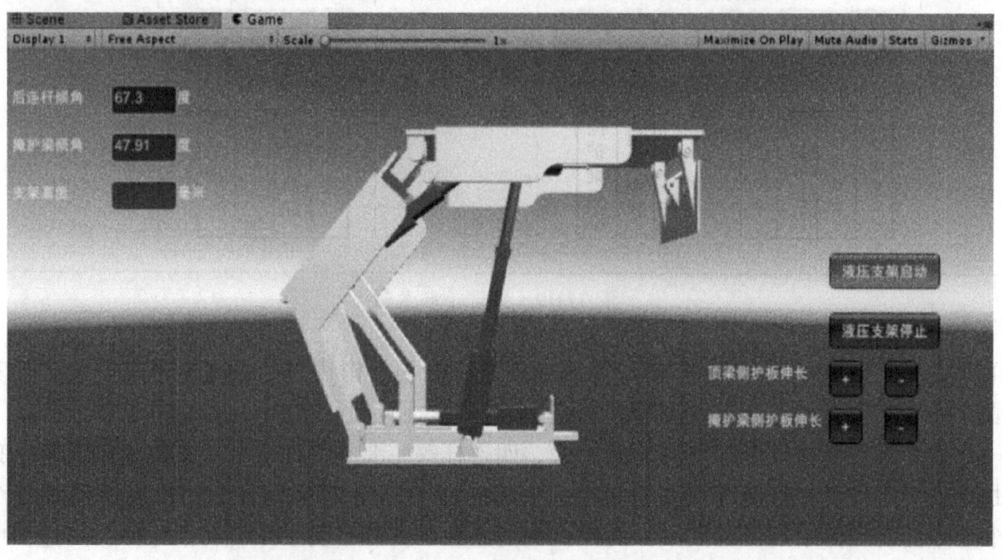

图 11-21　虚拟液压支架样机 GUI 控制面板

如图 11-22 所示，液压支架的动作包括收回和打开护帮板、推溜和移架、升柱和降柱三组主要动作，以及伸出和收回顶梁与掩护梁的活动侧护板动作。通过对四连杆机构的运动解析和立柱顶梁的联动解析得出解析关系函数，编写 C#脚本，实现液压支架样机的相应动作。

1）通过对顶梁-护帮板销轴的转动控制实现收回和打开护帮板动作，部分程序如下：

```
void HuBangBanFunction(float HuBangBanRotAngle)
{
XiaoZhou_DingLiang_HuBangBan.localRotation = new Quaternion(0,0,Mathf.Sin((HuBangBanRotAngle-HuBangBanOriginalAngle) * Mathf.PI/360),Mathf.Cos((HuBangBanRotAngle-HuBangBanOriginalAngle) * Mathf.PI/360));
//通过四元数实现顶梁和护帮板连接销轴的转动
}
```

2）通过控制推移液压缸推杆的移动实现液压支架推溜动作，部分程序如下：

```
void TuiYiYouGangShenChangFunction(float TuiYiDistance)
{
TuiYiYouGangDing.localPosition=new Vector3(-100f+TuiYiDistance,0f,0f);
//通过三维数组实现对液压缸推杆的控制
}
```

3）液压支架移架时，推移液压缸推杆会随着底座整体向前移动，为了实现底座动推杆不动的效果，需要为推杆添加一个反向移动以抵消整体向前移动的步距。实现移架动作的部分程序如下：

```
void YiJiaFunction(floatDiZuoQianYi)
{
this.transform.position=new Vector3((oldx+DiZuoQianYi),oldy,oldz);
TuiYiYouGangDing.localPosition=new Vector3(-55f-DiZuoQianYi,0f,0f);
}
```

4）液压支架在实施推溜动作时需要使降柱动作先行，待完成推溜之后需要快速及时地进行升柱，实现对煤层顶板的及时支护。实现升柱和降柱动作的部分程序如下：

```
void SiLianGanLianDong(float HouLianGanRotAngle)
{
HouLianGanRotAngle=HouLianGanQingAngle-HouLianGanOriginalAngle;
QianLianGanRotAngle=QianLianGanQingAngle-QianLianGanOriginalAngle;
……
LeftLiZhuDing.localPosition=new Vector3(0f,0f,-DiZuoLiZhuShenChang-169.5f);//液压支架左支撑立柱升柱
RightLiZhuDing.localPosition = new Vector3(0f,0f,-DiZuoLiZhuShenChang-169.5f);//液压支架右支撑立柱升柱
}
```

5）相邻液压支架间的调架以及顶板支护空间的构建，需要通过控制顶梁和掩护梁的活动侧护板来实现。伸出和收回顶梁与掩护梁的活动侧护板的部分程序如下：

```
void DingLiangCeHuFounction(floatDingLiangCeHuShenChang)//液压支架顶梁侧护伸缩功能实现
{
DingLiangCeHuShenChang=5;
DingLiangDuoJiDing.localPosition = newVector3 ( 7.346f, 15.3758f + DingLiangCeHuShenChang,0.22146f);
}
voidYanHuLiangCeHuFounction(float YanHuLiangCeHuShenChang)//液压支架掩护梁伸缩功能实现
{
YanHuLiangCeHuShenChang=5;
YanHuLiangDuoJiDing.localPosition=newVector3(-3.5f,15.01407f+YanHuLiangCeHuShenChang,0.7f);
}
```

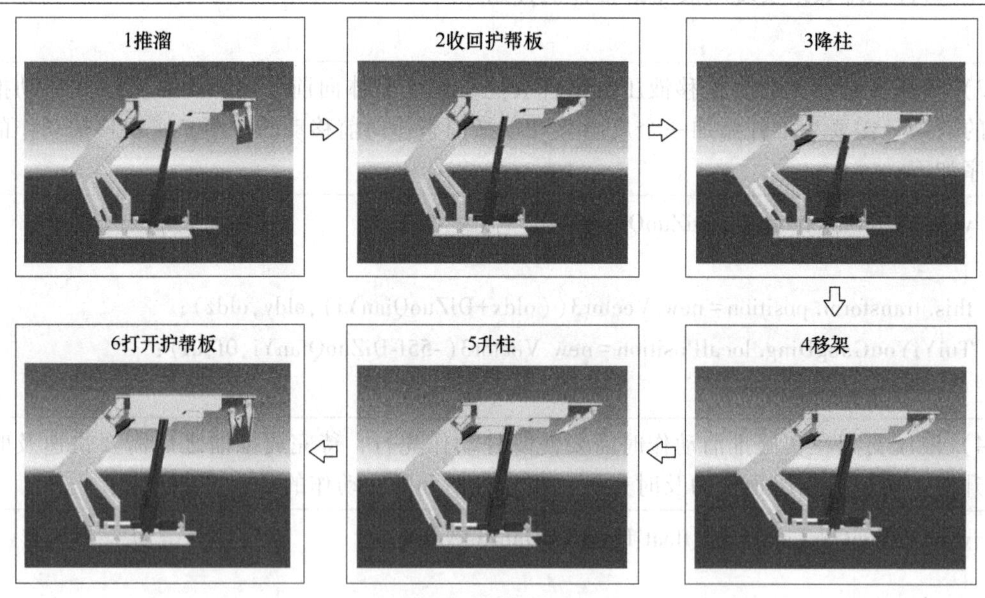

图 11-22　虚拟液压支架样机动作流程图

11.4.2　液压支架虚拟监测

基于液压支架虚拟样机单机仿真场景，在 Unity3d 中建立液压支架样机虚拟监测系统。在场景中设置串口通信接口，实现虚拟系统和物理系统的数据交互，通过支架样机虚拟监测面板，实现对液压支架物理样机和虚拟样机的动作协同仿真和姿态监测。液压支架样机虚拟

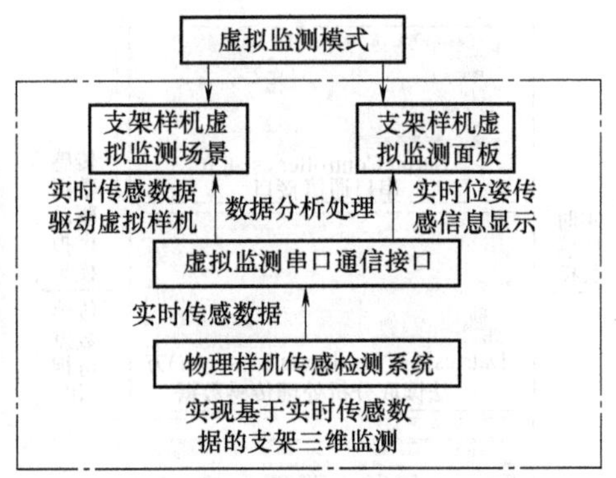

图 11-23　液压支架样机虚拟监测系统的总体结构

监测系统的总体结构如图 11-23 所示。

在下位机 Arduino 单片机端，可通过串口通信将传感数据发送到 Unity3d 的虚拟场景中。例如，倾角传感器 X 轴角度数据通过串口发送到 Unity3d 中的程序实现如下：

```
void SendAngleToUnity3d( )
{
GetAndSendDataToUnity3d( hubangbanCS, oneHaoZhiJia, HuBangBanAngle) ;
}
void GetAndSendDataToUnity3d( int CS, char numOfYeYaZhiJia, char numOfWeiZhi)
{
double Xg;
double X_angle;
readRegister( CS, DATAX0, 6, values) ;   //读取数据
Xg=( (int) values[1]<<8) | (int) values[0])/256.00;//将读取的数据保存
X_angle=atan(Xg/sqrt(sq(Yg)+sq(Zg))) * (180/M_PI);//将 X 轴的读数转换为角度
}
```

虚拟监测场景的构建以液压支架单机仿真为基础，将实时传感数据接入到支架运动控制过程，实现虚拟样机的实时数据驱动。

虚拟监测场景通过三个脚本实现，分别是 SerialController. cs、data. cs 和 ZhiJia_Monitor. cs，均挂载在支架样机虚拟模型下。SerialController. cs 负责与支架样机监测下位机建立串口通信通道，data. cs 负责传感数据的分析处理，ZhiJia_Monitor. cs 负责虚拟样机的数据驱动。虚拟监测模式的实现方法如图 11-24 所示。

Unity3d 通过串口通信读取的各传感器数据形式为“H，18. 48；B，65. 62；D，P，2. 55，R，7. 20；L，-87. 66；J，0；D，4. 03，-2. 66，-53. 31；N，1；”，其中各个传感器的数据以分号为分隔，H 为支架高度，B 为护帮板角度，D 表示顶梁，P 为顶梁俯仰角，R 为顶梁横滚角，L 为后连杆倾角，J 表示红外对射开关的接通状态，D 后边的三个数据依次表示底座的俯仰角、横滚角和偏航角信息，N 为支架编号。

传感监测数据变量分为监测变量与控制变量两种，支架高度、顶梁俯仰角、顶梁横滚角，红外对射开关的接通状态为监测变量，data 脚本中直接将数据显示在监测面板上。护帮

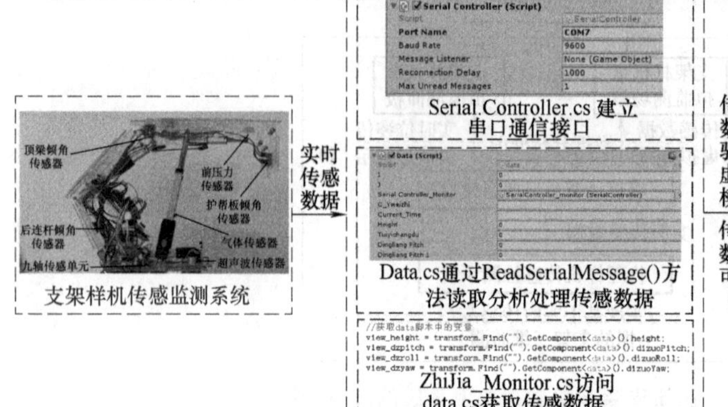

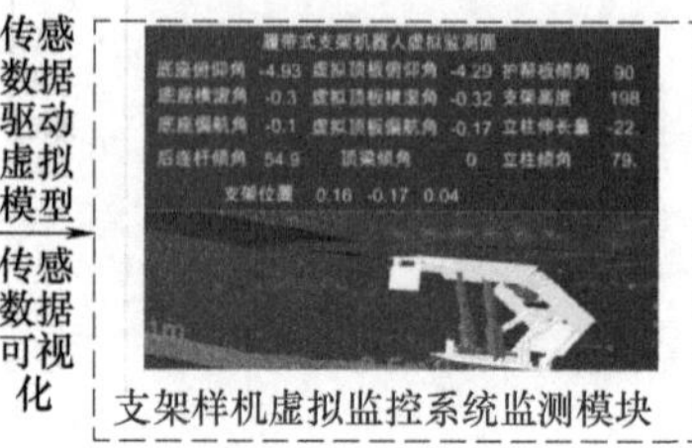

图 11-24 虚拟监测模式的实现方法

板角度、后连杆倾角、底座的俯仰角、横滚角和偏航角为控制变量，data 脚本获取传感器信息后，通过定义赋值给虚拟样机的控制变量。

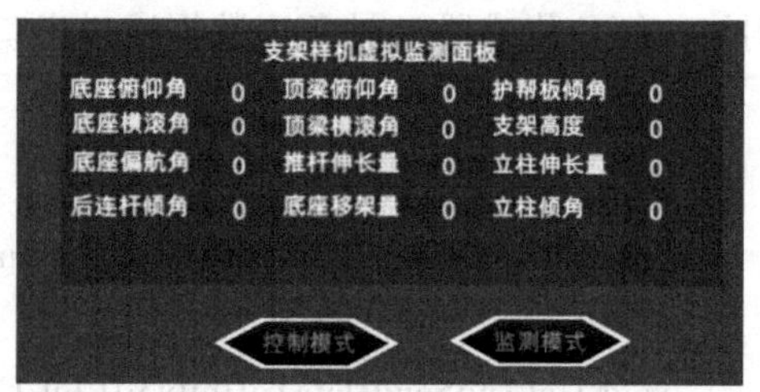

图 11-25 虚拟监测面板设计

为了能及时、有效地了解液压支架的位姿状况，更好地对虚拟场景中的液压支架进行人工干预，需要设计如图 11-25 所示的虚拟监测面板，以实时显示液压支架的运行姿态参数。

通过以上方式实现液压支架样机的三维可视化监测，将支架样机的姿态完整复现在虚拟监测场景中，并可视化关键位姿参数。

11.4.3 液压支架虚拟控制

首先基于物理控制系统的建立和样机虚拟仿真场景的构建，建立串口通信接口，实现动作指令的发送；其次在 Unity3d 界面中设置液压支架动作控制按钮，通过脚本解析实现支架的脱机控制和数据监测的实时控制，实现虚实同步运行以及检测面板上控制参数可视化，总体设计思路如图 11-26 所示。

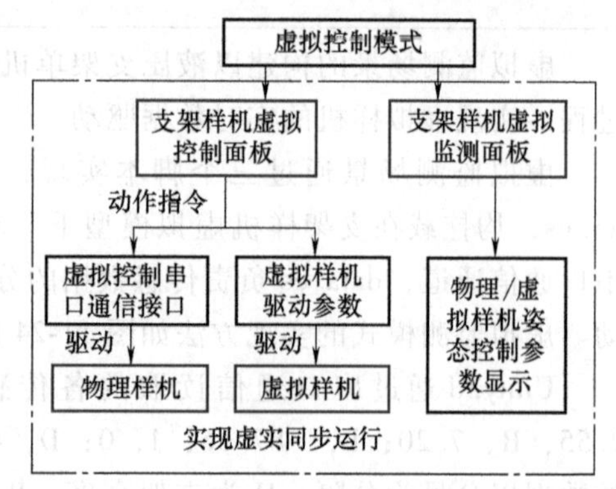

图 11-26 虚拟控制系统的总体设计思路

虚拟控制模式主要通过 ZhiJia_Control. cs 和 Serial. Controller. cs 脚本实现。脚本 Serial. Controller. cs 负责与下位机通信，单击“控制模式”按钮，ZhiJia_Control. cs 脚本启用，ZhiJia_Monitor. cs 脚本禁用，支架进入控制模式。

支架样机虚拟控制面板与样机物理试验台电控控制面板功能类似，手动输入支架编号，单击“支架确认”按钮，控制模式锁定对应编号支架物理样机，通过单击虚拟控制面板上对应的操作按钮，ZhiJia_Control. cs 脚本可控制虚拟样机实现对应的操作，并通过虚拟控制串口通信通道向下位机发送控制指令，控制对应支架物理样机执行对应操作。虚拟控制模式的实现方法如图 11-27 所示。

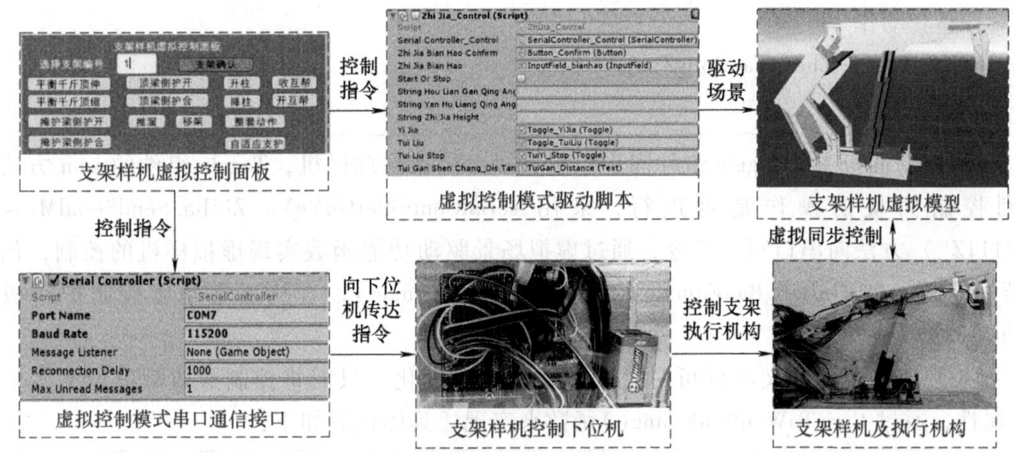

图 11-27　虚拟控制模式的实现方法

其中虚拟控制面板中的按钮是基于 Unity3d Button 中的 Onclick 功能来设计的，如图 11-28 所示，通过对其进行坐标设计来实现控制面板设计。如图 11-29 所示，其余控制面板的组件设计利用 Canvas 组件下的物体充当子物体，参考虚拟监测面板进行设计。

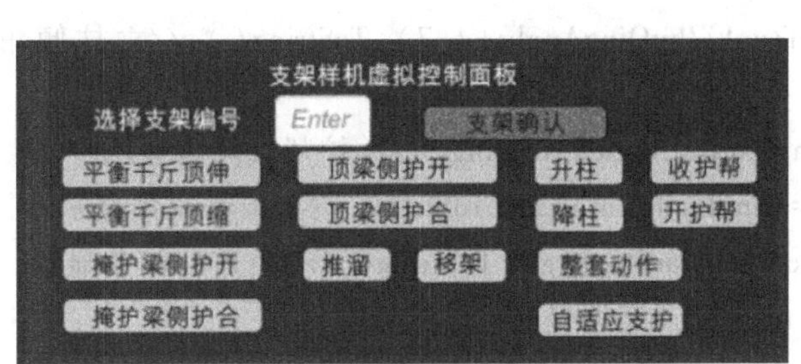

图 11-28　虚拟控制面板设计

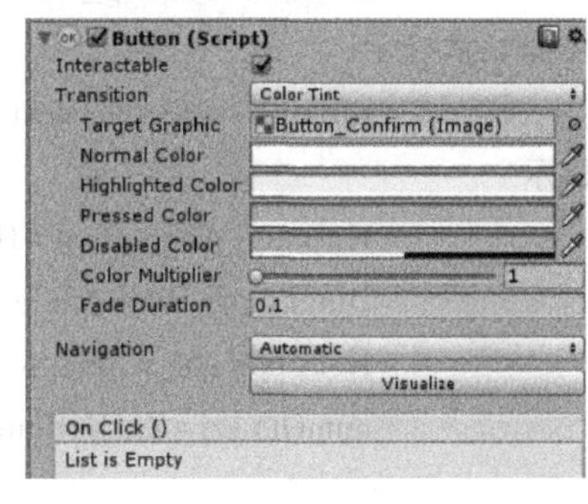

图 11-29　虚拟“Inspector”中的“Button”界面

虚拟控制模式驱动脚本 ZhiJia_Control. cs 是基于前面已经构建的支架单机虚拟仿真场景的实现的，需要在原有场景的基础上添加虚拟控制串口通信接口、支架控制人机交互面板以及在 ZhiJia_control. cs 脚本中添加对应的实例化对象和控制代码。

```
串口对象实例化方法如下：
public SerialController serialController_Control;
控制面板 UI 组件实例化方法如下：
//推移机构状态
public Toggle YiJia;
……
//立柱状态
public Toggle ShengZhu;
```

```
……
//整套动作
public Toggle ZhengTaoDongZuo;
……
```

虚拟控制面板中，Toggle 组件同步控制虚拟样机和物理样机，Toggle 组件的 ison 方法可识别控制面板的操作是否进行，采用 serialControllerOnYeYa ZhiJia. SendSerialMessage ("C111Z") 方法向串口写入指令，通过虚拟场景驱动功能函数实现虚拟样机的控制，例如护帮板控制函数 HuBangBanFunction (HuBangBanRotAngle)，直接通过角度控制护帮板的转动。

虚拟控制面板中的文本框可对控制参数进行可视化，只需将控制参数赋值给文本框的 text 属性，通过 CopyToWenBenKuang()函数来实现，具体代码如下：

```
voidCopyToWenBenKuang()
    {   TuiGanShenChang_DisTance. text=TuiYiDistance. ToString();//推移液压缸伸长量显示
        DiZuoYiJia_Distance. text=DiZuoQianYi. ToString();//底座移动位置显示
        LiZhuShenChang_Distance. text = (DiZuoLiZhuShenChang+10). ToString();//立柱伸长量显示
        LiZhu_QingAngle. text = (DiZuoLiZhuQingAngle+1.7). ToString();//立柱倾角显示
        HuBang_Angle. text=HuBangBanRotAngle. ToString();//护帮板倾角显示
        DingLiang_PitchAngle. text=DingLiangRotAngle. ToString();//顶梁倾角显示
        HouLianGan_Angle. text=HouLianGanRotAngle. ToString();//后连杆倾角显示
        numOfYyzj=ZhiJiaBianHao. text;//支架编号显示
    }
```

按照上述实现方法，液压支架虚拟监控系统控制模式下可实现支架物理样机和虚拟样机模型的同步控制以及控制参数可视化，系统测试如图 11-30 所示，测试结果表明，液压支架虚拟样机和物理样机在虚拟控制面板的控制下能稳定同步运行。

图 11-30 液压支架虚拟监控系统的控制模式测试

思考题

11-1　单片机的基本结构包括哪几部分？并简述各部分的功能。

11-2　Arduino 的主要组成部分有哪些？如何设置和使用 Arduino 的集成开发环境（IDE）？简述 IDE 的主要功能和界面。

11-3　Arduino 可以连接哪些类型的传感器和外部组件？举例说明一些常用的传感器和组件，并描述它们的功能和应用。

11-4　针对液压支架样机实例，Arduino 是如何对液压支架进行控制的？

11-5　液压支架样机如何完成在虚拟空间的映射？用到了哪些关键技术？虚拟空间中的数字孪生体是怎样控制液压支架样机的？

4TH PART

第 4 篇

跨平台设计与发布

第 4 篇为本书的最后一篇：跨平台设计与发布。在前三篇的学习中，已经对机械装备虚拟现实仿真工程项目有了较深的理解，并且掌握了一些基础的编程技能，能够开发出相对完整的应用程序和项目。在此基础上，需要将所开发的程序和项目发布至终端设备，形成完整的应用方案或虚拟现实产品。Unity3d 具备强大的跨平台设计与发布功能，可将应用程序和项目发布至各种不同类型的终端，满足多种多样的设计需求。本篇首先讲解跨平台设计的原理、优势以及设计原则，之后对如何在 Windows 平台、Android 平台和 AR 平台发布机械装备虚拟现实设计应用程序和项目进行具体讲解，最后给出跨平台机械装备虚拟设计的案例分析，并对未来的跨平台技术进行展望。

第 12 章　跨平台设计与发布关键技术

知识目标：了解机械装备跨平台设计的需求以及 Unity3d 在跨平台设计中的优势；了解使用 Unity3d 进行机械装备跨平台虚拟设计的基础原则；了解机械装备跨平台虚拟设计的应用前景与发展趋势。

能力目标：能够针对各平台的特点进行 Unity3d 跨平台设计中的性能优化；能够实现机械装备虚拟设计程序的跨平台发布与测试；能够开发典型的机械装备同地协同设计与异地协同设计应用。

12.1　机械装备跨平台设计概述

跨平台是一个计算机领域的概念，泛指软件或硬件可以在多种作业系统或不同硬件架构的计算机上运作。而在机械装备虚拟设计过程中，需要多种设计人员、多种设计工具、多种终端设备的参与，且不同的终端设备和操作系统之间存在不同的特性，不能简单直接地适配。因此，将跨平台技术应用于机械装备虚拟设计中，能够极大地提高机械装备虚拟设计效率，一次设计完成之后，可以直接部署到多种终端设备和操作系统中，随后设计者利用不同终端设备的特性，能够更加高效地参与机械装备虚拟设计。

Unity3d 提供了统一的开发环境和工具、抽象化的底层接口、平台适配和优化，以及导出和发布功能，是一个支持跨平台的 3D 引擎。它支持将机械装备虚拟现实设计程序发布到 iOS、Android、Windows 等多种平台，如图 12-1 所示。

android
Windows

WebGL

PS5
XBOX ONE

androidtv
tvOS

ARCore
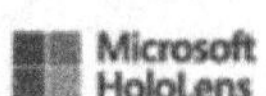

Meta

图 12-1　Unity3d 支持的平台

12.2 基于 Unity3d 的跨平台设计原则与实践

12.2.1 统一资源管理与加载策略

在基于 Unity3d 的跨平台设计中，统一资源管理与加载策略可以帮助设计人员简化开发流程，减少重复工作。设计人员可以编写通用的资源加载代码，而不需要针对每个平台编写不同的代码。

在 Unity3d 跨平台设计中，统一资源管理与加载策略可分为两类，一类用于静态资源打包和分享，将多种资源打包成一个文件，方便分享给其他设计人员，主要作为协作开发和版本控制的方式，典型的策略有 Unity3d Package（Unity3d 包）和 Plastic SCM 插件两种；另一类用于动态加载和资源管理，主要面向需要动态更新、远程加载或按需加载资源的应用场景，如在线跨平台协同设计应用程序，典型的策略有 Resources（资源）和 AssetBundle（资产包）两种。在使用 Unity3d 进行跨平台设计时，可以应用上述四种典型策略，下面对其进行详细介绍。

1. Unity3d Package

在 Unity3d 中，Unity3d Package 是一种用于在 Unity3d 项目之间共享资源的打包格式，一个 Unity3d Package 是一组代码、资源和功能的集合，可以包含场景、C#脚本和程序集、模型/材质/纹理/动画等各种资源文件。通过 Unity3d Package 的打包，可以将 Unity3d 项目中的特定部分分享给他人或在多个不同平台的项目中进行复用，同时可以用于备份项目的特定部分，从而方便地进行版本控制，具体使用方法如下。

（1）导出 Unity3d Package　导出 Unity3d Package 的过程如图 12-2 所示。首先在 Unity3d 编辑器“Project”窗口中的“Assets”资源目录下选择要导出的资源文件夹，右击后选择“Export Package”选项；然后在弹出的“Exporting package”对话框中，选择要导出的资源，单击右下角的“Export”按钮；最后设定适当的文件名与导出路径，单击“保存”按钮，即可将资源导出。资源导出后会得到一个 Unity3d Package，后缀为“. unitypackage”。

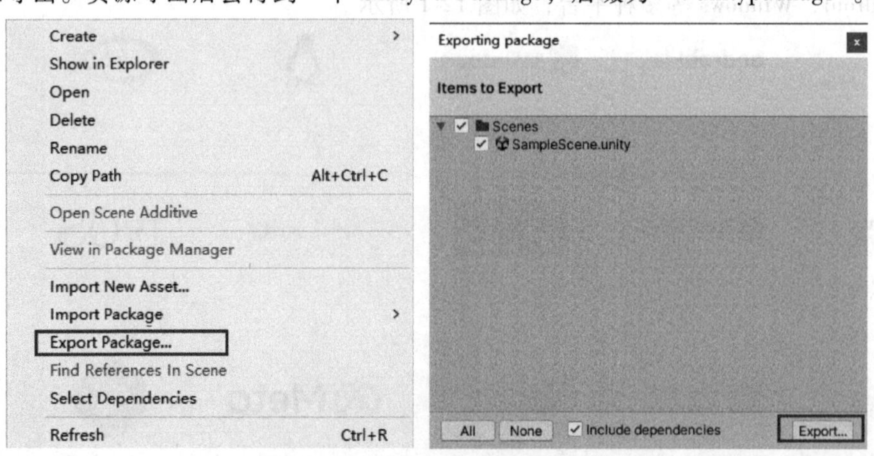

图 12-2　导出 Unity3d Package 的过程

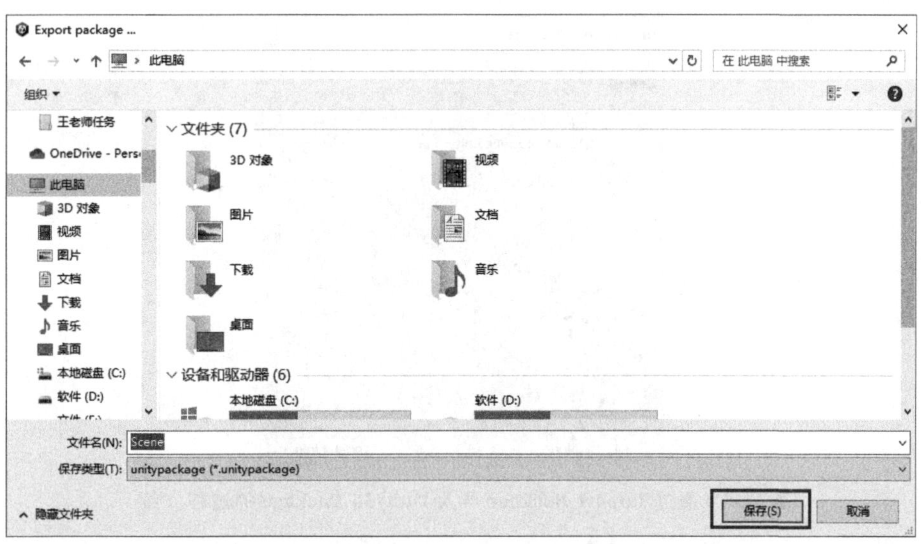

图 12-2　导出 Unity3d Package 的过程（续）

（2）通过 Import Package 导入 Unity3d Package　通过 Import Package 导入 Unity3d Package 的过程如图 12-3 所示。首先在 Unity3d 编辑器中选择 "Assets"→"Import Package"→

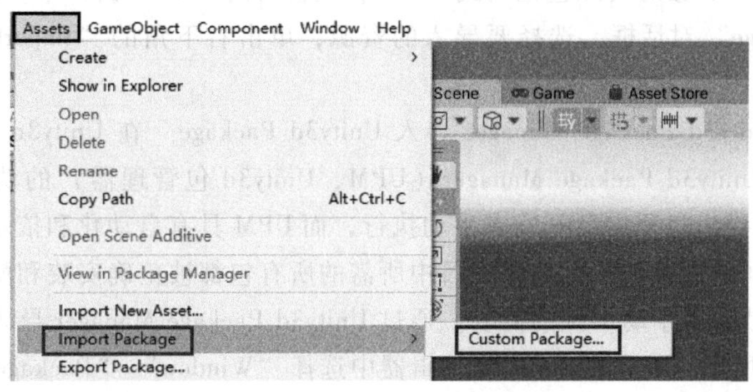

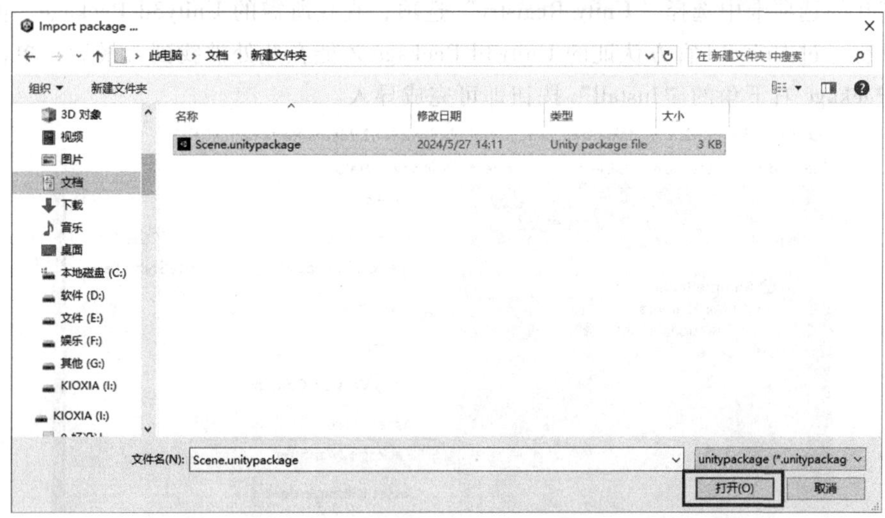

图 12-3　通过 Import Package 导入 Unity3d Package 的过程

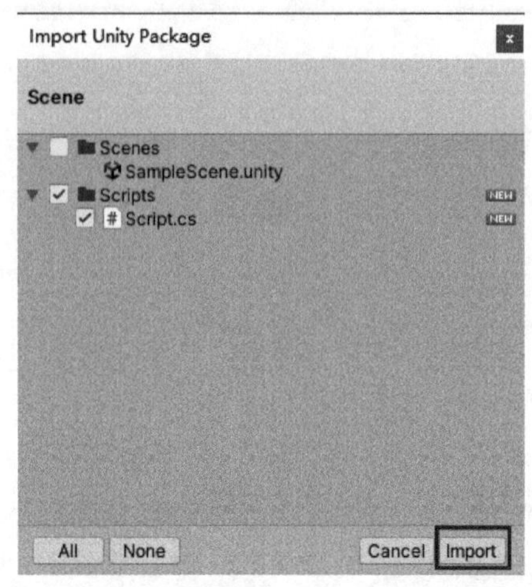

图 12-3　通过 Import Package 导入 Unity3d Package 的过程（续）

“Custom Package”选项；然后在弹出的“Import package”对话框中选择要导入的 Unity3d Package 文件，单击“打开”按钮；最后在弹出的“Import Unity Package”对话框中勾选要导入的资源，单击“Import”按钮即可完成导入。除此之外，也可以直接将“. Unity3dpackage”后缀的资源包拖动到 Unity3d 编辑器的 Project 窗口中，之后会弹出“ImportUnity3d Package”对话框，选择要导入的资源，单击右下角的“Import”按钮即可完成导入。

（3）通过 Unity3d Package Manager 导入 Unity3d Package　在 Unity3d 2018 之后的版本中，新增了名为 Unity3d Package Manager（UPM，Unity3d 包管理器）的功能。传统的 Unity3d Package 导入导出过程需要开发者手动执行，而 UPM 具有自动化和依赖管理功能，它可以自动处理包之间的依赖关系，确保项目中所需的所有包都被正确安装和配置。这简化了项目管理和维护，减少了手动干预的需要。通过 Unity3d Package Manager 导入 Unity3d Package 的过程如图 12-4 所示。首先在 Unity3d 编辑器中选择“Window”→“Package Manager”选项，然后在打开的选项卡中选择“Unity Registry”选项，查找所需的 Unity3d Package。值得一提的是，只有经过 Unity3d 官方认证的 Unity3d Package 才能在此处被找到。最后，单击所需的 Unity3d Package 右下角的“Install”按钮即可完成导入。

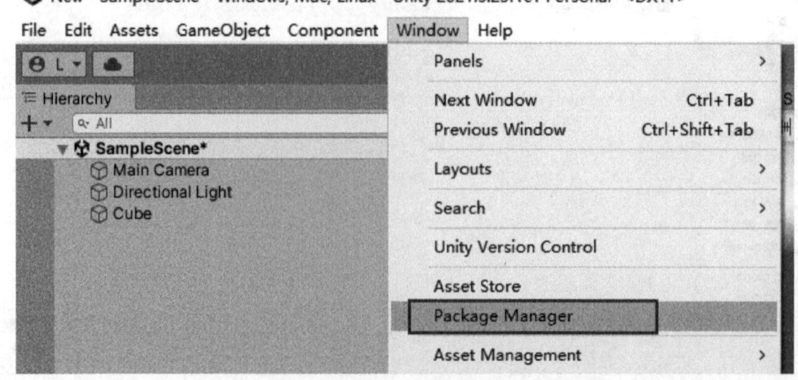

图 12-4　通过 Unity3d Package Manager 导入 Unity3d Package 的过程

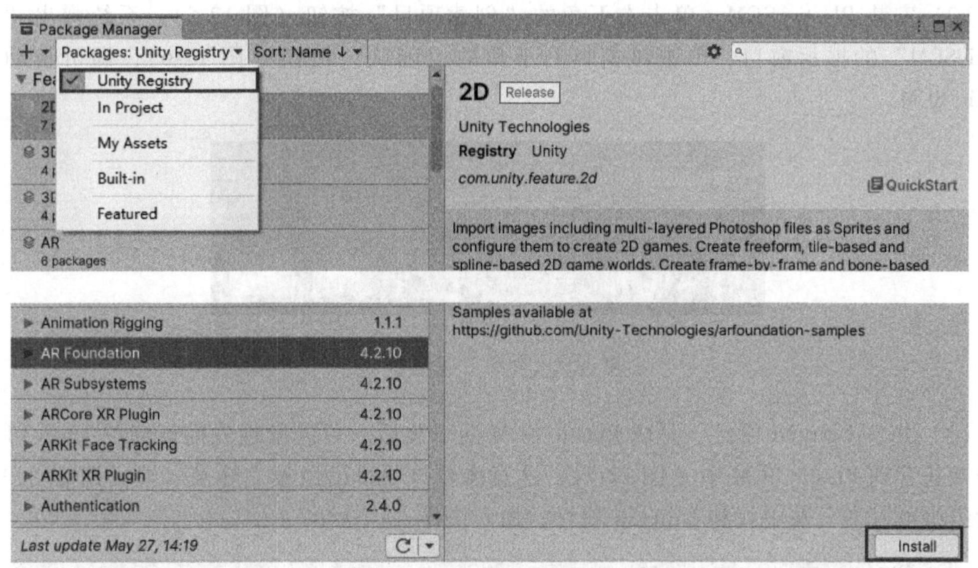

图 12-4　通过 Unity3d Package Manager 导入 Unity3d Package 的过程（续）

2. Plastic SCM

2020 年，Unity3d 与 CodiceSoftware 合作，为 Unity3d 开发了名为 Plastic SCM 的团队协作与版本管理工具。Plastic SCM 提供了直观易用的图形用户界面（GUI），让开发者可以方便地进行代码提交、分支创建、合并操作等。它还支持分布式版本控制系统（Distributed Version Control System，DVCS），允许开发者在本地进行完整的版本控制操作，从而提高了灵活性和效率。目前 Plastic SCM 已经与 Unity Hub 无缝集成，可以通过 Unity3d Hub 创建、上传并克隆 Plastic SCM 项目。Plastic SCM 支持跨平台的开发环境，并且可以轻松地管理多个项目的资源。具体使用方法如下。

（1）启用 Plastic SCM　在 Unity Hub 中新建 Unity3d 项目时，勾选“启用版本管理并同意政策条款”复选框（图 12-5），并在下方选择组织，作为团队进行协作、共享项目的单元。

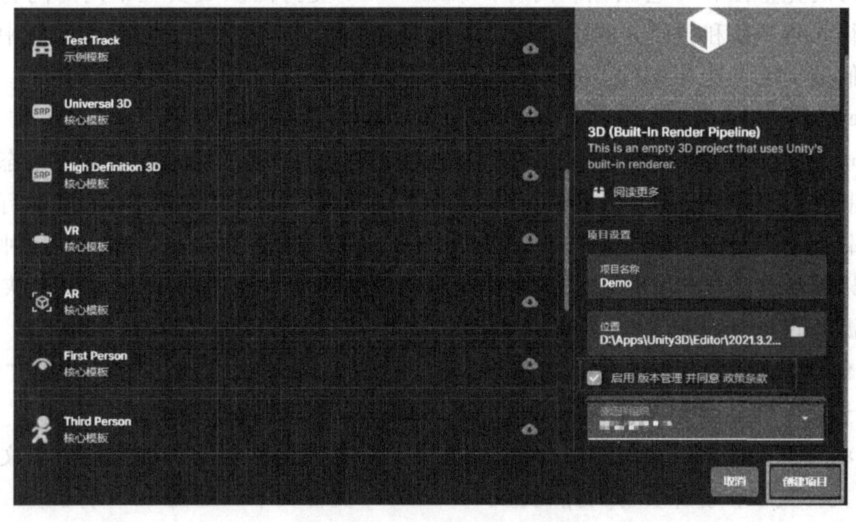

图 12-5　启用 Plastic SCM

（2）安装 Plastic SCM　单击右下角的“创建项目”按钮（图 12-5），系统弹出“安装 PlasticSCM”的提示窗口，单击该窗口右下角的“确认”按钮（图 12-6），即可自动安装 Plastic SCM。

图 12-6　安装 Plastic SCM

（3）共享 Unity3d 项目　完成 Plastic SCM 的安装后，可以发现先前新建的 Unity3d 项目已经被托管到 Plastic SCM 中（图 12-7），这意味着该项目已经被克隆至云端。其他用户通过搜索组织可以在云端中找到 Unity3d 项目，加入协作。

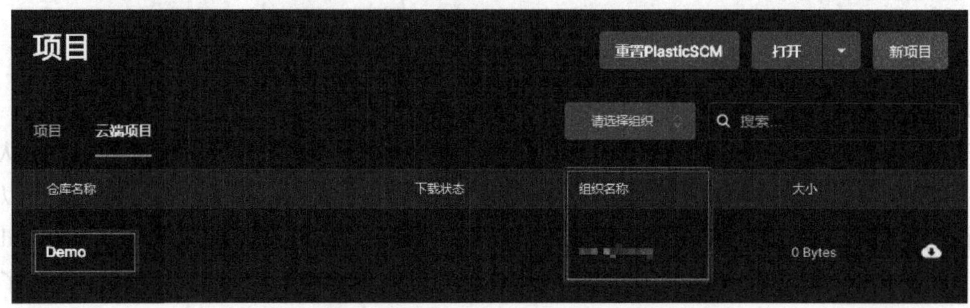

图 12-7　共享 Unity3d 项目

相较于传统的 Unity3d Package，Plastic SCM 提供了更加完整、规范的版本控制功能，无论是代码文件还是二进制文件，都可以通过 Plastic SCM 进行跟踪、版本控制和历史记录，以确保项目的完整性和可追溯性。同时，Plastic SCM 支持团队成员在不同时间、不同地点对项目进行并行开发和合作。团队成员可以在本地工作、离线提交，然后与团队中的其他成员同步他们的变更，这种分布式的协作模式更适合大型项目和多人团队的开发。

3. Resources

Resources 是 Unity3d 引擎提供的一种特殊文件夹，用于存放在运行时需要动态加载的资源，如预制件、纹理、音频等。Resources 文件夹中的资源可以在 Unity3d 程序运行时根据需要动态加载，而不是在 Unity3d 程序启动时将所有资源一次性加载到内存中。这种动态加载的方式可以减少程序的内存占用，并提高程序的启动速度。使用 Resources 文件夹进行动态加载和资源管理的过程如下。

（1）创建 Resources 文件夹　在 Unity3d 项目的 Project 视图中右击，选择“Create”→“Folder”选项，将新建的文件夹命名为“Resources”，如图 12-8 所示。

（2）将资源文件放置在 Resources 文件夹中　将要在运行时动态加载的资源文件放置在 Resources 文件夹中，确保资源的路径位于 Resources 文件夹下，如图 12-9 所示。

（3）使用 ResourcesAPI 加载资源　使用 Resources. Load( )方法来加载资源，该方法允许

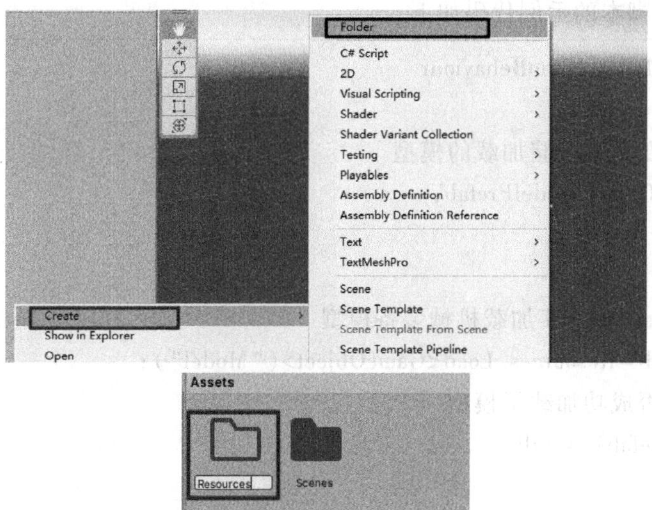

图 12-8　创建 Resources 文件夹

开发者根据资源的名称和类型在运行时加载资源。如图 12-10 所示，在加载机械装备模型时，在 Unity3d 项目的 Project 视图中右击，选择“Create”→“C#Script”选项，创建名为“LoadModel. cs”的 C#脚本，并将该脚本挂载在 Unity3d 场景中的任一物体上（如 Main Camera），即可在场景中加载机械装备模型。

图 12-9　资源文件的放置

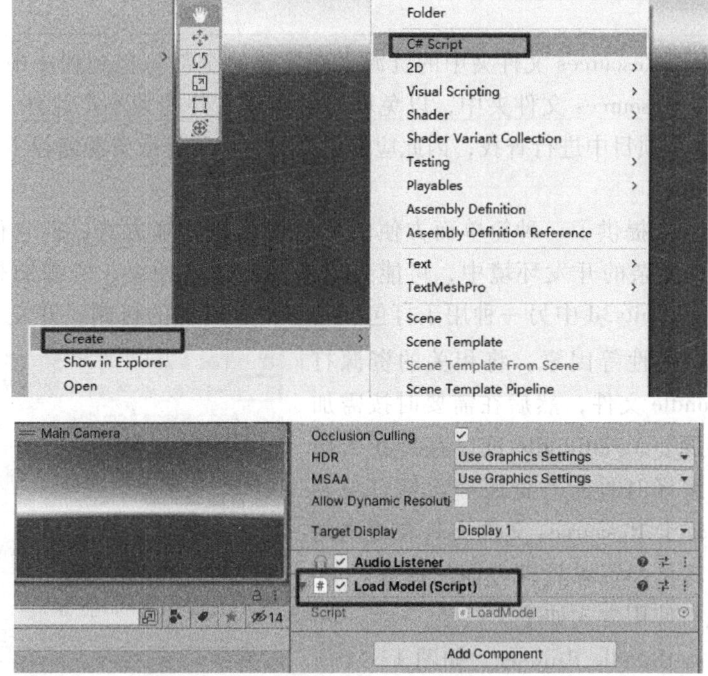

图 12-10　LoadModel. cs 脚本的创建与挂载

LoadModel. cs 脚本的示例代码如下：

```
public class LoadModel:MonoBehaviour
{
    //声明一个变量来存储加载的模型
    private GameObject modelPrefab;
    voidStart()
    {
      //使用 ResourceAPI 加载机械装备模型
      modelPrefab = Resources. Load<GameObject>("Model");
      //检查是否成功加载了模型
      if(modelPrefab! =null)
      {
        //成功加载后,可以实例化模型并将其添加到场景中
        Instantiate(modelPrefab,Vector3. zero,Quaternion. identity);
      }
      else
      {
        //如果加载失败,打印错误信息
        Debug. LogError("Failed to load model. ");
      }
    }
}
```

需要注意的是，Resources 文件夹中的资源会在构建时全部打包到程序中，因此不要将不必要的资源放置在 Resources 文件夹中，以免增加所构建文件的大小。此外，ResourcesAPI 在加载资源时会在整个项目中进行查找，因此应避免资源名称重复或资源路径不清晰等问题。

4. AssetBundle

Resources 文件夹提供了一种简单而方便的资源加载和管理方式，但它仅适用于小型项目，在大型项目和复杂的开发环境中，可能会出现资源命名冲突、资源加载性能低下等问题。AssetBundle 是 Unity3d 中另一种用于打包和动态加载资源的机制，开发者可以根据资源的类型、场景、关联性等因素，将相关的资源打包成一个 AssetBundle 文件，然后在需要时按需加载和卸载这些资源。AssetBundle 可以存储在云服务器，而无须在编译时将所有资源一次性打包到应用程序中，相较于 Resources 文件夹具有更高的灵活性以及性能优化和资源管理方面的优势。AssetBundle 的打包与使用方式如下。

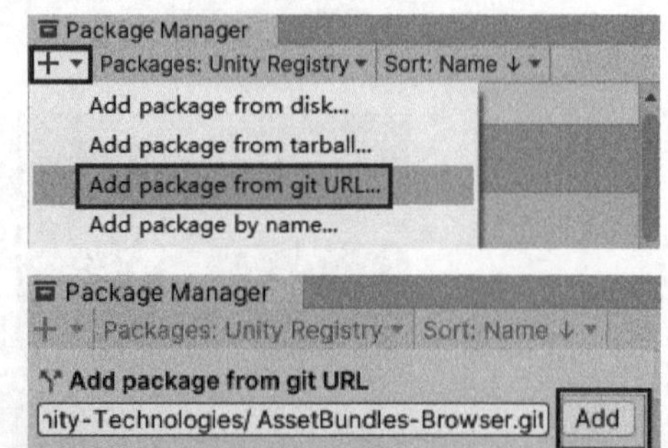

图 12-11 安装 AssetBundle Browser

（1）安装 AssetBundle Browser 如图 12-11 所示，在 Unity3d 项目中打开 UPM，单击左上角的

添加图标➕，选择“Add package from git URL”选项，输入 https://github.com/Unity-Technologies/AssetBundles-Browser.git，单击“Add”按钮完成安装。

（2）打包 AssetBundle　如图 12-12 所示，在 Unity3d 编辑器中选择“Window”→“AssetBundle Browser”选项，将需要打包的资源拖拽至“Configure”选项卡中，然后在“Build”选项卡中设置打包平台、输出路径等。

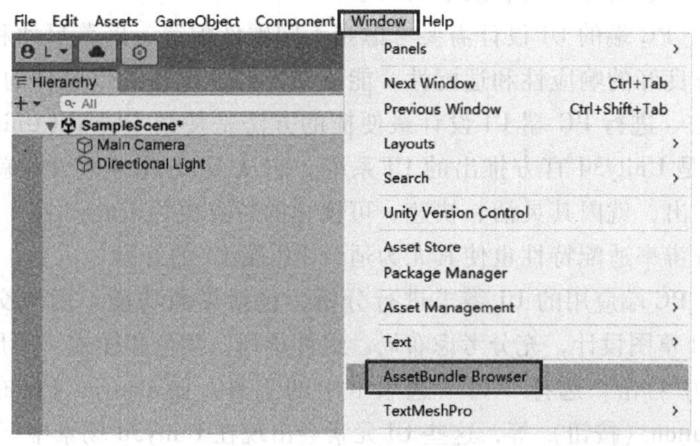

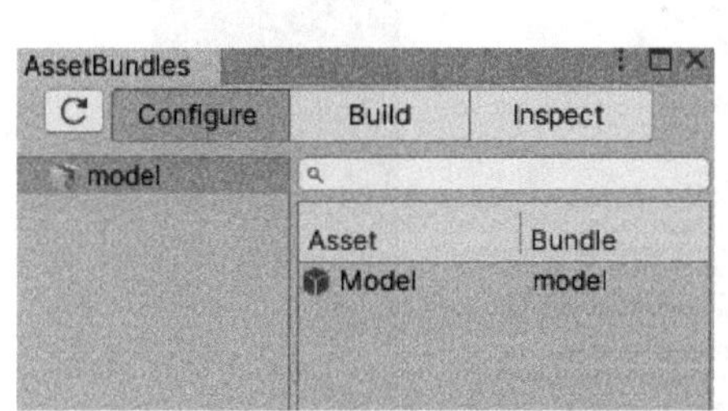

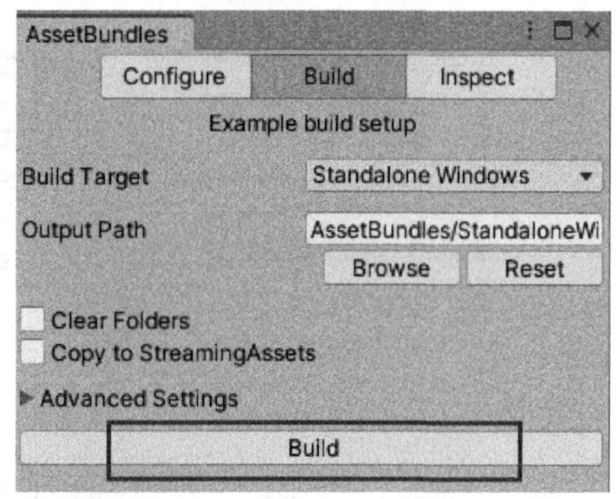

图 12-12　打包 AssetBundle

（3）使用 AssetBundle　在程序运行时，可以使用 Unity3d 提供的 AssetBundle.LoadFromFile 或 AssetBundle.LoadFromMemory 方法来加载 AssetBundle，并通过 AssetBundle.LoadAsset 或 AssetBundle.Instantiate 方法来加载和使用资源。

12.2.2　用户界面的跨平台适配

在 PC、iOS/安卓等移动设备、HTC Vive/Oculus Quest 等 VR 设备、HoloLens/Vision PRO 等 AR 设备等多样化的平台中，用户对界面布局、交互方式和视觉效果的期望存在着差异，针对不同设备的特性，需要针对性地设计交互方式，以确保用户能够方便地使用应用程序。因此，跨平台设计中的用户界面设计需要根据平台的不同遵循一些原则，以确保用户在不同设备上都能够轻松使用应用程序并获得满意的体验。针对 PC 端、移动端以及 VR/AR 端的不同特性，给出相应的设计原则与设计方法，以供参考。

1. PC 端

（1）设计原则

1）键盘快捷键。与移动设备、VR/AR 设备不同，PC 端通常配有键盘和鼠标等输入设备，因此设计时应充分利用键盘快捷键和鼠标操作来提高用户的操作效率。

2）信息合理排布。由于 PC 端的屏幕尺寸较大，界面可以展示更多的信息和内容，因此设计时应考虑到信息密度和内容展示的需求。

3）灵活适配。PC 端的 UI 设计需要考虑到不同硬件配置、屏幕尺寸和分辨率的差异性。因此，设计应具备良好的响应性和适配性，能够在不同的设备上以最佳的方式呈现。

（2）设计方法　进行 PC 端 UI 设计最便捷的方法是使用 UGUI（Unity3d Graphical User Interface）。UGUI 是 Unity3d 官方推出的 UI 系统，它从 Unity3d 4.6 开始就被集成到 Unity3d 编辑器中，一经推出，就因其灵活、快速、可视化的特点成为 Unity3d UI 的主流系统，强大的布局管理与多分辨率适配特性也使其尤为适合 PC 端 UI 的开发。

首先，应当对 PC 端应用的 UI 需求进行分析，包括界面功能、用户交互、布局需求等，并根据需求进行 UI 草图设计，充分考虑布局、组件排列、颜色和样式，尽量贴合应用的功能。之后，在 Unity3d 中右击，选择“UI”选项卡中的工具，如 Canvas（画布）、Text（文本）、Image（图片）、Button（按钮）等，这些 UI 元素会出现在 Unity3d 场景中（图 12-13）。

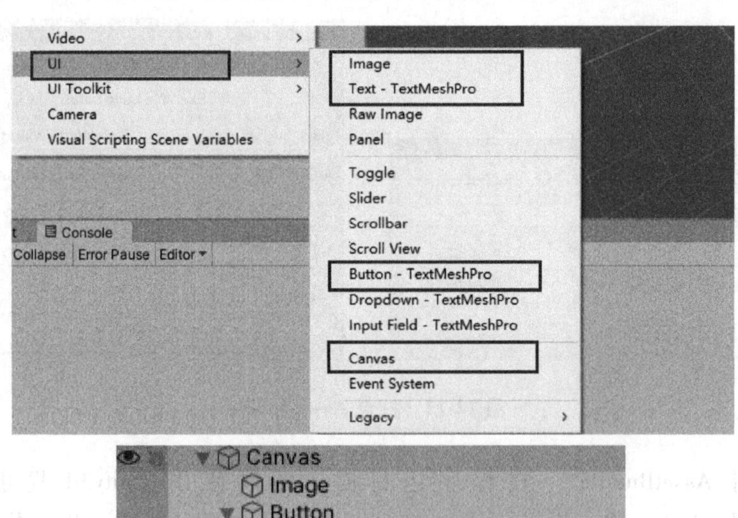

图 12-13　在 Unity3d 场景中添加 UI 元素

通过拖拽和调整 UI 组件的位置、大小和样式，构建出初步的 UI 界面。根据 PC 端的特点，设置 Canvas 的渲染模式为“Screen Space-Overlay”或“Screen Space-Camera”，以确保 UI 元素能够正确显示在屏幕上，如图 12-14 所示。

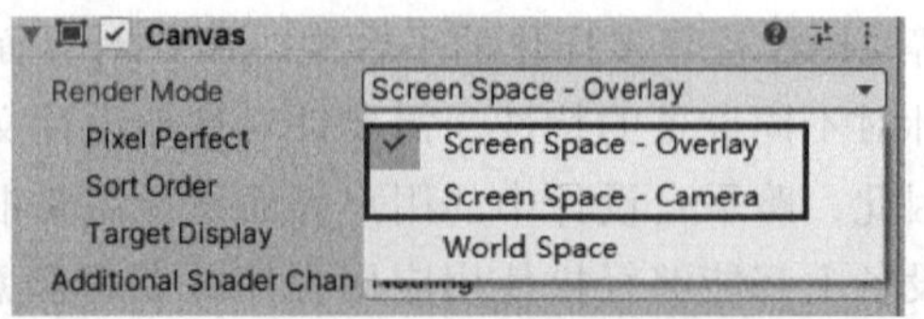

图 12-14　UI 元素渲染模式设置

UGUI 提供了 Horizontal Layout Group（水平布局组）、Vertical Layout Group（垂直布局组）、Grid Layout Group（网格布局组）等布局组件和对齐工具，可以在 Canvas 的“Inspector”选项卡中通过单击“Add Component”按钮添加，如

图 12-15 所示。这些组件和工具能够对 UI 元素进行合理排列布局，以保持界面的整齐性和一致性，提高用户体验。

图 12-15　UI 元素排列布局设置

除了 Unity3d 自带的 UGUI 系统外，还有 NGUI、DOTween、Doozy 等一些其他工具和资源可以帮助开发者快速构建 UI 界面，开发者可以根据项目需求和个人喜好选择合适的工具和资源进行 UI 设计和开发。

2. 移动端

（1）设计原则

1）简洁直观。在移动端应用的 UI 设计中，界面应该尽量简洁清晰，避免过多的文字描述和复杂的图标，应采用直观的图形和符号，以便用户能够快速理解和操作。

2）手势导航。移动设备的主要交互方式是触摸屏幕，因此设计手势导航引导用户使用特定的手势操作，如滑动、轻触、捏合等，使用户能够轻松地完成操作。

3）性能优化。移动设备的电量和性能有限，因此 UI 设计应该尽量减少对设备资源的消耗，避免过多的动画效果和复杂的图形渲染，优化 UI 布局和代码逻辑，以降低应用对设备的负担。

（2）设计方法　移动端的 UI 设计具备一定的特殊性：由于移动端设备通常配置有摄像头、传感器，可以捕捉真实世界的信息，因此除了能够运行普通 Unity3d 应用程序以外，也能够运行 AR 应用程序，将虚拟对象与现实世界场景进行融合，为设计者提供沉浸式的机械装备设计体验。针对普通应用与 AR 应用特点的不同，UI 的设计方法也存在差异，以下将分别进行介绍。

移动端普通应用的 UI 设计与 PC 端类似，主要利用 UGUI 系统创建按钮、文本框、滑动条等常见的 UI 元素，并进行布局和样式的定制。为了 UI 界面的美观，可以使用设计软件如 Photoshop、Illustrator 等制作 UI 素材，并导入到 Unity3d 中进行使用。此外，需重点注意移动端应用在交互逻辑上与 PC 端的差别。

移动端 AR 应用的 UI 设计目前主要基于 AR Foundation 进行，它是一个跨平台的 AR 开发框架，支持多种 AR 平台，如 ARCore（安卓端）、ARKit（iOS 端）等。AR Foundation 内置了多种预置 UI 元素，如 AR 标记、虚拟按钮等，可以使用这些预置 UI 元素快速创建和设计 AR 交互界面，并将其与 AR 场景相结合，以实现用户与虚拟对象的交互。

3. VR/AR 端

（1）设计原则

1）3D 化思维。设计 VR/AR 端的 UI 首先需要将思维从传统的 2D 模式转换到 3D 模式，充分利用 3D 空间，设计立体的界面元素和交互方式，以增强用户的空间感知。

2）自然性。在设计 UI 时，应通过指示光标、图文、动画指引等引导用户使用自然的交互方式进行交互，让用户快速地学习和适应这样的交互方式。

3）舒适性。在设计 VR/AR 端的 UI 时，应当避免 UI 界面在深度上来回移动，否则会很容易引起视觉疲劳与晕眩。将虚拟对象保持在距离使用者 2m 左右最符合人眼自然的观察状态。

（2）设计方法　为了简化设计流程，通常使用 Unity3d 结合 MRTK（Mixed Reality Toolkit，混合现实工具包）进行界面设计和开发。首先需要在 Unity3d 编辑器中导入 MRTK。从 MRTK2.6 开始，官方提供了 Mixed Reality Feature Tool（MRFT，混合现实特性工具），该工具以可视化的方式管理 MRTK。在 MRFT 中，首先指定要导入 MRTK 的 Unity3d 项目路径（图 12-16），然后选择相应的工具包即可完成操作。

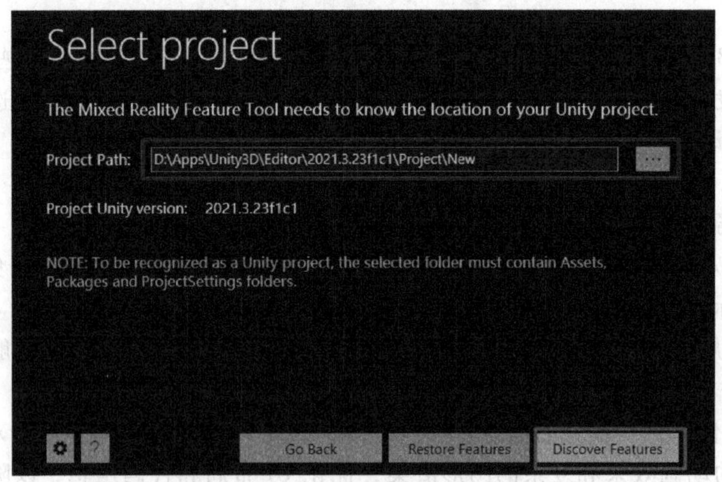

图 12-16　Unity3d 项目路径选择

其中，Foundation 工具包是必选包，而 Examples、Extensions、Tools、TestUtilities 等为可选包。由于 VR/AR 应用在 Unity3d 中被归类为 XR 应用类型，因此还要勾选 “Mixed Reality OpenXR Plugin” 复选框（图 12-17）。

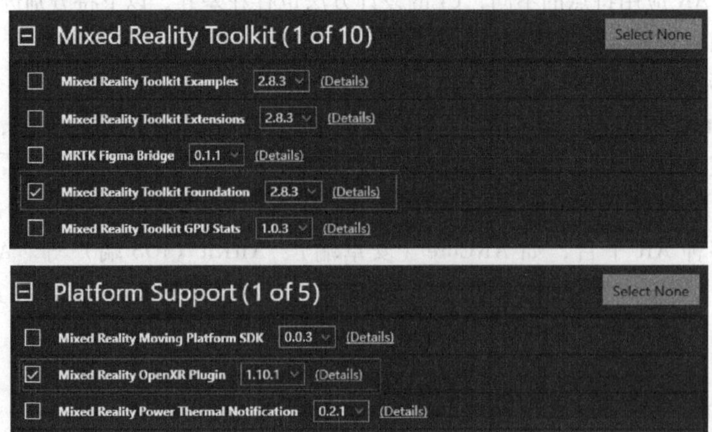

图 12-17　勾选必选包

完成工具包导入后，在 Unity3d 菜单中，依次选择“Mixed Reality”→“Toolkit”→“Add to Scene and Configure”选项，MRTK 会自动在当前场景中添加必需的对象，并为 VR/AR 的使用配置好相机对象的各种属性，如图 12-18 所示。

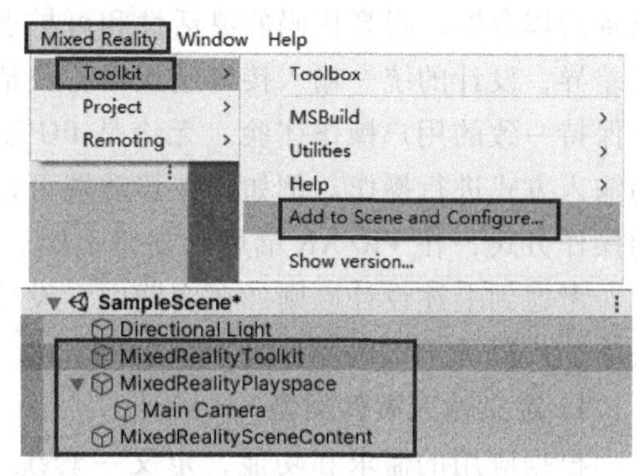

图 12-18　MRTK 自动配置

为方便开发人员使用，MRTK 将所有的 UI 控件集合在 MRTK Toolbox 面板中（图 12-19），可以在 Unity3d 菜单中依次单击“Mixed Reality”→“Toolkit”→“Toolbox”打开该面板。在该面板中 UI 控件被分为 Buttons（按钮）、Button Collections（按钮集）、Near Menus（近身菜单）、Miscellaneous（杂项）、Tooltips（标注）、Progress indicators（进度指示器）、Unity UI 共七类，每类中都有若干 UI 控件。这些控件上都搭载了用于交互的脚本，可以响应手势、手部射线、语音等输入。利用 MRTK 提供的 UI 控件和交互模式，能够快速构建适用于 VR/AR 环境的用户界面。

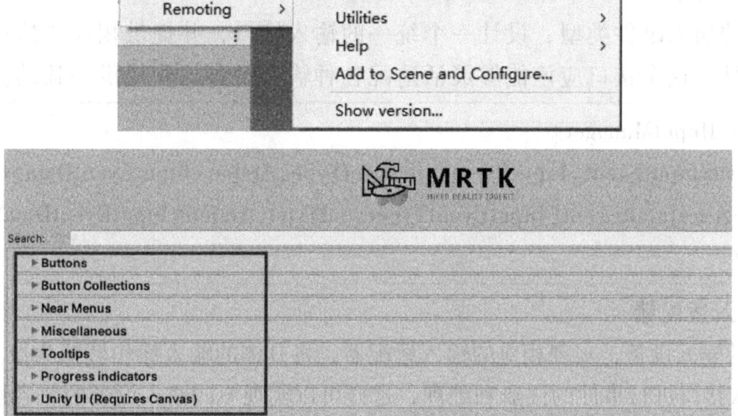

图 12-19　MRTK Toolbox 面板

12.2.3　输入与控制处理的统一化

在机械装备跨平台设计中，如何确保机械装备跨平台设计应用程序在不同平台上能够表现出一致性和高效性，是跨平台设计中亟待解决的问题。因此，需要设计相应的方案来统一处理这些输入手段的数据，而统一输入接口就是解决这一问题的有效方案。

统一输入接口需要遵循一定的设计原则。首先，统一输入接口应该采用抽象化的设计思路，将各种输入设备的操作抽象为统一的事件类型。这样可以降低输入处理逻辑与具体输入设备的耦合度，提高代码的灵活性和可扩展性。其次，考虑到不同平台上的输入设备可能存在差异，设计的统一输入接口应该具备灵活的适配能力，能够兼容各种平台上的输入方式，并保持一致的用户操作体验。无论是PC端、移动端还是VR/AR端，用户都能够使用熟悉的输入方式进行操作。例如，在移动端可以支持触摸屏操作，在PC端可以支持键盘和鼠标的操作方式，在VR/AR端可以支持手柄、手势等操作方式。

考虑到上述设计原则，在实践中，设计统一输入接口可以按照以下步骤进行，并给出了具体的代码示例以供参考。

1. 定义输入事件类型

根据应用的需求和功能，定义一套统一的输入事件类型，如单击、按键、手势、语音等，这些事件类型应该能够涵盖各种常见的用户操作。

```
publi cenum InputEventType{
    Click,
    KeyPress,
    Gesture,
    Speech,
    //添加更多事件类型以覆盖不同平台和设备的操作
}
```

2. 设计输入接口

根据定义的输入事件类型，设计一个统一的输入接口，并提供相应的接口方法用于注册和处理输入事件。这个接口应该能够灵活适配各种输入设备，并提供一致的操作体验。

```
public interface IInputManager{
    void RegisterInputEvent(InputEventTypeeventType,Action<InputEventData>callback);
    void UnregisterInputEvent(InputEventTypeeventType,Action<InputEventData>callback);
}
```

3. 实现输入适配器

针对不同的输入设备，实现相应的输入适配器，将具体的输入操作转换为统一的输入事件类型，并调用输入接口进行事件的注册和处理，这样可以实现不同输入设备的兼容性和一致性。

```
//以移动端触摸输入适配器为例
    public class TouchInputAdapter:MonoBehaviour{
    private IInputManager inputManager;
    void Start(){
        inputManager=GetComponent<IInputManager>();
    }
    void Update(){
        if(Input.touchCount>0){
            Touchtouch=Input.GetTouch(0);
            if(touch.phase==TouchPhase.Began){
```

```
            inputManager. RegisterInputEvent( InputEventType. Click, OnClick) ;
            }
            //实现其他手势操作
        }
    }

    voidOnClick( InputEventDataeventData) {
        //处理单击事件
    }
}
```

4. 测试和优化

在实现输入接口和适配器后，还应该进行测试和优化工作，确保输入操作能够正常响应和处理。通过模拟不同输入设备的操作，检查应用在不同平台上的输入体验，进行必要的调整和优化。

通过以上设计原则和实践指南，可以设计出一个灵活、兼容、一致的统一输入接口，从而实现跨平台的输入处理统一化，提高应用的可维护性和用户体验。

12.3 Unity3d 跨平台性能优化

12.3.1 平台性能特点分析与对比

性能优化是一个非常综合、涉及技术众多的大主题。从计算机被发明以来，人们就一直在积极追求降低内存消耗，提高单位指令性能，降低功耗，提高代码效率。虽然随着硬件技术的飞速发展，普通应用程序的优化显得不再那么苛刻，但是对于计算密集型应用而言，优化仍然是一个在设计、架构、开发、代码编写等各阶段都需要重点关注的问题，否则可能会出现卡顿、掉帧等问题，导致体验变差甚至完全无法正常使用。

想要进行 Unity3d 跨平台性能优化，首先应当深入了解不同平台的性能特点，只有针对 PC、移动端和 VR/AR 等平台的特点进行深入分析与对比，机械产品设计者才可以有针对性地优化相应的应用程序，提高其在各个平台上的性能表现和用户体验。下面将对各个平台的性能特点进行详细分析。

1. PC 平台的性能特点分析

（1）强大的处理能力　PC 平台通常配备了高性能的多核处理器和大容量内存，能够处理多线程和任务调度、大规模模型和大量的计算。其强大的处理能力为机械装备虚拟设计应用提供了充足的计算资源，使得应用能够更快速、更流畅地运行。

（2）优越的图形性能　图形处理器（GPU）在机械装备虚拟设计应用中负责处理三维模型的渲染。PC 配备了专业的独立显卡和高分辨率显示器，其强大的图形性能为机械装备虚拟设计应用提供了逼真、细腻的视觉效果，使用户能够以更真实的方式体验产品设计和操作。

（3）充足的内存和存储　机械装备虚拟设计应用通常需要加载大型的机械模型和高分辨率的纹理贴图，较大的模型和纹理会占用大量的内存空间，因此应用的性能和用户体验可能会受到可用内存的限制。PC 大容量的存储空间为应用提供了充足的存储资源，方便用户保存和管理设计文件。

2. 移动端平台的性能特点分析

（1）有限的处理能力　移动设备普遍采用 ARM 架构的处理器，其处理器频率和核心数量有限，性能相比于 PC 平台还是要逊色不少。在处理大规模的机械设备模型和复杂的计算任务时，移动端的 CPU 性能可能会显得不足。

（2）图形性能和显存限制　移动设备的 GPU 性能通常较弱，显存容量也通常较小，尤其是与高端 PC 的显卡相比。这意味着移动端可能无法处理复杂的图形渲染任务，如大规模模型的渲染、高分辨率纹理的贴图等。

（3）电池寿命和温度管理　移动设备通常依赖电池供电，高性能的应用可能会导致设备过度消耗电量，进而导致设备过热，影响机械装备虚拟设计应用的性能和稳定性。因此需要在性能和能耗之间找到平衡点，尽量减少能源消耗。

（4）内存管理和垃圾回收　移动设备的内存管理方式与 PC 平台有所不同，通常由操作系统自动管理内存分配和释放。在开发机械装备虚拟设计应用时，需要遵循移动平台的内存管理规则，合理利用有限的内存资源，以确保应用的稳定性和流畅性。

3. VR/AR 平台的性能特点分析

VR 设备与 AR 设备虽然同属于扩展现实（XR）设备，但两者有着本质上的差别。VR 设备通常不具备计算能力，而是依赖于与 PC 设备的连接。这些外部设备负责运行和渲染虚拟环境的内容，并将图像传输到 VR 设备中，供用户感知和体验。而 AR 设备通常内置处理器、GPU、传感器和摄像头等硬件组件，具有自主感知与计算的能力，不需要依赖外部计算设备。用户在使用 AR 设备时，可以看到现实世界的环境，并且可通过 AR 技术叠加虚拟内容，如文字、图像、3D 模型等。

由于 VR 端机械装备虚拟设计应用的运行依赖于 PC 设备，而 VR 设备仅起到显示作用，所以 VR 端的平台性能实质上为 PC 端平台性能，在此不再赘述。而 AR 设备作为新一代计算与交互设备，其平台性能特点与 PC、移动端等具有显著的不同，以下对其进行具体分析。

（1）计算性能　以目前最具代表性的 AR 头戴式设备——Microsoft HoloLens2 为例，它配备高通骁龙 850 计算平台，这也就意味着其计算性能与主流的移动端设备相仿。可见，与传统的桌面计算机或高端笔记本计算机相比，AR 设备的计算能力仍然是有限的。

（2）感知性能　AR 设备通常会配备多种传感器，包括但不限于深度传感器、惯性传感器、可见光相机、红外相机、麦克风等。这些传感器的集成使得 AR 设备能够感知和理解周围的环境，从而实现更加沉浸式和交互式的增强现实体验。

（3）电量续航　与移动设备类似，AR 设备也依赖内置的电池提供电量，且电池容量甚至比移动设备更低。由于 AR 设备需要驱动多个传感器、显示器和计算模块，并运行复杂的增强现实应用程序，所以必须在保证基础功能的前提下让应用程序尽可能轻量化，以延长设备续航。

综上可知，PC 平台拥有更强大的硬件配置和资源，在正常条件下能够应对各种复杂的应用程序和任务，而 VR 平台的运行依赖于 PC 平台的性能，因此，在开发 PC 平台与 VR 平台的机械装备虚拟设计应用时，通常无须刻意进行性能优化。相比之下，移动设备和 AR 设备受限于其处理能力、内存和电池续航等方面，非常需要进行性能优化，以提供更好的用户体验。

在后面两节中，将分别介绍移动设备与 AR 设备的性能优化方法。

12. 3. 2　移动设备性能优化实践

本节将深入探讨移动设备性能优化的实践方法，涵盖了资源管理、图形优化、响应优化、电量优化、测试与调试等方面的关键技术，以使读者更全面地了解如何在移动设备上进行性能优化，提升机械装备虚拟设计应用的用户体验和性能表现。

1. 资源管理

由于移动设备的内存和处理能力相对有限，因此机械产品设计者必须采取一系列策略来优化资源管理，以确保应用的顺畅运行。首先，即使同为移动设备，其硬件配置与平台性能也会存在一定的差别，因此了解目标设备的资源限制是必不可少的。机械产品设计者需要深入了解目标设备的内存大小、GPU 性能、纹理压缩支持等硬件方面的特性，以便在设计和开发过程中做出相应的优化调整。

此外，采用动态加载和卸载资源的方法是提高应用性能的有效途径。通过在运行时根据需要动态加载和卸载资源，可以减少应用启动时的内存占用，并减轻运行时的内存压力。例如，可以利用前面提到的 AssetBundle 等打包方式将虚拟设计所涉及的机械装备的大型纹理或模型资源上传至云端，待需要时再动态加载，并及时卸载不再使用的资源，从而有效管理内存资源。

2. 图形优化

除内存和处理能力之外，移动设备的图形处理能力同样存在瓶颈，需要针对图形的渲染做出适当的优化，以减轻移动设备的图形处理压力。

在使用虚拟应用进行机械装备设计时，需要在场景中对机械装备的模型进行显示。而 Unity3d 程序中的模型实际上是由若干多边形构成的，使用低多边形模型是优化图形渲染的有效手段之一。通过减少模型的多边形数量，可以降低 GPU 的负载，减少渲染开销，从而提高应用的性能。开发者可以使用简化后的模型或采用 LOD（层次细节）技术，在不同距离下使用不同精细度的模型，以达到优化渲染的效果，可参考以下示例代码。

```
public class LODExample:MonoBehaviour
{
    //定义 LOD 模型
    public GameObject[ ]lodModels;
    void Start( )
    {
        //添加一个 LOD Group 组件到物体上
        LODGroup lodGroup = gameObject. AddComponent<LODGroup>( );
```

```
        //创建 LOD 数组
        LOD[ ] lods = new LOD[ lodModels. Length ];
        //为每个 LOD 设置模型和距离
        for( int i = 0; i<lodModels. Length; i++)
        {
            Renderer[ ] renderers = lodModels[ i ]. GetComponentsInChildren<Renderer>( );
            lods[ i ] = new LOD( GetDistanceForLOD( i ), renderers );
        }
        //设置 LODGroup 的 LODs 属性
        lodGroup. SetLODs( lods );
        //设置 LOD Group 的 fadeMode 属性(可选)
        lodGroup. fadeMode = LODFadeMode. CrossFade;
    }
    //定义每个 LOD 的距离
    float GetDistanceForLOD( intlodIndex)
    {
        //根据需要返回每个 LOD 的距离
        //既可以返回一个与索引相关的距离,也可以返回一个固定的距离
        //在这个示例中,返回了一个与索引相关的距离
        return( lodIndex+1) * 10. 0f;
    }
}
```

减小纹理分辨率也是优化图形渲染的重要策略之一。过高的纹理分辨率会增加 GPU 的负载和内存占用，降低应用的性能。在设计机械装备时，往往需要重点设计其结构，而无须对其表面外观过于关注，因此，可以降低纹理分辨率以减少图形渲染开销。在 Unity3d 中，降低纹理分辨率的方法为：在“Project”选项卡中单击“Texture”（纹理文件）按钮，然后在右侧的“Inspector”选项卡中对“Size”的值进行调整（图 12-20），可调整至 100×100 左右，以兼顾性能与显示效果。

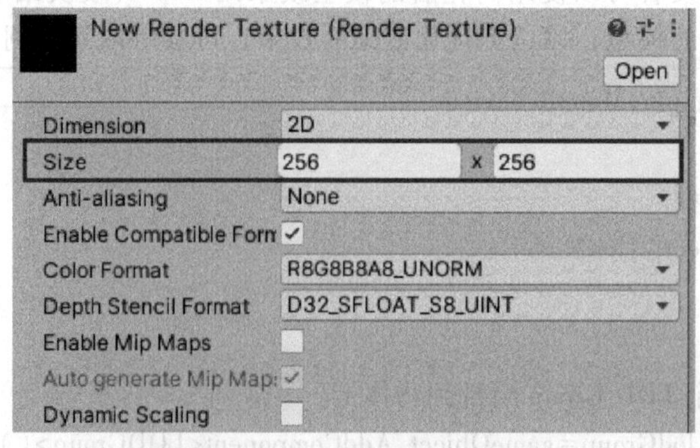

图 12-20　纹理分辨率的调整

此外，使用 Shader（着色器）优化也是提高图形渲染效率的关键。Shader 可以减少 GPU 的计算量，提高渲染效率。机械产品设计者可以遵循如下步骤创建 Shader：在“Project”选项卡中右击，依次选择“Create”→“Shader”选项，之后根据需求选择不同类型的 Shader，如图 12-21 所示。

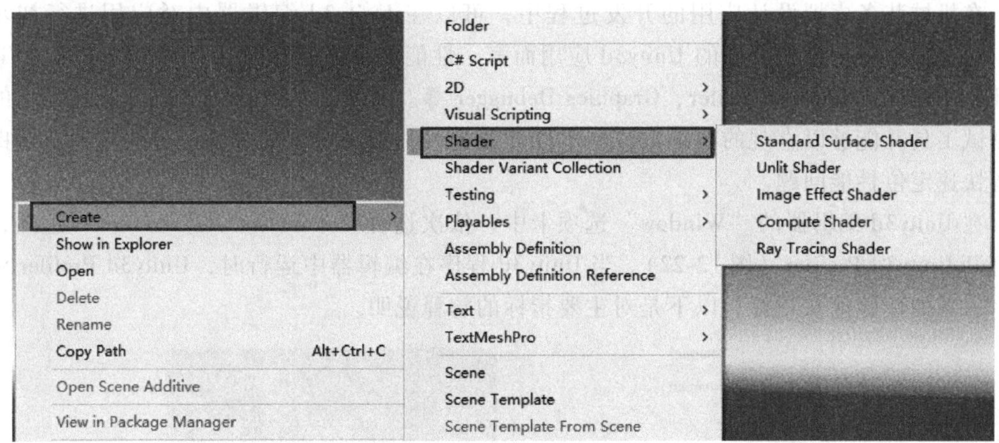

图 12-21　Shader 的创建流程

3. 响应优化

在移动设备上提高应用的响应速度也是确保良好用户体验的关键之一。如果机械装备虚拟设计应用的响应速度过慢，可能反而会降低设计效率，而通过优化应用的响应速度，可以确保能够高效地对机械装备进行设计，同时增强用户对应用的满意度。

长时间的加载过程会让用户感到不耐烦，并降低用户体验。因此，开发者应该尽量减少应用启动和场景切换时的加载时间，采用异步加载和预加载技术，以提高应用的响应速度。优化代码逻辑也是提高应用响应速度的关键。复杂的代码逻辑会增加 CPU 的计算量，降低应用的性能。因此，开发者应该针对特定的应用功能优化代码结构，尽量减少不必要的计算和操作，以提高应用的执行效率。另外，避免阻塞操作也是优化应用响应速度的有效手段之一。阻塞操作会导致应用界面卡顿，降低用户体验。因此，开发者应该尽量避免在主线程中执行长时间的计算或 IO 操作，而是应该采用多线程或异步操作的方式来处理耗时操作，以保持应用的流畅性。

4. 电量优化

当用户使用移动设备进行机械装备虚拟设计时，往往意味着用户需要利用其便携性，而非在固定的位置进行设计。因此，在移动设备上进行电量优化可以确保机械装备虚拟设计应用长时间稳定运行。有效地管理应用的电量消耗不仅可以延长设备的续航时间，还可以改善用户体验，提高用户满意度。

优化网络请求是电量优化的主要策略。在设计复杂的机械装备时，可能需要多个专家在同地或异地使用多个设备进行协同设计，这就需要建立多个设备间的网络连接。而对于移动设备而言，过于频繁的网络请求会增加设备的通信负载和电量消耗。因此，开发者应该根据协同设计的具体需求将网络请求的频率与数据量控制在一个合理的范围，并尽量利用缓存和批量处理等技术减少网络请求，以降低设备的通信功耗。

5. 测试与调试

在移动设备上进行性能测试和调试是确保机械装备虚拟设计应用良好性能的最后一步。只有对应用进行全面的性能测试和调试，开发者才能评估前述几种性能优化策略的具体效果，及时发现和解决性能问题，确保应用在移动设备上的良好表现。

在机械装备虚拟设计应用的开发过程中，可以在 Unity3d 编辑器中对应用进行初步调试。对于面向移动设备开发的 Unity3d 应用而言，性能测试工具包括 Unity3d Profiler、Visual Studio Profiler、Memory Profiler、Graphics Debugger 等。其中，Unity3d Profiler 是最常用的性能测试工具，能够以直观的图形方式展示性能数据，并提供丰富的过滤和分析选项，帮助开发者快速定位性能问题。

在 Unity3d 编辑器的 “Window” 选项卡中，依次选择 “Analysis”→“Profiler” 选项，即可打开 Unity3d Profiler（图 12-22）。当 Unity3d 程序在编辑器中运行时，Unity3d Profiler 中会显示一系列性能测试指标，以下是对主要指标的解释说明。

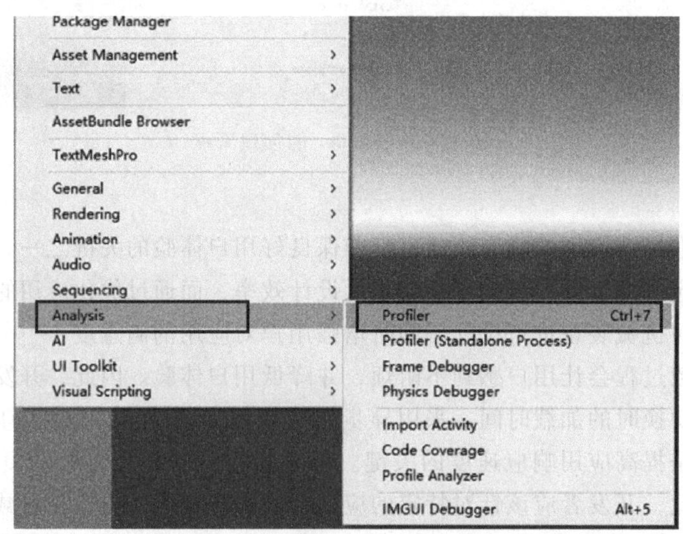

图 12-22　Unity3d Profiler 打开的步骤

（1）CPU Usage（CPU 使用情况）　这类指标用于衡量 CPU 在执行应用程序中的任务时所消耗的时间和资源。通过这些指标，可以分析哪些代码或逻辑占用了大量的 CPU 资源，从而发现和突破性能瓶颈（图 12-23）。

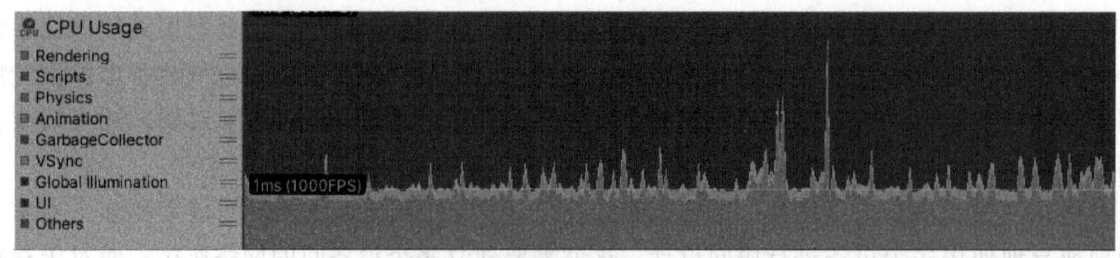

图 12-23　CPU Usage 性能指标

（2）Memory（内存）　内存指标显示应用程序在运行时分配和使用的内存情况（图 12-24），通过这些指标，可以优化内存使用，减少内存泄漏和频繁的垃圾收集。

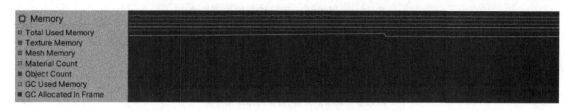

图 12-24　Memory 性能指标

(3) Rendering（渲染）　渲染指标衡量图形渲染过程中的性能，包括绘制调用次数、合批次数、三角形和顶点数量等（图 12-25）。这些指标有助于识别和优化图形渲染的效率，改善视觉表现和帧率。

图 12-25　Rendering 性能指标

虽然 Unity3d Profiler 可以提供一定程度的测试环境，但这种测试环境与真实的移动设备还是存在差别。因此，除了在 Unity3d 编辑器中对应用进行初步调试之外，利用真实设备进行测试也是确保应用性能的重要步骤。所以，最终需要把开发完成的机械装备虚拟设计应用发布并部署到真实的移动设备上，以评估其性能。具体发布方法请参照 12. 4 节。

12. 3. 3　AR 设备性能优化实践

相对于 PC，AR 设备在硬件性能上还是有比较大的差距，且其 CPU、GPU 等设计架构与 PC 完全不同，能够使用的计算资源、存储资源、带宽都十分有限，功耗要求也很严格，因此，AR 应用的性能优化十分必要。由于 HoloLens2 是当前市面上最主流的 AR 设备，因此本节仍然以 HoloLens2 为例对 AR 端机械装备虚拟设计应用的性能优化内容与技巧进行阐述。

HoloLens2 设备采用了全新的光波导显示系统，由于是近眼显示，刷新频率、单位面积像素密度都有一定的要求。对于 AR 应用而言，需要综合利用 CPU、GPU 等有限资源，让应用在预期的分辨率下保持一定的帧率。通常来说，帧率必须达到 30 帧/s 才能流畅、不卡顿。而为了防止出现全息影像漂移和视觉迟滞等问题，帧率要求保持在 60 帧/s 或以上。在 HoloLens2 设备的各主要硬件中，CPU 主要负责场景加载、物理计算、运动追踪、光照估计等工作；而 GPU 主要负责虚拟物体渲染、更新、特效处理等工作；HPU（HolographicProcessingUnit，全息处理单元）主要负责眼动追踪、手势检测、环境特征点提取、3D 空间音频计算等工作。具体来讲，影响 AR 应用性能的主要因素见表 12-1。

表 12-1 从宏观上指出了 AR 应用主要的潜在性能制约因素，在开发 AR 端机械装备虚拟设计应用时，需要针对这些引起性能问题的因素提出有效的改进措施。与表 12-1 中主要因素相对应的优化措施见表 12-2。

表 12-1　影响 AR 应用性能的主要因素

类型	主要因素描述
CPU	1)过多的 Drawcall 2)复杂的脚本计算或者特效
GPU	1)过于复杂的模型、过多的顶点、过多的片元计算 2)过多的逐顶点计算、过多的逐片元计算 3)复杂的着色器、显示特效
HPU	过多的 3D 空间音频
带宽	1)大尺寸、高精度、未压缩的纹理 2)高精度的帧缓存
设备	1)高分辨率、高刷新率的显示 2)高分辨率的摄像头

表 12-2　AR 应用性能优化的主要措施

类型	优化措施描述
CPU	1)使用批处理技术减少 Drawcall 2)优化脚本计算或者尽量减少特效使用
GPU	1)优化模型,减少模型顶点数与片元数 2)采用 LOD 技术 3)控制透明混合,减少实时光照 4)精简着色器计算,使用 MRTK 内置着色器
HPU	控制 3D 空间音频数量
带宽	1)减小纹理尺寸与精度 2)合理制定缓存策略
设备	1)利用分辨率缩放 2)对摄像头数据进行压缩 3)降低屏幕刷新率

需要特别注意的是，AR 设备通常在独立的 CPU 上处理脚本计算，在独立的 GPU 上处理渲染，因此总的处理耗时并非将 CPU 处理耗时与 GPU 处理耗时相加，而是两者中的较长者。如果 CPU 负载过重，则仅针对 GPU 进行优化根本无法提高应用帧率；而如果 GPU 负载过重，则仅针对 CPU 进行优化也无济于事。而在 AR 应用运行的不同阶段，其性能瓶颈也是不断动态变化的，即 AR 应用有时可能完全是由于脚本复杂而导致帧率低，而有时又是因为加载的模型复杂或者过多。因此，在开发 AR 端机械装备虚拟设计应用时需要具体情况具体分析，在优化之前准确地判断性能瓶颈点，针对瓶颈点进行优化，才能起到事半功倍的效果。以下是对性能瓶颈进行分析的步骤。

1. 收集当前应用运行的性能数据

收集 AR 应用运行时的性能数据主要使用 MRTK 性能诊断系统、设备门户性能模块、Unity3d Profiler、Frame Debugger 等工具。MRTK 性能诊断系统和设备门户性能模块是 AR 平台特有的工具，能够直观地获取基础性能数据，操作简单、数据呈现直观。在需要深入进行性能问题定位和排查时，Unity3d Profiler 和 Frame Debugger 工具是强大的分析利器。

2. 确定最主要的性能问题

为了查找引起性能问题的原因，首先要排除垂直同步的影响。垂直同步用于同步应用的帧率和屏幕的刷新率，打开“垂直同步”会影响 AR 应用的帧率。垂直同步的影响可能会看起来像性能问题，影响判断排错的过程，因此在查找问题之前应当先关闭“垂直同步”。在 Unity3d 菜单中，依次选择“Edit”→“Project Settings”选项，切换到“Quality”选项卡，在“Other”栏中将“V Sync Count”属性设置为“Don't Sync”。

在排除垂直同步的影响后，渲染是最常见的引起性能问题的因素。在渲染过程中，CPU 与 GPU 同时参与，CPU 负责决定哪些内容需要被渲染，而 GPU 负责对这些内容进行渲染。因此，渲染性能问题可能是 CPU 引起的，也可能是 GPU 引起的，需要进行判断。识别 GPU 是否受限的最简单方法是使用 GPU 分析器，如果 GPU 分析器窗口区域下方中间部分的 GPU 时间大于 CPU 时间，则可以确定是 GPU 受限。如果 AR 应用不受限于 GPU，就需要通过 CPU 分析器判断是否存在 CPU 瓶颈。在有问题的帧中，如果大部分时间都消耗在渲染上，则表示是渲染引起了 CPU 瓶颈。

除渲染以外，垃圾回收、物理计算、脚本运行也是易引起性能问题的因素，可以通过 CPU 分析器、内存分析器等多分析器联合分析。如果函数 GC. Collect（）出现在最上方，并且花费了过多 CPU 时间，则可以确定垃圾回收是应用性能问题所在；如果在分析器上方高亮显示的是物理运算，则说明 AR 应用的性能问题与物理引擎运算相关；如果在分析器上方高亮显示的是用户脚本函数，则说明 AR 应用的性能问题与用户脚本相关。

这里仅总结了图形渲染、垃圾回收、物理计算、用户脚本四种最普遍的引起性能问题的因素，AR 应用在运行时还会遇到各种各样的性能问题。但可以确定的是，万变不离其宗，只要遵循上述方法，先收集数据，再使用各种分析器检查应用的运行信息，找到引起问题的原因，再针对性地进行优化，就能最终解决问题。

12.4 发布与测试

12.4.1 跨平台发布流程与常见问题

利用 Unity3d 进行跨平台开发的发布流程如下：

1）准备发布环境。在发布之前，确保项目已经完成并且准备好发布。这包括完成所有的开发和测试工作，并且确保项目的稳定性和性能。

2）选择目标平台。Unity3d 支持多种不同的平台，包括 Windows、Mac、iOS、Android 等，用户应根据需求选择目标平台。

3）构建设置。在 Unity3d 中，可以通过构建设置来生成可执行文件或者安装包。在构建设置中，用户可以选择构建的平台、分辨率、图形质量等。

4）构建项目。单击 Unity3d 编辑器中的“Build”或者“Build Settings”按钮，开始构建项目。Unity3d 会根据构建设置生成相应的可执行文件或者安装包。

5）测试和调试。在构建完成后，进行测试和调试以确保项目在目标平台上正常运行。这包括检查项目逻辑、图形效果、音频效果等。

6）发布。当项目进行了充分的测试和调试后，可以将项目发布到目标平台上。通过将生成的可执行文件或者安装包上传到相应的应用商店或者网站上来实现发布。

7）更新和维护。一旦项目发布，需要进行更新和维护，包括修复bug、添加新功能、优化性能等。根据需要，开发者需要发布更新版本来提供更好的用户体验。

下面以Unity3d发布Android项目、打包apk包的流程为例，展示Unity3d发布项目的流程。

1. 确保已正确安装SDK

1）如图12-26所示，在安装版本设置里，单击“添加模块”按钮。如果没有添加模块，说明不是当前版本的安装路径，需先设置为当前版本。

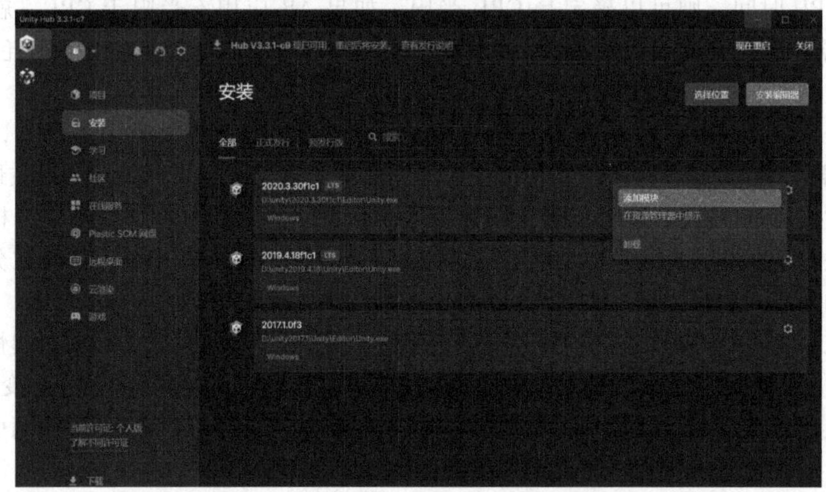

图12-26　添加模块

2）勾选“Android Build Support”复选框，再单击“继续”按钮，如图12-27所示。

3）勾选“我已阅读并同意上述条款和条件”复选框，再单击“安装”按钮，如图12-28所示。

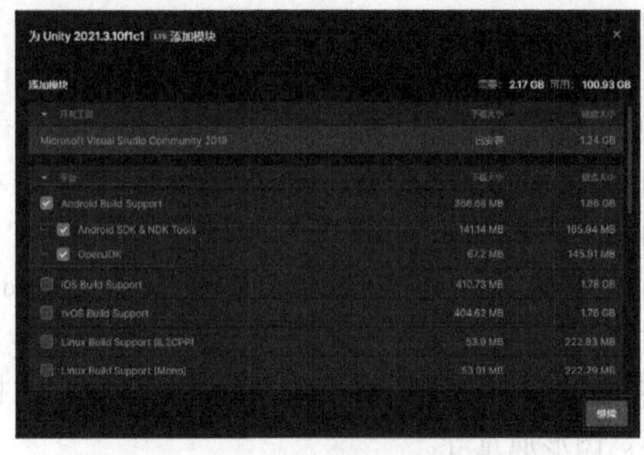

图12-27　勾选“Android Build Support”

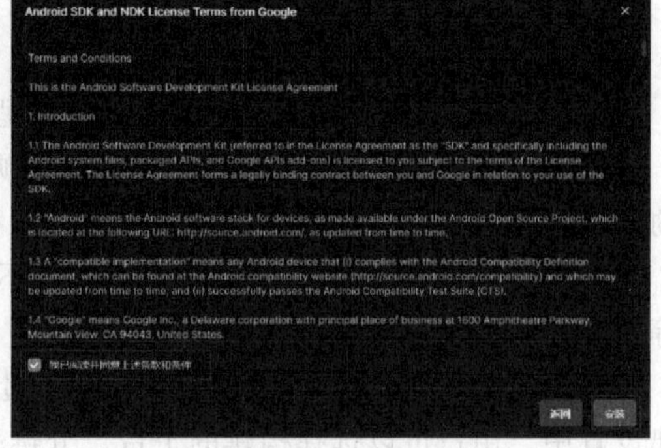

图12-28　同意条款并安装

4）等待安装完成即可，如图12-29所示。

2. 发布

1）单击菜单栏的“File”→“BuildSettings”选项，进行编辑设置。如图12-30所示，先单击“Add Open Scenes”添加场景，再单击“Android”按钮，最后单击“Switch Platform”按钮切换平台。

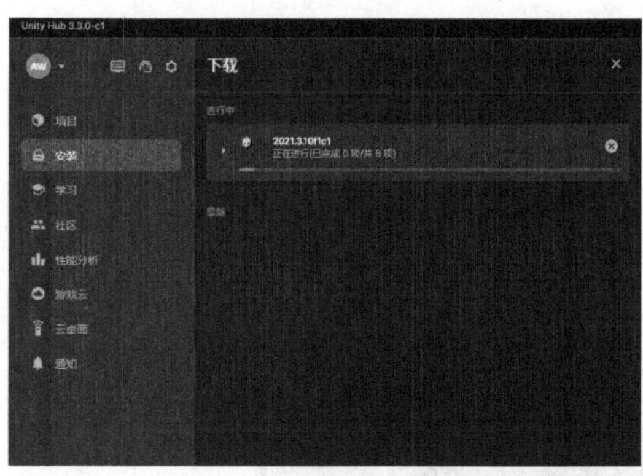

图 12-29　等待安装

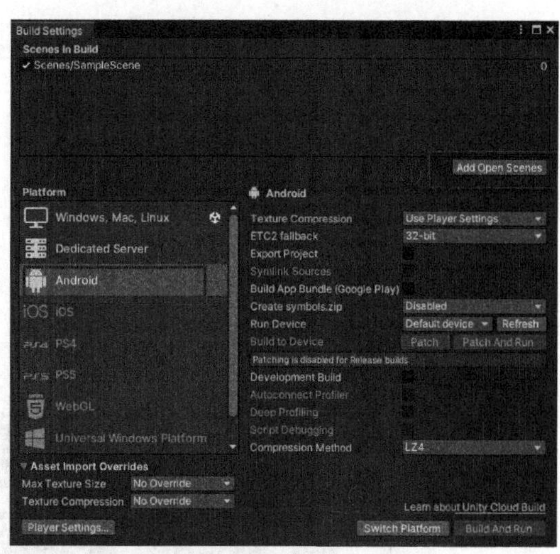

图 12-30　切换发布平台

2）切换完成后，单击“Player Settings”按钮进行一些配置即可，如图 12-31 所示。如果没有特殊需求，则直接使用默认设置。

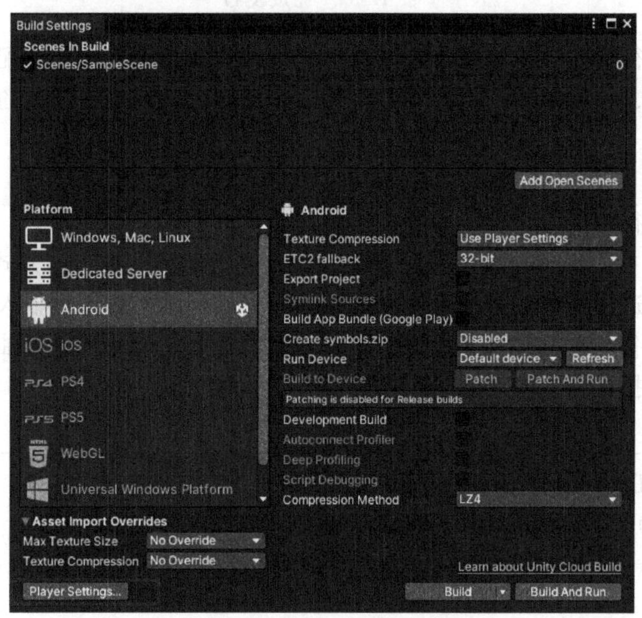

图 12-31　Player Settings 配置

3）设置完成后，单击“Build”按钮，填写文件名并保存，等待片刻，一个完整的 apk 文件即可发布成功，如图 12-32 所示。

12.4.2　跨平台注意事项

Unity3d 的大多数 API 和项目结构对于所有支持的平台都是相同的，在某些情况下，可以简单地重新构建项目以在不同设备上运行。但是，硬件和部署方法的根本区别意味着项目

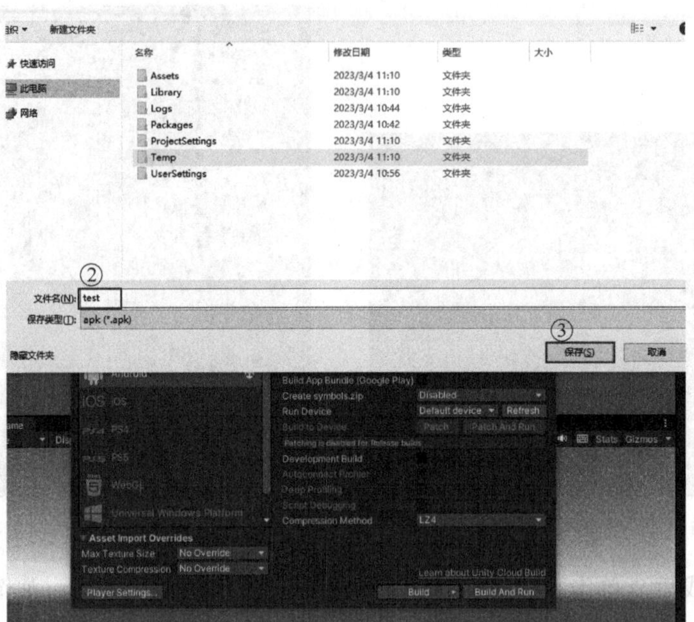

图 12-32 完成发布

的某些部分需要进行更改才能在平台之间移植。只有完成了跨平台的适配，虚拟设计的机械装备才能成功部署，正常工作。因此本节将列出一些常见的跨平台问题的详细信息以及解决这些问题的建议。

1. 输入

平台之间不同行为的最佳例子是硬件提供的输入方法。

（1）键盘和手柄　Input. GetAxis 函数作为整合键盘和手柄输入的方式，在 PC 平台上非常方便。此功能不适用于依赖触摸屏输入的移动平台。标准桌面键盘输入仅适用于将键入的文本移植到移动设备。若移植到其他平台，则可以为输入代码添加一个抽象层。例如，项目中需要键盘控制虚拟机器人移动，可以创建一个输入类并将 Unity3d API 调用封装在脚本函数中：

```
//返回的值范围在-1.0~+1.0( = =left. . right).
function Steering( ) {
return Input. GetAxis( "Horizontal" ) ;
}

//返回的值范围在-1.0~+1.0( = =accel. . brake).
function Acceleration( ) {
return Input. GetAxis( "Vertical" ) ;
}

var currentGear:int;
//返回与所选齿轮对应的整数
```

```
function Gears( ) {
if( Input. GetKeyDown( "p" ) )
currentGear++;
else if( Input. GetKeyDown( "l" ) )
currentGear--;


return currentGear;
}
```

将 API 调用封装在一个类中，并将它们都集中在单个源文件中，从而易于定位和替换。根据项目中输入的逻辑含义来设计输入函数，这有助于将其余项目脚本与特定平台使用的特定输入方法隔离开来。

例如，通过修改上面的 Gears 函数，可以实现实际输入来自移动设备屏幕上的触摸操作。虽然使用整数来表示所选设备的方法适用于所有平台，但将特定平台的 API 调用与其余代码混合会产生问题。通过使用平台相关的编译可以很方便地将输入函数的不同实现合并到同一源文件中，从而避免手动切换。

（2）触摸和单击　Input. GetMouseButtonXXX 函数在移动设备上有明显的功能：单次触摸屏幕将报告为左键单击，只要手指触摸屏幕，Input. mousePosition 属性就会给出触摸的位置。具有简单鼠标交互的项目，通常在桌面平台和移动平台之间的工作方式没有区别。

但实际的转换通常没有这么简单。例如，桌面设备可以使用多个鼠标按钮，而移动设备可以一次检测屏幕上的多次触摸。为了方便管理，可以使用逻辑值表示输入，然后由其余的脚本代码使用这些值。

例如，移动设备上实现缩放的捏合手势可以被桌面设备上的+/-键击操作取代，输入函数可以简单地返回一个指定缩放因子的浮点值。同样，可以在移动设备上使用双指单击操作来替代桌面设备上的右键单击操作。但是，如果输入设备的属性是项目的组成部分，那么可能无法在不同的平台上重新构建它们。这可能意味着项目无法移植，或者输入方式和项目操作方式需要进行大幅修改。

（3）加速度计、指南针、陀螺仪和 GPS　这些输入来自手持设备的移动特性，因此在桌面设备上可能没有任何有意义的等价方式。然而，一些手持设备的移动特性只是模仿标准的控制方式，因此可以很容易地移植到桌面设备。例如，虚拟机器人可以通过移动设备的倾斜（由加速度计确定）实现转向控制。在这种情况下，输入 API 调用通常很容易更改，因此可以将加速计输入替换为键击操作。

但是，可能需要重新校准输入甚至改变操作的难度来适应不同的输入方法。倾斜设备比按键更慢，并且在总体上更加费劲，还可能导致更难以将注意力集中在显示屏上。这可能会造成在移动设备上更难操作项目，因此设计者要根据输入方式的特性，修改项目的操作方式，使得操作者可以更方便地操作项目。

2. 存储空间

移动设备显然具有比桌面设备更小的存储空间，因此项目可能由于其性能在低功耗硬件上处于不可接受的水平而难以移植。

3. 存储要求

视频、音频和纹理会占用大量存储空间，因此移植项目到其他平台部署时，必须有效地管理存储。存储空间（通常也对应于下载时间）在 PC 设备上通常不是问题，但在移动设备上会受到限制。移动平台应用商店通常会对提交的产品的最大占用内存施加限制。例如：可以通过为移动设备提供资源的简化版本来节省空间；还可以制定项目中的大型资源为按需下载，而不是将其作为应用程序初始下载的一部分。

4. 自动内存管理

Unity3d 自动进行处理，从“消亡”的对象回收未使用的内存，但是移动设备上较低的内存和 CPU 性能意味着垃圾收集可能需要更加频繁，并且这些过程占用的时间可能会影响性能。即使项目在可用内存中运行，仍需要优化代码来避免垃圾收集暂停。

5. CPU 性能

在桌面设备上运行良好的项目可能会因移动设备的帧率不佳而受到影响，因为移动 CPU 难以处理复杂的项目。当项目移植到移动平台时，需要特别注意代码效率。

思考题

12-1　在机械装备虚拟现实设计中，为什么存在跨平台设计的需求？

12-2　在 Unity3d 中，统一资源管理与加载策略可分为几类？分别是什么？

12-3　VR 设备与 AR 设备虽然同属于扩展现实（XR）设备，但两者在跨平台优化方面有着本质上的差别，试解释其原因。

12-4　在机械装备跨平台设计中，统一输入接口需要遵循哪些设计原则？

12-5　简述 Unity3d 跨平台发布的流程。

参考文献

[1] 王玮. 应用 Microsoft Visual Studio 2010 开发项目的优势 [J]. 现代阅读（教育版），2011 (23)：221-222.

[2] 韩菲娟. 基于 Unity3D 的综采工作面“三机”虚拟仿真系统 [D]. 太原：太原理工大学，2018.

[3] GEORGIOU J，DIMITROPOULOS K，MANITSARIS A. A virtual reality laboratory for distance education in chemistry [J]. International Journal of Social Sciences，2007，2 (1)：34-41.

[4] WANG Q H，LI J R，WU B L，et al. Live parametric design modifications in CAD-linked virtual environment [J]. The International Journal of Advanced Manufacturing Technology，2010，50 (9/12)：859-869.

[5] 谢嘉成，杨兆建，王学文，等. 虚拟现实环境下液压支架部件无缝联动方法研究 [J]. 工程设计学报，2017，24 (4)：373-379.

[6] 杨松，陈崇成. 面向实景三维模型和实时视频图像融合的纹理映射 [J]. 测绘通报，2023 (10)：61-66.

[7] 张博，孟月波，刘光辉，等. 复杂构件装配数字孪生建模及系统实现 [J]. 现代制造工程，2023 (9)：36-44，60.

[8] 乔玥，单红仙，王宏威，等. 基于数字孪生的海底悬浮物时空变化可视化技术实现与应用 [J]. 海洋学报（中文版），2023，45 (8)：166-177.

[9] 李碧燕. 以数字孪生构建智慧绿色博物馆——南越王博物院王墓展区能耗系统构建实践 [J]. 中国博物馆，2023 (2)：29-36.

[10] 刘娇，惠越，康永刚. 基于数字孪生的中机身对接装配三维偏差分析 [J]. 机械设计与制造，2023，385 (3)：19-22.

[11] 李梅，姜展，满旺，等. 基于虚幻引擎的智能矿山数字孪生系统云渲染技术 [J]. 测绘通报，2023 (1)：26-30.

[12] 康停军，夏义雄，张新长，等. 顾及地面 POS 信息的空地一体城市三维实景重建 [J]. 测绘通报，2023 (1)：8-13.

[13] 杨艳芳，高居建，王奇，等. 面向复杂生产场景的数字孪生模型分布式渲染方法 [J]. 计算机集成制造系统，2023，29 (6)：1811-1823.

[14] 郭亚军，李帅，张鑫迪，等. 元宇宙赋能虚拟图书馆：理念、技术、场景与发展策略 [J]. 图书馆建设，2022，318 (6)：112-122.

[15] 夏翠娟，铁钟，黄薇. 元宇宙中的数字记忆：“虚拟数字人”的数字记忆概念模型及其应用场景 [J]. 图书馆论坛，2023，43 (5)：152-161.

[16] 王运达，张钢，于泓，等. 基于数字孪生的城轨供电系统高保真建模方法 [J]. 高电压技术，2021，47 (5)：1576-1583.

[17] 王巍，门宇. 基于数字孪生的飞机机体曲面重建与偏差分析 [J]. 航空制造技术，2021，64 (8)：68-71，101.

[18] 潘志庚，高嘉利，王若楠，等. 面向实物交互的空间增强现实数字孪生法配准技术 [J]. 计算机辅助设计与图形学学报，2021，33 (5)：655-661.

[19] 张鑫. 复杂底板条件下采煤机和刮板输送机虚拟协同运行系统设计与实现 [D]. 太原：太原理工大学，2021.

[20] 姜朔. 复杂煤层条件下综采工作面 VR 仿真系统及关键技术研究 [D]. 太原：太原理工大学，2021.

[21] 优美缔软件（上海）有限公司. Unity 5. X 从入门到精通 [M]. 北京：中国铁道出版社，2016.

[22] 高雪峰. Unity 3D NGUI 实战教程 [M]. 北京：人民邮电出版社，2015.

[23] 吴亚峰，徐歆恺，苏亚光. Unity 3D 游戏开发技术详解与典型案例 [M]. 北京：人民邮电出版社，2023.

[24] 程明智，陈春铁. Unity 应用开发实战案例 [M]. 北京：电子工业出版社，2019.

[25] 李建，王芳. 虚拟现实技术基础与应用 [M]. 2 版. 北京：机械工业出版社，2022.

[26] 霍金. Unity 实战 [M]. 3 版. 王冬，殷崇英，译. 北京：清华大学出版社，2023.

[27] 路朝龙. Unity 权威指南：Unity 3D 与 Unity 2D 全实例讲解 [M]. 北京：中国青年出版社，2014.

[28] 祝水琴. 机械部件装配与调试 [M]. 重庆：重庆大学出版社，2022.

[29] 付宜利，孙建勋. 机电产品数字化装配技术 [M]. 哈尔滨：哈尔滨工业大学出版社，2012.